经济管理类大学本科数据素质培养通识教材

数据技术应用概论

肖红叶　杨贵军　尚　翔　著

科学出版社

北　京

内 容 简 介

本教材基于数据技术概念的提出，建立由数据生成、数据组织管理与数据信息汲取三个模块构成的数据技术应用全流程体系框架。通过对计算机信息系统、抽样技术与数据库系统等基础技术原理的概念化解读，以及对网络爬虫与文本数据生成、SQL 语言、数据预处理、回归模型、Logistic 建模、关联规则、决策树分类规则、K-平均聚类、神经网络、支持向量机，集成学习、数据可视化等一系列代表性经典应用技术的提出意义、基本概念与操作规则的分层讲授逻辑构建，并通过技术应用综合系统示例，为非计算机和非统计专业的各领域人员的数据素质培养提供一个学习平台。其中，代表性经典技术的分层讲授逻辑，可满足读者自主选择学习内容的要求。

《数据技术应用概论》是为落实国家大数据战略人才培养与教育部新文科建设要求，以经济管理类大学本科学生数据素质培养为目标编写的一部通识教材，也可作为其他领域人员大数据应用学习的参考用书。

图书在版编目（CIP）数据

数据技术应用概论 / 肖红叶，杨贵军，尚翔著. —北京：科学出版社，2022.6
ISBN 978-7-03-055758-2

Ⅰ. ①数… Ⅱ. ①肖…②杨…③尚… Ⅲ. ①数据处理 Ⅳ. ①TP274

中国版本图书馆 CIP 数据核字（2017）第 298635 号

责任编辑：方小丽 / 责任校对：贾娜娜
责任印制：赵 博 / 封面设计：蓝正设计

科 学 出 版 社 出版
北京东黄城根北街 16 号
邮政编码：100717
http://www.sciencep.com
保定市中画美凯印刷有限公司印刷
科学出版社发行 各地新华书店经销
*
2022 年 6 月第 一 版 开本：787 × 1092 1/16
2025 年 1 月第五次印刷 印张：16 1/4
字数：391 000
定价：48.00 元
（如有印装质量问题，我社负责调换）

前　言

　　本教材是以经济管理类大学本科学生数据素质培养为目标编写的一部通识教材。因其集中于技术应用主题,也可作为其他领域人员大数据应用学习的参考用书。

　　本教材编写主要是落实国家大数据战略与教育部新文科建设要求,推动非数据技术领域人才的数据素质培养,服务数字经济和数字治理事业的发展。

　　本教材是作为国内一些高校经济统计专业合作开展数据工程专业方向教学改革项目的扩展深化,于 2016 年提出的[①]。现实中,数据工程师并不能独立完成一个数据应用项目的开发,需要客户领域人员的合作。如果客户领域人员具备一定的数据技术知识,则能大大提高合作效率,反之亦然。这是提出对经济学各专业本科生开展数据技术应用通识教育,实现其数据素质提升的直接动因。基于数据工程教学改革实践积累,我们于 2016 年提出了一个初始课程教学框架,2017 年大年初十,在河南大学对 30 多名金融专业实验班的学生开展了试验教学。接着,先后在江西财经大学、天津财经大学、河南大学和内蒙古财经大学等高校和石家庄市税务局等机构,开展了 12 个批次的试验教学活动。大约 1000 多名学生、学员参加了课堂讲授、上机实践、课程考核全过程教学试验。我们通过课后问卷检验教学效果。在吸收学生大量反馈意见的基础上持续迭代,推出了 5 个版本的教学大纲及讲义,形成教材编写基础。在试验教学的影响下,上述学校及其他 20 多所高校已准备将该课程列入教学计划。

　　培养领域人才数据素质的意义大家自有共识。相关普及性知识是现在众多媒体和出版机构纷纷展示的热门话题。而数据素质是以能够参与一定数据相关活动为标准的,科普知识难以满足这样的要求。那么,数据素质培养知识体系如何构建?截止到目前,尚没有发现详细论证的相关文献。我们受到“汽车驾照”规则的启发提出了一个思路。驾驶员不需要弄懂汽车机械电气原理,但一定要按标准掌握汽车驾驶技术与道路行驶规则;同时需要尽可能了解一些诸如汽车发动机、刹车、灯光、安全等主要系统功能的相关概念知识,以便保障安全流畅驾驶。类似“汽车驾照”,理论上领域人员不需要弄懂计算机底层硬件、系统软件、网络与安全等专项技术,以及数学和统计学等相关理论,只需要学习掌握或理

　　[①] 参阅“数据工程师系列精品教材”总序。

解数据技术相关基本概念与操作规则。针对现实中数据技术应用存在多样性场景、长流程、多维技术工具组合、技术快速变化，以及参与活动的各领域人员具有不同教育背景等一系列复杂因素影响学习主体对相关知识掌握或理解的问题，我们采用如下对策：基于数据技术概念的提出，以技术应用全流程展示、基础技术系统原理的概念化解读，对代表性经典技术的提出意义、基本概念与操作规则建立分层讲授逻辑，以及提供技术应用系统示例等方式，构建教材体系。其中，代表性经典技术的分层讲授逻辑，可满足读者自主选择学习内容的要求。同时给出数据技术应用存在价值走向与有效性问题的提示。另外，还采取两个措施配合数据素质教学：一是提供与教材配套的网络教学课程与习题库；二是开发相关教学平台软件，为教学提供智能化全程服务。

当然，这些探索性工作的成效，需要经受读者使用效果的检验。我们热切期望本教材能够在数据素质培养中发挥一定积极作用，并引发社会对数据素质培养的进一步关注。

本教材由杨贵军、尚翔和我共同完成，包括教材体系、各章技术选择、技术叙事逻辑设定，乃至技术操作规则与示例表达等，无一不漏地进行共同讨论。教材共 17 章，其中尚翔具体承担第 2 章计算机信息系统、第 4 章网络爬虫与文本数据生成、第 5 章数据库技术、第 6 章 SQL 语言（structured query language）、第 10 章关联规则挖掘、第 11 章决策树分类规则，以及第 16 章数据可视化等的初稿编写。杨贵军具体承担第 3 章抽样技术、第 7 章数据预处理技术、第 8 章回归模型、第 9 章 Logistic 建模技术、第 12 章 K-平均聚类、第 13 章神经网络、第 14 章支持向量机，以及第 15 章集成学习算法等的初稿编写。第 17 章系统示例由杨贵军团队和尚翔团队共同完成。我本人则承担体系总体把握、第 1 章绪论编写和各章修改工作，并由杨贵军和我完成教材编纂。

对我而言，教材编写也是一个系统吸收新知识的学习过程。虽然杨贵军和尚翔是我的学生，但这次却做了我的先生。回忆五年中时常出现的火爆争论，对我的意见表示不屑或者直截了当回怼的场景，仍然令人忍俊不禁，十分温馨。写作很艰苦，却也很快乐。

本教材写作一直得到邱东教授、吴喜之教授、陈松蹊教授、曾五一教授、房祥忠教授、李金昌教授、苏为华教授、史代敏教授、蒋萍教授、徐国祥教授、李宝瑜教授、张虎教授、罗良清教授、杜金柱教授等统计学同仁的认同、关心和支持；得到宋丙涛教授和高正平教授的鼓励与热情帮助；还得到天津财经大学、河南大学、江西财经大学、内蒙古财经大学、河北金融学院和石家庄市税务局等学校和机构的鼎力支持与配合，以及许多朋友对教材的期许鞭策。没有这些激励，写作很难坚持，这里一并表示诚挚的感谢。当然，还要感谢科学出版社对我们交稿时间一再延误的宽容，感谢方小丽编辑热切持续的关心督促和工作付出。

肖红叶

2021 年 11 月 27 日

目　录

第1章

绪论 ·· 1

1.1　数据素质培养意义 ·· 1

1.2　数据技术 ·· 4

1.3　数据技术应用体系框架 ···································· 9

主要参考文献 ·· 13

第一篇　数　据　生　成

第2章

计算机信息系统 ·· 17

2.1　计算机信息系统的构成 ···································· 17

2.2　计算机信息系统的技术路线 ································ 24

主要参考文献 ·· 29

第3章

抽样技术 ·· 30

3.1　抽样调查 ·· 30

3.2　网络调查和电话调查 ······································ 35

3.3　抽样学习 ·· 37

3.4　抽样技术的相关概念 ······································ 39

主要参考文献 ·· 42

第4章

网络爬虫与文本数据生成 ······································ 43

4.1　网络爬虫概述 ·· 43

4.2　网络爬虫技术操作 ·· 48

4.3　文本数据生成 ··· 51

主要参考文献 ·· 56

第二篇　数据组织管理

第 5 章

数据库技术 ··· 59

5.1　数据库技术概述 ·· 59

5.2　数据库系统开发 ·· 62

5.3　关系数据库 ··· 66

5.4　数据仓库 ··· 68

主要参考文献 ·· 70

第 6 章

SQL 语言 ··· 71

6.1　SQL 概述 ·· 71

6.2　SQL 关系定义 ·· 72

6.3　SQL 查询基本结构 ·· 75

6.4　数据库修改 ··· 82

6.5　视图 ··· 84

主要参考文献 ·· 85

第 7 章

数据预处理技术 ·· 86

7.1　数据清理 ··· 87

7.2　数据集成 ··· 90

7.3　数据归约 ··· 92

7.4　数据变换 ··· 92

7.5　数据离散化和概念分层 ·· 94

主要参考文献 ·· 95

第三篇　数据信息汲取

第 8 章

回归模型 ··· 99

8.1　回归模型的基础知识 ··· 99

8.2　最小二乘法 ·· 104

8.3 其他常用回归模型 ·· 106
主要参考文献 ·· 108

第9章

Logistic 建模技术 ··· 109
9.1 Logistic 建模技术的基础知识 ······················ 109
9.2 梯度上升算法 ··· 114
9.3 其他常用的 Logistic 模型 ···························· 119
主要参考文献 ·· 121

第10章

关联规则挖掘 ··· 122
10.1 关联规则挖掘的基础知识 ···························· 122
10.2 Apriori 算法 ··· 126
10.3 其他常用关联规则挖掘算法 ······················· 130
主要参考文献 ·· 131

第11章

决策树分类规则 ··· 132
11.1 决策树分类规则的基础知识 ······················· 132
11.2 ID3 算法 ·· 136
11.3 其他常用的决策树分类规则算法 ················· 138
主要参考文献 ·· 140

第12章

K-平均聚类 ··· 142
12.1 K-平均聚类的基础知识 ······························· 142
12.2 基于划分的 K-平均聚类算法 ······················ 150
12.3 其他常用的聚类算法 ··································· 152
主要参考文献 ·· 155

第13章

神经网络 ··· 156
13.1 神经网络的基础知识 ··································· 156
13.2 BP 算法 ··· 165
13.3 其他常用的神经网络算法 ···························· 177
主要参考文献 ·· 181

第 14 章

| 支持向量机 ································· | 182 |

14.1 支持向量机的基础知识 ························ 182

14.2 支持向量机的 SMO 算法 ······················· 189

14.3 其他常用的支持向量机算法 ······················ 198

主要参考文献 ····································· 200

第 15 章

| 集成学习算法 ································ | 201 |

15.1 集成学习算法的基础知识 ······················· 201

15.2 随机森林算法 ······························ 206

15.3 其他常用的集成学习算法 ······················· 214

主要参考文献 ····································· 216

第 16 章

| 数据可视化 ································· | 217 |

16.1 数据可视化的基础知识 ························· 217

16.2 可视化设计基础 ···························· 223

16.3 数据可视化工具 ···························· 228

主要参考文献 ····································· 229

第四篇 示 例

第 17 章

| 系统示例 ·································· | 233 |

17.1 数据生成 ······························· 233

17.2 数据组织管理 ····························· 235

17.3 数据信息汲取 ····························· 239

第1章

绪 论

本教材是为培养提升高校经济管理类专业本科学生数据素质而构建的一门通识课程教材。汉语中的"素质"指后天形成的，能够完成某类活动所必需的基本条件。数据素质可以理解为通过学习达到的，能够完成数据相关活动的基本能力。作为学习指导，本章将讨论数据素质培养意义、数据技术概念及知识体系框架。

■ 1.1 数据素质培养意义

1.1.1 什么是数据素质

数据素质通常可以理解为通过学习达到的，能够完成数据相关活动的基本能力。数据活动存在技术开发与应用的区分，开发对应系统化训练的技术专业素质，这里的应用则特指非数据技术专业的各领域人才在数据技术应用活动中需要具备的基本条件。数据技术应用素质简称为数据素质。

一般数据技术泛指从数据中获取解决问题信息的各类技术。随着数据技术进步，应用范围扩大，应用场景变化，数据素质也相应动态变化。就当前数据技术的一般应用场景，各领域人才应具备的数据素质可大体表述为应用数据信息初步认知事物的能力，并大体可以分为三个层次。

第一，对数据怎么生成的，其经过什么技术处理与组织才能获取所需的相关信息，以及获取的数据信息是否能有效反映现象的意义等问题有所知晓。

第二，上述问题是通过数据技术的相关基本概念和基本规则表述的，因此，学习掌握数据技术相关基本概念和基本规则成为数据认知能力的必要条件。

第三，经过一定学习实践，具备阅读学习大数据-人工智能相关应用文献的初步能力；经较短培训，具备一定实际数字项目的操作能力；对本领域现实数据活动产生兴趣、发现相关问题的能力等。

1.1.2　经济社会运行方式变革

当前，在计算机网络信息技术推动下，涌现出线上交流与交易、智能生产与管理、智慧出行、远程教育与医治等一系列新技术，以及冠以数字、智能智慧、共享等称号的各种经济社会新形态和国家治理新模式。同时，新技术以交叉聚合、正向激励的方式不断发展演化，大数据出现进一步爆发式增长，驱使经济社会运行和国家治理方式进一步加速变革。我们就像被抛向时时面对数据、处处依赖数据行为的大数据海洋场景之中，面对数据海洋中的波涛巨浪及暗流涌动，数据素质就是游泳技能，决定我们能否在数据海洋中很好地生存及搏击畅游。除个人感受之外，经济社会领域专业人士的数据素质还面临数字经济与政府数据治理推进，数据权益识别与保护等场景的现实挑战。

1.1.3　落实国家大数据战略

目前大数据风生水起，但其仍然没有破除生产率悖论①②成长为推动实体经济整体发展的通用技术③。原因在于，不同于以物质和能量转换为特征的历次技术革命，信息技术革命是基于大数据，以智能化方式释放出历次技术革命和产业变革积蓄的巨大能量的④。这一能量释放机制高度复杂，远非劳动力、资本和技术要素进行传统的组合就能解决问题的，需要通过数据技术与领域技术高度融合，创建出由新技术、新基础设施和新要素组织机制构成的新技术经济范式⑤。2015年，我国提出实施大数据战略和《促进大数据发展行动纲要》⑥。2017年，习近平总书记就实施国家大数据战略主持中共中央政治局第二次集体学习时指出，"要构建以数据为关键要素的数字经济，推动互联网、大数据、人工智能同实体经济深度融合，培育造就一批大数据领军企业，打造多层次、多类型的大数据人才队伍"⑦。提升领域人才数据素质是推动国家大数据战略落实的重要举措。

一是数字经济和政府数字治理中，相关数字系统开发要求领域用户和数字技术人员共同确定系统开发目标与相应技术⑧。现实中大量企业和政府机构人员因缺失相关素质而不能提出明确需求，这是经济和数字化治理推进的最大瓶颈。解决之道在于加速培养领域专业人员的数据素质。

---

① Solow J L. 1987. The capital-energy complementarity debate revisited. The American Economic Review，77（4）：605-614.

② Cowen T. 2011. The Great Stagnation：How America Ate All the Low-hanging Fruit of Modern History，Got Sick，and Will（Eventually）Feel Better. New York：Dutton.

③ Haldane A G. 2015. How low can you go? https://www.bankofengland.co.uk/-/media/boe/files/speech/2015/how-low-can-you-can-go.pdf[2018-09-10].

④ 国务院关于印发新一代人工智能发展规划的通知. http://www.gov.cn/zhengce/content/2017-07/20/content_5211996.htm[2017-07-08].

⑤ Perez C. 2008. The big picture：more than 200 years of financial bubbles，where are we now and where will we end up?. Harvard Business School's 100th Anniversary Oslo Conference.

⑥ 国务院关于印发促进大数据发展行动纲要的通知. http://www.gov.cn/zhengce/content/2015-09/05/content_10137.htm[2015-08-31].

⑦ 习近平主持中共中央政治局第二次集体学习并讲话. http://www.gov.cn/xinwen/2017-12/09/content_5245520.htm[2017-12-09].

⑧ 2021年10月，华为举行成立企业业务五大军团（煤矿、智慧公路、海关和港口、智能光伏及数据中心能源）宣誓仪式。目的在于解决对行业认识较浅，售卖产品过于基础，没有积淀输出有厚度解决方案，因而没有打动和触及行业痛点的问题。选自AI财经社以《任正非再造华为》为题的报道，资料来源于https://www.aicaijing.com.cn/article/10688[2021-11-24]。

二是计算机信息技术是以对主体行为产生影响的信息载体定义数据的,其认为数据本身没有价值,只有成为对主体行为产生作用的信息时,数据才有意义。我们认为,从这一语境,大数据可理解为行为主体按规则行为活动的充分、完备和系统的记录,其中相关规则来源于领域,但其行为记录数据却可以超越本领域自身产生巨大外溢性,具有为其他相关领域所用的价值,由此派生出数据社会配置活动。以数据流引领技术流、物质流、资金流、人才流,将深刻影响社会分工协作的组织模式,促进生产组织方式的集约和创新[①]。

三是与传统商品不同,数据因存在以下五个特性,所以很难以所有权移转方式完成配置交易。①数据具有非竞争和非排他性。数据的使用并不减少数据供应,不影响其他主体使用。②传统生产投入存在规模报酬递减,而数据越用信息越充分,具有规模报酬递增特性。③数据具有多主体交互生成与共享性,权属难以界定。④数据可无限复制。一般性掌握原生数据并没有现实意义,数据价值来自从中获取的能够驱动行为的信息。⑤数据价值存在高时效性,需要实时更新。目前数据交易一般通过数据服务,特别是长期服务方式完成。对存在数据需求的各非数据技术企业而言,明确数据信息服务需求,商定服务交易价格等相关规则,是形成数据交易配置的基本条件。而对一个具体数据性质的认知则是数据素质的现实体现。应当指出,上述讨论也同样适用于社会治理数字化系统构建中的数据要素配置。

数字经济的本质是数据要素与劳动及其资本要素的有效结合,逻辑上是以劳动要素具备一定数据素质为其结合条件的,同时该结合还表现出正向增强反馈机制,即数据应用以劳动要素具备数据素质为条件,而劳动要素基于数据素质又能提升数据应用效果,进而激励数据技术加速进步。上述两方面以增强反馈形成正向迭代机制。显然,劳动要素的数据素质是数据要素发挥生产力创新动能作用的基础,劳动者数据素质的提升具有推动数字经济的重要现实意义。

1.1.4 数据权益识别与保护

任何技术都具有正面与负面社会效应。信息技术在催生巨大动能的同时也带来了社会治理的巨大挑战。其中既包括掌控大量数据资源和市场份额的互联网科技巨头,形成垄断抑制竞争、侵害行为主体的信息安全与隐私权力的现象[②];也包括因数据具有存在方式上的虚拟性和价值实现上的聚合性等特点,出现部分信息技术企业为追求流量利润,开发出行为可卡因产品;甚至出现网络科技巨头放任虚假信息影响公众,造成社会撕裂的极端现象。数据技术的一系列社会负面影响已经引发人们的高度关注。各国政府加速构建相关治理体系,但治理体系构建及其效果,往往与公众数据素质水平正相关。例如,如果我们知道一个从数据中获取信息的算法是内嵌于代码中的观点,是被某种成功定义的优化,这一数据信息暗含提供者态度的认知,将增加一点数据识别理性,减少一点数据误导或信息盲从。其算法相关知识则是提升数据素质需要学习的一个核心内容。显然,数据素质为行为主体增强市场话语权、实施自我保护,乃至社会数据治理提供了重要的支撑。

① 国务院关于印发促进大数据发展行动纲要的通知. http://www.gov.cn/zhengce/content/2015-09/05/content_10137.htm [2015-08-31].
② 引自周小川 2020 年 11 月在澳门举行的博鳌亚洲论坛国际科技与创新论坛首届大会开幕式上的讲话。

■ 1.2 数据技术

1.2.1 相关概念

严格说，数据技术是在一系列计算机信息相关技术基础上形成的一个宽泛概念。相关技术主要包括以下几个方面。

1. 大数据

1998 年，美国硅图公司马西（Mashey）基于数据快速增长现象，提出必将出现数据难理解、难获取、难处理和难组织等四个问题，并以"Big Data"描述这一挑战[①]。2007 年，图灵奖获得者格雷（Gray）认为，大数据将成为人类触摸、理解和逼近现实复杂系统的有效途径；指出在实验观测、理论推导和计算仿真等三种科学研究范式后，将迎来"数据探索"的第四范式，以"数据密集型科学发现"，开启从科研视角审视大数据的热潮[②]。2012 年，牛津大学的舍恩伯格（Schönberger）和库克耶（Cukier）发表《大数据时代：生活、工作与思维的大变革》（Mayer-Schönberger and Cukier，2012），提出数据分析将从"随机采样"、"精确求解"和"强调因果"的传统模式演变为大数据时代的"全体数据"、"近似求解"和"只看关联不问因果"的新模式，引发了商业经济等领域的强烈反响，大数据的社会影响达到新高度。2014 年后，对大数据的认知趋于理性。与大数据相关的技术、产品、应用和标准不断发展，逐渐形成由数据资源与应用程序接口（application programming interface，API）、开源平台与工具、数据基础设施、数据分析、数据应用等板块构成的大数据技术生态系统。其发展热点呈现了从技术向应用再向治理的逐渐迁移。

应当指出，目前人们对大数据的认识表达更多集中在与传统数据的区分。例如，大数据就是大到无法通过现有手段在合理时间内达到截取、管理、处理并整理成为人类所能解读的信息（梅宏，2018），其具有海量性、多样性、时效性及可变性等特征。而大数据潮流之所以兴起，源于其给出的事物近似总体信息，改变了传统数据认知范式，特别是该信息具有的巨大外溢性，成为大数据价值涌现的动力。如果将大数据理解为"行为主体按照规则行为的充分、完备和系统的记录"，就可以贴切表达这种现象的背景。其中，规则来自领域事物管理活动要求，充分记录内涵事物管理需要的近似总体信息。开放的充分记录也可为其他领域所用，产生巨大正外部性。

2. 数据科学

数据科学出自计算机和统计对其学科定位的再认识。1974 年，图灵奖获得者诺尔（Naur）[③]针对计算机的基本功能是数据处理，提出了数据科学（data science）的概念，认为"数据科学是一门基于数据处理解决问题的科学"，建议其替代计算机科学的称谓。1985 年，美国华裔统计学家吴建福在访问中国科学院时提出，数据科学反映统计学研究

---

① Mashey J R. 1999. Big data and the next wave of infrastress problems，solutions，opportunities. 1999 USENIX Annual Technical Conference.

② Hey T. 2012. The fourth paradigm—data-intensive scientific discovery//Kurbanoğlu S，Al U，Erdoğan P L，et al. E-Science and Information Management. IMCW 2012. Communications in Computer and Information Science. Berlin：Springer.

③ Naur P. 1974. Concise Survey of Computer Methods. Sweden：Lund Studentlitteratur.

现状，可以改变对统计学不够精确的认识偏误，建议将统计学改称数据科学①。2000 年后，大数据陡起。统计学与计算机科学力图为大数据现象寻找一个科学解释框架，目光聚焦于数据科学概念。出现了大量以统计或计算机与大数据现象挂钩的方式论证数据科学的文章②。其中，2012 年帕蒂尔（Patil）和达文波特（Davenport）发表"数据科学家：21 世纪最时髦职业"一文③，以及 2015 年美国白宫聘请帕蒂尔担任第一任首席数据科学家的举动，将数据科学的社会影响推向高潮。由此派生出基于统计与计算机等方面的数据科学的概念解读④。统计学提出，数据科学是收集、处理和应用数据的科学；计算机科学提出，数据科学是通过挖掘数据、处理与分析数据，从而获取数据中信息的技术。此外，还有通过作用意义界定数据科学概念的，如数据科学是一门利用数据学习知识的学科；数据科学通过综合统计、数据分析及其相关方法概念，理解和分析实际现象数据等。2016 年我国开设数据科学与大数据技术本科专业，系统开设计算机与数据模型等方面的基础与专业课程，培养大数据技术专业人才。显然，数据科学与大数据技术是数据技术的重要构成。

3. 数字技术与数字经济

数字技术是 20 世纪 90 年代,针对各种传统信息形式转换成计算机可识别的编码技术而提出的，包括硬件设备和软件程序两大部分。在计算机技术广泛应用的今天，人们开始将基于计算机相关硬件与软件的自动化、智能化应用系统构建与开发技术统称为数字技术。基于数字技术的经济活动又统称为数字经济。应当指出，数字技术是高度复杂的专门化技术体系，包括数字系统的构建以及数字系统的运行管理。数字系统一旦构建起来，其运行过程将产生大量数据，而且无论是自动化的还是智能化的系统，其运行都是依靠数据的。显然，数字技术体系是个大概念，其中包含诸多数据技术。

1.2.2 数据技术概念

可从相关形成背景与形成逻辑理解数据技术这一概念。

1. 数据技术概念形成相关背景

历史上出现了大量服务各领域问题解决，归属相应领域的数据获取与处理技术。例如，天文学的天象观测技术、气象学的气象观测技术、物理学的物质运动观测技术、生物医学的显微观测技术、社会经济的统计调查技术等。可以说，几乎自然与社会各领域都存在用于数据认知的相关技术。但直至计算机网络技术推动下，大数据涌现才导致数据技术脱离领域专属，成为独立的普适性技术，形成新的社会分工。出现这一现象的背景在于，虽然大数据是基于计算机网络技术形成的，但其富含的信息具有解决一系列复杂社会经济问题的巨大价值，并引发生产方式与社会经济运行方式的巨大变革。于是，现实中如何从大数

---

① 吴建福. 1986. 从历史发展看中国统计发展方向. 数理统计与管理，1：1-7.

② Cleveland W S. 2001. Data science: an action plan for expanding the technical areas of the field of statistics. International Statistical Review，69（1）：21-26.

Mattmann C A. 2013. Computing: a vision for data science. Nature，493：473-475.

Dhar V. 2013. Data science and prediction. Communications of the ACM，56（12）：64-73.

③ Davenport T H，Patil D J. 2012. Data scientist: the sexiest job of the 21st century. Harvard Business Review，90（10）：70-76.

④ 参阅维基百科数据科学相关词条.

据中获取高额应用价值信息的技术，从计算机技术及其相应应用领域中逐步分离出来，形成一个专门研究开发的技术领域和服务业态，这就是大数据技术及其服务业态。

我国在 2015 年公布的《促进大数据发展行动纲要》中正式提出大数据技术概念，论证其巨大社会意义。该《纲要》明确指出，大数据是以容量大、类型多、存取速度快、应用价值高为主要特征的数据集合，正快速发展为对数量巨大、来源分散、格式多样的数据进行采集、存储和关联分析，从中发现新知识、创造新价值、提升新能力的新一代信息技术和服务业态。大数据应用能够揭示传统技术方式难以展现的关联关系。我国已经在大数据部分关键技术研发方面取得突破，但仍然需要加大大数据关键技术研发力度，加强专业人才培养，建立健全多层次、多类型的大数据人才培养体系。2016 年教育部通过新增"数据科学与大数据技术"本科专业，落实大数据技术专业人才培养，进一步将基于大数据技术的社会专业分工制度化。由此，大数据技术成为社会经济的一种独立普适性技术，其为数据技术概念形成奠定了基础。

2. 数据技术概念的形成逻辑

数据技术概念是我们对应非数据技术专业领域人才的数据素质培养而提出的。基于素质培养知识定位，这一概念的提出形成存在三个层次的背景逻辑。

一是在计算机广泛应用中，人们时常用数据技术泛指计算及存储等一系列相关数据处理技术。直至 20 世纪末，针对数据快速增长现象提出大数据概念之后，则又将其处理技术称为大数据技术。显然，现实中的大数据技术只是原有计算机数据处理技术的创新，是一个发展新阶段。计算机数据处理技术的相关基础概念与逻辑规则同样是大数据技术的基础。因此，在计算机范畴中，数据技术概念早已存在，其是大数据技术的构成基础。

二是计算机数据技术仍然局限于计算机范畴之内。而早在计算机出现之前，自然科学研究与社会经济活动中就已存在获取数据信息的数学与统计学理论方法。其中，虽然经典数理统计学的数据处理是基于随机变量数据的，但人类长期积累形成的以数学与统计方法认识事物的基本思想、基本概念及其基本操作规则，已成为数据认知处理的基础与表达范式。目前，一系列数学与统计思想及其相关概念也已大量体现在计算机数据信息汲取算法之中。同时在大量应用场景中，即使存在大数据，通常也需要利用统计方法得到一些其他数据的补充支持。因此，放宽计算机数据技术中的计算机约束，将数学与统计学思想以及一些其他理论方法纳入数据技术概念，可以更好地满足数据应用实际需要，有利于数据应用思想意识培养。

三是概念的规范化逻辑。现实中，技术通常被认为是解决问题的手段、技巧和方法。法国科学家狄德罗（Diderot）也针对复杂问题解决提出了技术是"为某一目的共同协作组成的各种工具和规则体系"[①]的定义。其中，规则指有效衔接相关工具组合及其实际操作的规定性。考虑到数据技术的多维复杂性，强调规则概念的理解是数据素质提升的一个要点。

综上，鉴于数据素质培养的非技术专业性，以需要学习数据技术基础概念与基本操作为出发点，基于计算机数据技术、数学与统计思想理论方法，以及数字经济与数字治理需要，可将数据技术概念理解为，以计算机技术、数学与统计学思想方法为基础，从数据中获取解决问题所需信息的各种工具和规则体系。数据技术可分为三个技术功能模块：①解决数据从何而来的数据生成模块。②解决数据统一规范与有效存储检索的数据

---

① Diderot D. 2007. Diderot's Encyclopedia. 梁从诚，译. 广州：花城出版社.

组织管理模块。③解决利用模型算法得到所需信息的数据信息汲取模块。各模块由一系列相关工具和规则构成。

1.2.3 欧几里得数据推定原理

数据技术是人类认知世界的工具，伴随人类事物认知进步而发展。理论上，应简要回顾其发展历程，但受篇幅所限，这里仅简要说明数据概念出现的一些背景。

1. 相关大背景[①]

人类先祖创造出数及计算的数字语言，以及在生活生产中利用其刻画、交流、记录存储事物数字信息的方法。数据认知逻辑是在公元前约 600 年开始的古希腊科学与数学创建活动中出现的。"科学"（science）一词来自希腊语 "Επιστημες"（episteme 知识）。科学哲学史认为，探寻世界万物纷繁变化背后的确定性是科学创建的动因。古希腊大哲学家泰勒斯（Thales）提出"万物源于水"，创立了将事物多样性划归为单一性实体构成的思想传统，被称为科学的开端。据传，泰勒斯还基于古埃及尼罗河泛滥后耕地的重新丈量创造出几何学。几何学一词源自希腊语 γεωμετρια（geometria），其中 geo 为大地，metria 为测量之意。但几何学的点没有大小，线没有粗细，面没有厚薄，是一种脱离现实，由概念逻辑蕴含空间"本身"内在性关系的知识，标志着抽象理性思维的开始。古希腊大数学家、大哲学家毕达哥拉斯（Pythagoras）则提出了同一物质构成的事物，因其"数"的构成比例不同而不同的"万物皆数"认知[②]，开辟了事物形式构成主义传统，创造出事物可用数学方式度量的思想，以及以数学语言对事物构成变化进行描述的方法。古希腊大哲学家苏格拉底（Socrates）以"一般本质"定义事物确定性，"本质"就是存在者存在的"根据"和变化"规律"，称科学为对事物"一般本质""认识"的知识，规定了事物的科学认知目的。古希腊大哲学家柏拉图（Plato）提出"事物本质"仅存在于超越现实，以数学规则构成的"理念"（eidos）世界，其通过造物主采用几何学方法创造宇宙的故事，为后世提供了自然界的数学构造范本，对近代科学的出现产生了巨大影响。古希腊大哲学家亚里士多德（Aristotle）将老师柏拉图的理想世界拉回到现实，与拥有内在根据的"自然物"（phuseionta）区分，提出"制作物"（poioumena）的概念，指出"制作物"的相关经验与技艺也是知识，但非科学，开创了不能得到证明的知识只能是"假说"而非"真理"的科学证明性传统。几何学的逻辑演绎体系得到亚里士多德推崇，进而形成逻辑学，数学也被其置于与科学并列的高度。以上回顾给出了事物数据认知的历史背景。

2. 欧几里得的《数据》[③]

《几何原本》是古希腊大数学家欧几里得（Euclid）集数学初创之大成的经典著作。之后，其以《数据》为名写出一部用于辅导《几何原本》学习的书。这是迄今发现的第一部出现"数据"概念的文献。数据（data）一词来自希腊语 Δεδομένα（中文直译为资料），

[①] 资料来源：Kline（2009）、Nagel（2005）、吴国盛（2016）。

[②] 据传，毕达哥拉斯受到捶打不同重量铁块发出声音的差别，拨动不同长度和张力的琴弦会发出不同谐音的启发，发现导致万物差异与"变化"的不是其物质组分，而是其数量构成关系。

[③] 资料来源：Kline（2009）。

其是由古希腊语 τέχνη 艺技演化而来的，意指建筑装饰艺术品的制作技术①。毕达哥拉斯将数学划分为算术、几何、天文学和声学四部分，帕拉图等称其为需要学习的"四艺"。以"data"命名写作主题，欧几里得意在表明数据的数学规定性，以及辅助《几何原本》的定位。

《数据》是通过变量关系分析作为《几何原本》的补充而写作的。我们首先需要了解"变量"的提出背景。古希腊对数的认知局限于与事物存在对应关系的整数，没有出现明确定义的加减乘除这类现代意义的"运算"概念。某些整数相比时，会出现不可公度的比例，即无理数。古希腊人不承认无理数是数。大数学家欧多克索斯（Eudoxus）②创造出"变量"的概念以规避无理数问题。变量不是简单与整数对应，而是用于表示诸如线段、角、面积、体积、时间这样能够连续变动的事物。两个变量比，具有包括可公度比和不可公度比在内的统一逻辑。变量概念的提出推进了几何学的体系构建。《几何原本》中的第五篇比例论就是根据欧多克索斯工作创作的。但变量概念也产生数与几何截然分离，出现此后 2000 年几何学几乎成为全部数学的后果。这也是我们习惯把 x^2 读作 x 的平方，x^3 读作 x 的立方的历史背景。

公元 4 世纪，亚历山大时期数学家帕普斯（Pappus）将《数据》收录于《数学汇编》，并给出注释。帕普斯指出《数据》作为《几何原本》的补充，是以几何形式给出的变量转换代数关系的论证。就是说，欧多克索斯将一些具体事物抽象成为变量，而变量不可以"数字"对应标识区分，当时采用线段代替数的办法处理③。欧几里得在《几何原本》中就以线段为基础变量工具，给出经典几何命题的传世论证。同时其在第五篇比例论中引入了一般性变量概念，为未来的变量代数分析打下基础（Kline，2014）。此后，欧几里得又推出一部《数据》著作，针对《几何原本》中的大量命题，提出另外一套内含代数思想的，推定变量关系转换的论证方法。需要指出，古希腊数学的变量是对具体对象的抽象，没有出现现代意义的变量运算概念。而现代数学中的变量是一般性抽象概念，可以是对抽象变量的二次抽象或多次抽象，并由此演化出一系列相应运算规则。显然，在这一背景下，《数据》对相关几何命题的论证是不可能超越历史局限的。但以当前的语境解读，该著作的意义就在于其提出了"数据"的概念，将用于辅助几何主题认知的数学方法定义为数据。该方法力图表达变量变化状态及变化机制的信息。如果将变量还原为事物，当一个数据能够充分表达对事物"一般本质""认识"的信息时，其就成为满足苏格拉底规范的科学工具。那么作为表达事物变化状态及变化机制等信息的数据，对事物认知的意义是不言而喻的④。经过长期历史演化，当前人们一般将对事物信息的表达功能作为理解数据概念的基本点。而在实际应用中，信息表达的形成方法，即对事物认识的科学逻辑，则决定着数据信息的使用价值⑤。

3. 数据推定原理

帕普斯认为，"当给定或求出某些变量后，定理就确定其他别的变量"的方法逻辑是

---

① 古希腊语 τέχνη 艺技原指建筑艺术品的制作技术。对建筑物使用而言，建筑艺术品是非必需的装饰。
② 大数学家、天文学家欧多克索斯是帕拉图的学生，数学贡献巨大，提出了同心圆宇宙模型及其还原论研究方法。
③ 其中，两数乘积变成矩形面积，三数乘积是一体积，两数相加变成线段延长，减法被说成是从一线段割去另一线段之长。两数相除则两线之比表明等等。
④ 古希腊天文学创建中，模拟天象观测数据的模型构建与结论检验论证方法被称为数据应用的经典案例。
⑤ 譬如，仅以论文发表数量数据评价教师业务水平时，因缺失质量维度，会产生偏误。又如，反映价格变化的消费者物价指数（consumer price index，CPI），其商品构成决定其数据大小。而 CPI 构成设计则影响对经济运行的认识。

《数据》表达的方法论核心。按当前数据是事物信息表达的语境解读，这是数据关系推定的原理，其至少体现出四个逻辑要点：①数据表达出以变量表示的事物信息，数据推定即为事物特征信息推定。②由已知数据方可推定未知数据。③数据推定依据定理工具，而定理则是已经得到证明的法则。④数据推定以发现与验证变量（事物）关系（规律）为目的。显然，即使按当今数据应用的要求，数据推定原理也已构成数据信息获取技术的内核，具备了数据认知工具的作用。

1.2.4　数据技术应用边界

欧几里得在《数据》中，将几何定理作为数据推定工具的规定，是一种把数据认知纳入数学体系的操作。其后，随着数学发展与科学数学化，一系列数学原理与数学化的科学原理成为数据推定工具定理，大大丰富了数据技术的构成，推动其发展。但应该注意，无论是对自然科学还是社会经济问题的数据认知来说，其依据的数据推定"定理"工具，存在问题本质的理论研究及基于主观偏好选择理论的影响。这决定了问题数据认知的价值取向与有效性，特别是近期火爆的"虚拟现实""元宇宙"概念的兴起，则充分揭示出"数据可以构建事实"的背后逻辑。这些都提示我们数据存在如何应用的边界，这也是数据素质培养需要关注的。因本书主题集中于具体技术的应用，在此不再赘述。

■ 1.3　数据技术应用体系框架

1.3.1　体系构建思路

培养领域人才数据素质的意义大家自有共识。相关普及性知识几乎是现在所有媒体和出版机构纷纷展示的热门话题。但数据素质是以能够参与一定数据相关活动为标准的，科普知识难以满足这样的要求。那么，数据素质培养知识体系应如何构建？截止到目前，还没有发现详细讨论这一主题的相关文献。我们受到"汽车驾照"的概念启发提出了一个思路。驾驶员不需要弄懂汽车机械电气原理，但一定要按标准掌握汽车驾驶技术与道路行驶规则。同时需要尽可能了解一些诸如汽车发动机、刹车、灯光、安全等主要系统功能的相关概念知识，以便保障安全流畅驾驶。类似驾照，理论上领域人员不需要弄懂计算机底层硬件、系统软件、网络与安全等专项技术，以及数学和统计学等相关理论，只需要学习掌握或理解数据技术相关基础概念与操作规则。针对现实中数据技术应用存在多样性场景、长流程、多维技术工具组合、技术快速变化，以及参与活动的各领域人员具有不同教育背景等一系列复杂因素影响学习主体对相关知识掌握或理解的问题，我们采用如下对策。

一是总体上基于数据技术概念的提出，以系统规范的基础性概念为钥匙，提供打开数据技术大门的机会，在五彩缤纷的技术领略中，满足读者的偏好需求，激发其进一步学习与实践应用的兴趣。同时给出社会经济领域数据技术应用存在有效性边界的提示。

二是建立由数据生成、数据组织管理与数据信息汲取三个模块构成的数据技术应用全流程体系框架，为读者提供总体把握数据应用的信息。

三是计算机信息系统、抽样技术与数据库系统虽是数据技术应用的基础，但高度复杂。

数据预处理与可视化原理涉及面广,但受篇幅限制。通过相关技术原理的概念化解读方式,突破复杂技术理解与篇幅限制瓶颈。

四是控制各模块技术构成内容,选择经典的,而非最新的作为代表技术。建立技术提出的意义、基本概念与操作规则分层讲授的逻辑。给出该技术是为解决什么问题而提出的、基本思路与技术路线、所得结论的意义及其有效性边界,以及技术现状及其发展等知识。满足读者自主选择学习内容的要求。

五是提供系统及其专项技术操作示例,作为加深理解基础概念和相关规则的重要手段。但示例仅是学习参考,没有提供实际应用参考价值的考虑。

另外,需要说明,本书参考了大量相关文献的数例与图表,大部分已详细标明其来源,但有少量内容查找不到明确出处,无法标识,只能在此对原作者表达歉意。

1.3.2　数据生成框架

数据技术实际应用,首先面对数据从何而来的问题。这个问题非常复杂,占据大量应用投入资源。其中,统计学通过调查体系获取原数据,称之为数据搜集。计算机开发信息系统自动获取原数据,称之为数据采集。此外,还存在第三种从各类公共网络中"抓取"原数据,以及从专题统计数据或计算机信息系统数据中再次获取新主题原数据的情景。数据生成概念主要是力图覆盖上述复杂情况而提出的。

汉语中"搜集"和"采集"都含有借助工具按一定方向目标寻找物品并将其汇集的意义。而"生成"主要表达从无到有的生长、形成、构建等意义。与搜集或采集相比,在数据实际应用中采用突出数据从无到有的形成、构建等意义的数据生成概念更为贴切。其在坚持主题内生性规则的同时,体现出较强包容性,不排斥数据来源及其获取技术的多样性。

应当指出,当前数据生成是基于计算机相关技术完成的。数据生成的理论目标是,高效、低成本地得到真实可靠的原数据。现实中,计算机技术的当前功能是其理论目标实现的基础条件,特别是大数据可以理解为行为主体按规则活动的充分记录。也就是说,原数据是相关规则与技术的产物,其生成受相关规则与技术的影响。在对原数据意义及其真实可靠性进行评价时,需要将这一因素纳入考虑范围。

数据生成模块由三章构成。第2章计算机信息系统,其是数据应用的基础。该章与传统信息系统介绍略有不同:一是将数据自动采集、存储、网络传输和系统安全等各模块纳入系统构成,标示出各功能的意义;二是给出当前实现信息系统运行的分布式技术路线,其是大数据技术的集中体现。通过对两方面核心内容的概念式解读,为理解信息系统提供面对其核心思想的方法。第3章抽样技术。该章主要给出通过样本推断总体这一人类事物认知的基本方式,以及在大数据背景下其仍然是不可或缺的理念。第4章网络爬虫与文本数据生成。爬虫是获取信息系统外溢性价值数据的一种实用技术,爬取的主要是文本数据。

1.3.3　数据组织管理框架

数据组织管理框架指对原数据生成及其方便有效获取所需信息开展的数据存储、检索及预处理等技术活动。数据的组织管理活动贯穿数据应用全过程,是数据应用活动的核心。其实,数据组织管理也是信息系统乃至计算机技术的核心组成。该技术是基于数据有效存储需要，从数据库技术起步的，并逐步发展成为计算机技术专门研究领域，同时为数据组织管理提供了理论基础与操作技术。2000 年以来，数据库技术迅速发展，数据组织管理的边界也急速扩展，出现了分布式数据组织管理系统技术，以及以去中心化分布式账本为特征的区块链（blockchain）技术等。基于技术成熟性考虑，本教材将分布式数据组织管理系统技术概念纳入信息系统介绍。区块链技术暂时没有纳入本教材体系。

数据库相关技术高度复杂，非计算机专业人员不可能也没有必要专门研究掌握。但鉴于现实中数据库技术参与数据生成与有效应用的技术决定，因此其实现数据组织管理的思想、技术路径及相关理论概念，在深入理解数据生成和数据应用技术背后的逻辑，以及理解数据库技术进展中，发挥着不可或缺的表达陈述与解读作用，是必须知晓的数据素质通识。

数据组织管理模块包括三章。第 5 章数据库技术。数据库技术是数据应用的核心。数据存储与检索规则影响数据的生成与使用。第 6 章 SQL 语言。SQL 语言是关系数据库构建与操作的实用工具，应用价值很高。第 7 章数据预处理技术。数据预处理是指基于应用主题要求，统一规范数据的技术。这三章的基本概念和操作规则都是数据素质的基础。需要说明的是，一般认为区块链技术是结合加密技术的去中心化数据存储管理技术。考虑到当前该技术及其应用仍处于快速发展变化之中，所以暂不纳入该模块体系。

1.3.4 数据信息汲取框架

数据信息汲取指从数据中获取问题解决所需信息的技术。一般认为这是数据应用的最后一个步骤。但因数据应用场景高度复杂，大家对需要解决问题的边界、该技术究竟发挥什么作用，以及作用边界在哪里等的理解并不一致，影响到对数据信息获取技术的理解与应用，成为数据素质学习的一个障碍。以下通过解读该技术概念的意义，说明其作用，给出素质学习建议。

其一，解决数据应用活动问题所需的信息。该信息是指问题解决过程中，能够驱动其他相关参与因素行为的条件信号。数据应用活动一般归纳为科学技术的现象发现与认知检验、数字系统的自动化与智能化、经济社会的行动决策等。其中，若获取的信息就是问题解决结果，如科学问题的数据信息结论发现，可视为上述规则中不采取行动的情景。另外，对数据检索而言，如果检索是为得到问题解决的相关数据，本体系将其划分为数据生成范围。

其二，解决问题的信息一般表现为数据分类信息。分类指对事物区分比较，发现差别或联系的活动，是人们认知现象最基本的行为。任何问题的解决过程，都可抽象为针对不同信息需要采取哪些行动对应。因此，以性质、层次及数量特征区分事物的分类信息就是问题解决所需要的，以便分别施策。实际应用中要注意复杂问题的解决信息及行动对应存在层次性，切忌混淆。

其三，发现分类标准是数据信息获取技术的基本作用。分类要基于标准，其来自两方面。一是科学问题的分类标准来自相关理论，社会经济问题的分类标准来自管理目标，技术问题的分类标准来自操作规则。譬如数字化生产系统，其以产品工艺质量为标准，通过识别生产线数据，自动实现产品质量区分与控制。二是现实中没有硬性理论规则约束的活动，譬如大量经济社会活动；或在全部数据认知活动中都可能大量出现的，处于分类理论或规则标准边缘，标准约束边界模糊，难以落实充分约束的情况，这就需要基于相关数据发现可行分类标准，进而实现分类信息获取。这是当前数据信息获取技术产生的一个重要背景。

其四，发现数据分类标准的技术路线。其主要是说明信息获取模型构建相关技术的背景及功能特征。总体上，基于统计学长期积累的刻画数据关系的相关、聚类、分类、距离、误差等经典概念，形成两条基本技术路线。一是问题导向路线。针对具体问题数据，以统计理论优势构建数据分析模型，通过获取分类信息，得到问题的解释及其行为指向。该路线具有假设条件严格、数学表述严谨、注重数据分析结果的问题因果关系合理性等特征。习惯上又称这类技术为统计建模技术。二是数据导向路线。这是对大数据的高调响应，其以计算机数据处理资源优势构建数据算法模型，通过获取大数据分类信息发现有价值的问题，并给出解释及其行为指向。该路线具有不强调假设条件、以发现有价值问题为目标、以速度和精度表示模型优良性、采用试错方法优选信息等特征。习惯上称这类技术为数据挖掘或机器学习算法技术。其中，数据挖掘意指从大数据中发掘知识，有效管理数据的数据库技术是其重要支撑，但其数据挖掘分析技术是依赖机器学习与统计的。再说机器学习，顾名思义就是利用计算机，通过特定数据分类的学习，归纳出一定规律，采用算法模型刻画，再将算法用于其他数据分类。显然，这是一个人工智能过程。图灵[1]提出机器学习概念，相关研究随之迅速推进。依据不同思想、理论甚至经验形成特定学习对象是机器学习技术的特征及发展标志，也赋予机器学习不同的技术称谓。例如，基于神经网络连接主义的神经网络技术[2]；以信息论为基础，以最小信息熵为目标，模拟人类对概念判定的树形流程的决策树数据挖掘技术[3][4]；基于统计学习理论的支持向量机技术[5][6]；基于多层神经网络概念的深度学习技术等。

其五，数据信息获取技术的素质学习。其一般以技术作用功能作为学习目标，但数据信息获取技术的功能都是分类，造成学习困惑，陷入总是力图弄清相关技术有什么用、在什么场景发挥作用的纠结之中。就素质学习而言，我们给出三点解释。一是技术应用是创新性工作。一个技术可能是以解决某个场景问题或提高某一技术效率提出的，但其规则可能适用于其他场景，这一扩展过程就是创新。其取决于对该技术的理解领悟素质。二是"举一反三"的技术应用与学习规则，其学习的意义毋庸置疑。另外，一项熟悉的技术操作往往形成技术偏好，很多应用场景不是基于道理而是依赖经验的，即偏好决定技术选择。熟悉一项技术是素质学习的切入点。三是采用遍历或试错优选，以及组合不同技术的获取信息已成为技术应用常态。这是以理论上计算机巨大数据处理能力优势下，技术运行边际成本几乎为 0 为现实支撑的。但需要注意的是，当处理超大规模数据

---

① Turing A. 1950. Computing machinery and intelligence. Mind，59（236）：433-460.

② Rosenblatt F. 1958. The perceptron: a probabilistic model for information storage and organization in the brain. Psychological Review，65（6）：386-408.

③ Quinlan J R. 1986. Induction of decision trees. Machine Learning，1：81-106.

④ Hunt E B，Marin J，Stone P J. 1966. Experiments in Induction. New York：Academic Press.

⑤ Vapnik V N，Lerner A Ya. 1963. Recognition of patterns with help of generalized portraits. Avtomat.i Telemekh，24（6）：774-780.

⑥ Vapnik V N，Chervonenkis A Ya. 1968. Algorithms with complete memory and recurrent algorithms in pattern recognition learning. Automation and Remote Control，29（4）：606-616.

时，相关算法的运算时间也是技术选择的一个因素。一般而言，多技术学习是数据素质提升的最佳路径。

数据信息汲取模块由九章构成。第 8 章为回归模型，第 9 章为 Logistic 建模技术，第 10 章为关联规则挖掘，第 11 章为决策树分类规则，第 12 章为 K-平均聚类，第 13 章为神经网络，第 14 章为支持向量机，第 15 章为集成学习算法，第 16 章为数据可视化。上述各章基本按照技术提出背景、基础概念与技术路线、操作规则及其示例、技术评价与发展等构建讨论逻辑。其中，操作规则及其示例的计算机程序可参考相关网络课程资源，这里不再赘述。

主要参考文献

马建波. 2018. 科学之死. 上海：上海科技教育出版社.

梅宏. 2018. 大数据导论. 北京：高等教育出版社.

吴国盛. 2016. 什么是科学. 广州：广东人民出版社.

吴国盛. 2018. 科学的历程. 4 版. 长沙：湖南科技出版社.

杨沛霆. 1986. 科学技术史. 杭州：浙江教育出版社.

Kline M. 2014. 古今数学思想. 张理京，张锦炎，江泽涵，译. 上海：上海科学技术出版社.

Mayer-Schönberger V，Cukier K. 2012. 大数据时代：生活、工作与思维的大变革. 盛杨燕，周涛，译. 杭州：浙江人民出版社.

Nagel E. 2005. 科学的结构. 徐向东，译. 上海：上海译文出版社.

第一篇　数据生成

第 2 章

计算机信息系统

从数据生成视角看，大数据是计算机信息系统对行为人按规则活动的充分记录。计算机信息系统是大数据生成的技术源泉。现实中，计算机信息系统是由计算机硬件、网络和通信设备、计算机软件、信息资源、行为规则制度、信息用户组成的人机一体化体系，系统相关技术高度专业化。本章不涉及具体技术原理，仅以系统功能构成和实现技术路线相关概念的解读作为理解信息系统的切入点；从社会应用角度进行解读，为了方便理解，进行了简化；并力图传达大数据是数据技术应用的产物，是人们基于事物认知构建出的"客观事实"信息。

■ 2.1 计算机信息系统的构成

从社会应用角度，本节仅给出计算机信息系统及其总体构成的简要概念式解读，为读者进一步学习提供便利。

2.1.1 信息系统

信息系统（information system）指收集、处理、存储和分发信息的组织体系，用于提供信息、贡献知识及其服务管理决策。理论上讲，尽管极度粗糙，但其实信息系统在开始出现组织管理形态时，就已作为其构成出现了，只是当今在管理科学等理论指导下，计算机及网络技术用于经济社会管理并逐步形成相应的信息系统技术体系。此前信息系统曾用来指装置软件的计算机系统，现在一般可作为计算机信息系统的简称。

计算机信息系统是基于计算机企业应用而产生的。1946 年，国际商业机器公司（International Business Machines Corporation，IBM）研发的第一台电子计算机主要是用于科学计算。1951 年，英国剑桥大学为法国里昂一家餐饮公司研发出用于新鲜农产品物流管理的电子计算机应用系统。1954 年，美国通用电气公司开始使用计算机核算工资和成本。一般称这些替代人工事务数据处理的计算机系统为电子数据处理系统（electronic data processing system，EDPS），也称事务处理系统（transaction processing system，TPS）。20 世纪 60～70 年代初，事务处理系统得到了广泛应用。但受限于当时计算机能力和模拟人工事务处理的认知，该系统存在数据收集速度较慢且错误频出等问题。期间，在计算机技术进步的推动下，管理信息系统（management information system，MIS）作为基于事务处理系统提升的一项重要成果而问世。MIS 吸收管理科学理论，将事务处理系统的企业专项事务处理扩展到整个企业管理，以提高企业价值和利润为目标，通过各部门技术及其人财物的数据分析，用于企业经营协调与控制。企业管理效率和能力得到大大提升。

MIS 在企业的成功应用产生了巨大的外部溢出效应。在其基础上，用于又不局限于企业的决策支持系统（decision support system，DSS）、主管信息系统（executive information system，EIS）、企业资源计划（enterprise resource planning，ERP）、地理信息系统（geographic information system，GIS）、信息管理系统（information management system，IMS）、办公自动化系统（office automation system，OAS）、多媒体信息系统（multimedia information system，MMIS）等一批具有不同特征的计算机信息系统先后问世。系统应用迅速扩展到科学技术、经济与社会管理的各领域，特别是在 20 世纪 90 年代互联网相关技术兴起的驱动下，计算机信息系统出现井喷式发展，应用场景五彩缤纷。社会经济形成如同当前这样庞大的，并仍然高速持续扩张的信息生态环境。

一般而言，计算机信息系统的构成主要体现为在系统目标统筹下，数据收集、存储处理、传输与安全等技术功能的集成。其背后体现着由技术构建及其数据信息解释的人与计算机组成的人机一体化意义。为了进一步理解计算机信息系统的意义，我们对上述功能构成给出简要的概念式解读。

2.1.2 传感器数据自动采集

数据采集也称数据收集或获取。这里指信息系统根据用户需求目标，获取行为主体按规则活动充分记录数据的操作，由此生成用户需要的初始数据集。其中，行为规则是用户预设的系统外生因素，无须讨论，而系统获取数据的主要技术手段为人工记录与自动采集。顾名思义，前者是人工通过计算机键盘将行为主体按规则活动的相关信息直接录入系统；而后者则是利用相关设施，如传感器（transducer/sensor），自动采集数据并输入系统。毋庸置疑，工作态度是人工记录的核心技术。但对信息系统数据获取而言，无论采用什么自动采集技术，人工记录都是不可或缺的补充手段。

传感器是数据自动采集设施的总称，具体指将物理、化学、生物等自然感知信息转化为电子信号的设备元器件。传感器类似人的五官，通过正确感知被测量对象的状态并将结果转化成电流、电压、频率等形式，再经计算机系统传输、解析、记录后呈现出人类可以理解的信息。这一技术过程也给出提示，数据是人们对事物认知的产物，其客观性是由认知主体的认识定义的。

传感器是 19 世纪近代科学知识的技术转化产物，其产生背景可追溯至 1821 年塞贝克（Seebeck）发现的热电物理学效应，以及 1871 年西门子（Siemens）发现的随着温度升高，导电物质电阻增加①的热电效应。1883 年，江森（Johnson）研制出名为"电动遥控测温器"的铂物质材料的电阻温度计并获得专利，标志着传感器技术诞生。1887 年，卡伦德（Callendar）提出测温电桥概念及其用于铂电阻温度计的设计原理，研发出精度在 1%以内的–190～600℃测温电桥技术。1927 年，其被第七届国际计量大会确定为第一个国际温度测量标准。此后，受温测器技术启发，相当于人类相应感觉的一系列传感器被先后陆续开发出来，包括视觉的光敏、听觉的声敏、嗅觉的气敏、味觉的化学、触觉的压敏和流体传感器，以及多种感知组合的传感器。另外还有基于酶、抗体和激素等分子识别功能的生物类传感器等。在材料技术和制作工艺进步的助推下，传感器类型及精度都达到了前所未有的广度和高度。此外，基于数字与网络技术的驱动，又出现了智能与网络传感器，成为智能化与网络化不可或缺的技术基础。

　　智能传感器是基于微机电系统（micro-electro-mechanical system，MEMS）发展起来的。1962 年第一个硅微压力 MEMS 传感器问世。20 世纪 80 年代出现了将传感信号调节电路、微计算机、存贮及接口集成到一块芯片的微处理器智能传感器。20 世纪 90 年代又出现了具有自诊断、记忆、多参数测量以及联网通信功能的智能化传感器。2000 年开始，基于微型化显著特征的智能型传感器得到快速发展。例如，出现了"智能灰尘"MEMS传感器，在其大小 $1.5mm^3$、重量 5mg 的装置中，配置了速度、加速度、温度等多个传感器，以及激光通信、中央处理器、电池等组件进行信号智能处理。

　　总之，传感器作为各数字化系统的数据采集入口得到极为广泛的应用，如工业的物联网和智能制造，家居的各类智能设备，汽车的自动驾驶，社会治理的交通、治安监控，医疗保健的人体生理参数监控等。

2.1.3　数据存储处理

　　数据存储处理是计算机信息系统的核心组成，实现系统采集数据的存储处理功能。本质上，其承担着计算机信息系统的数据组织与管理任务。其中，存储硬件设施技术与相应软件系统规则，决定着信息系统运行及其发展水平。从信息系统语境理解数据存储处理，抛开不在其范围的硬件设施技术，有两个基本知识点需要关注。

　　其一，数据库。作为数据存储处理的核心，其构成信息系统的技术基础。换言之，没有数据库技术就没有计算机信息系统。前文提到，计算机信息系统是基于计算机企业应用的电子数据处理系统产生的。初始的电子数据处理系统，如早期电子计算机用于科学数值计算时，数据依靠打孔卡片输入，并与特定计算程序捆绑，数据不存在独立的组织结构。直到 20 世纪 50 年代后期至 60 年代中期，在磁鼓、磁盘等数据存储设备成功研发的基础上，才出现将数据组织成独立文件，实现按文件名访问，对文件记录存取修改的数据处理技术。文件系统的出现在一定程度上实现了数据文件与应用程序的分离，数据获得初步的独立性。20 世纪 50 年代末出现了"数据处理"的概念。与科学研究和工程开发中的数

① Lee C K，Song C W，Rhee J G，et al. 1995. The bakerian lecture：on the increase of electrical resistance in conductors with rise of temperature，and its application to the measure of ordinary and furnace temperatures；also on a simple method of measuring electrical resistances. Proceedings of the Royal Society of London，32（3）：733-745.

值计算不同，数据处理指为获得目标信息，管理及加工处理大量各种类型数据资料的工作，包括高度复杂的数据存储、检索与变换处理操作，且存在需要满足用户多样性目标的数据共享处理要求。而文件系统在数据操作的便利性与数据共享方面均不能很好地支持这类数据处理需求。数据库技术就是以解决数据共享和统一管理为目标出现的。在长达半个多世纪的时间内，数据库技术先后经历了网络、层次、关系及其分布式等发展过程，形成了一个庞大复杂的技术体系。鉴于数据库在信息系统应用中的重要性，除将在2.2节给出数据分布式存储处理概念的解读之外，还专门设置第5章给出数据库技术相关概念的系统介绍。

其二，定义数据分类。这个问题是基于数据库概念延伸出的。伴随大数据概念出现，对数据进行结构化与非结构化的区分盛行起来。有些文献简单称数字为结构化数据，图像、音频为非结构化数据。这一认知没有错误，但仅局限于将数字形式作为区分数据类型标准，就存在偏误了。其实，将文字、图像和音频等称为数据是基于数据是信息载体认知的，而区分数据为结构化、非结构化类型的背景在于，上述数据能否直接存储于基于当前技术的数据库，即数据分类是由数据库存储处理方式界定的。具体说，结构化数据定义为可直接存储于关系型数据库并进行管理的数据，其是可由二维关系表结构表达的数据。例如，学生选课系统中，学生、课程、成绩等数据为结构化数据，其中不仅包括学习成绩的数字，也包括学生姓名和课程名称的文字。所以结构化数据不是数字专属的，也包括可由二维关系表表示的文字。以此类推，图像和音频等不能直接以数据库二维表结构表示的数据就是非结构化或半结构化的。这类数据需要通过结构化转换才能被存储处理。相关转换导致数据处理量暴增，相关解决技术成为推动数据库进步的因素。分布式数据存储处理相关技术就是为解决非结构化数据处理需求而发展起来的。相关内容将在2.2节专门给出解读。

2.1.4 网络传输

计算机信息系统存在的意义在于数据资源的统一管理或共享，其实现依赖于数据传输。网络传输技术决定着计算机信息系统应用范围及其规模，进而决定着计算机信息系统的社会经济价值。前文曾提到正是由于20世纪90年代互联网相关技术兴起，促使计算机信息系统在五彩缤纷的应用场景中得到井喷式发展，社会经济才能形成庞大的，并仍然高速持续扩张的信息生态环境。这里的网络传输概念是指通过计算机网络传输数据。而计算机网络是将不同地理位置独立的多台计算机及其外部设备，通过通信线路连接起来，在网络操作系统、网络管理软件及网络通信协议的管理和协调下，实现数据传递和资源共享的系统。其中网络通信协议是网络技术专有的，网络相关软件则是协议的实现。下面借助三个逻辑递进的知识点作为网络协议概念的解读。

其一，通信协议。网络研究始于20世纪60年代。两位学者提出了计算机网络传输基础理论。一是1964年美国兰德公司的巴兰（Baran）在一次操作系统设计会议上，以"分布式通信系统"的主题论文，提出数据网络传输理论及其可实现性；二是1965年英国国家物理实验室的戴维斯（Davies）以"包交换"（packet-switching）概念为核心提出的数据通信基础理论。1967 年，美国国防部高等研究计划局（Advanced Research Projects Agency，ARPA）发起阿帕网（advanced research projects agency network，ARPANET）资助项目。1969 年加州大学的克林洛克（Kleinrock）和恩格尔巴特（Engelbart）开发出洛杉矶分校萨缪里工程应用学院与斯坦福国际研究所的网络互连（on-line systemNLS）ARPANET 系统，接着系统又扩展到圣巴巴拉分校与犹他大学。1971 年 ARPANET 系统实现了 15 个网络节点连接。

鉴于网络要求其连接的不同类型计算机能够实现数据统一处理，传输要求方便准确识别传输对象，网络传输技术的核心则表现为，既要数据方便准确传输到对象，又要数据能够保证统一处理。其实现就要求发送与接收双方存在统一的技术约定，被称为通信协议标准。于是抛开硬件设备，通信协议标准就成为网络传输软件技术的一个聚焦点。现实中存在国际标准化组织（International Organization for Standardization，ISO）提出的开放系统互连（open system interconnection，OSI）模型，其作为一个协议标准概念模型，为网络传输技术开发提供理论指导。另外还有基于 ARPANET 提出的因特网协议套件（Internet protocol suite，IPS），这是一个得到市场默认，被大量使用的"应用协议标准"。套件的基础是传输控制协议（transmission control protocol，TCP）和互联网协议（Internet protocol，IP），通常又简称协议套件为 TCP/IP 协议。OSI 模型和 TCP/IP 协议都是 20 世纪 70 年代开始研究推进的，20 世纪 80 年代中期完成基本框架，其相关成果为互联网发展注入强劲动力，驱动 20 世纪 90 年代互联网信息系统及其应用的大爆发。相关技术也成为数据技术应用素质必备的内容。

其二，TCP/IP 基本框架。ISO 组织的 OSI 模型的基本框架由七个层次协议套件组成。TCP/IP 协议除将应用层、表示层、会话层的三层结构功能合并为应用层，将物理层和数据链路层合并为网络接口层（数据链路层）之外，其余与 OSI 架构各层保持一致，形成四层结构的基本框架。其中，每一层呼叫下一层提供操作以完成自己的操作。

应用层实现用户需求与应用程序优化沟通的协议包括超文本传输协议（hyper text transfer protocol，HTTP）、文件传输协议（file transfer protocol，FTP）、简单邮件传输协议（simple mail transfer protocol，SMTP）、远程终端协议（telnet）和动态主机配置协议（dynamic host configuration protocol，DHCP）等。

传输层提供节点间的数据传送、应用程序之间的通信服务，以确定数据已被送达并接收。其主要功能是数据格式化、数据确认和丢失重传等。传输层包括传输控制协议（transmission control protocol，TCP）、用户数据包协议（user datagram protocol，UDP）等。

互连网络层主要解决不同网络之间的连接问题。从源网络向目的网络发送数据的过程称为路由。网络层给出路由需要的分层 IP 寻址相关协议，实现不同网络之间的连接。其中 Internet 控制报文协议（Internet control message protocol，ICMP）和 Internet 组管理协议（Internet group management protocol，IGMP）定义寻址系统对网络主机的识别及其网络定位。这是互联网实现的技术基础。

最底部的网络接口层主要用于本地网络内的连接，实现数据包在同一物理链路的不同主机设施之间的传输协议，并定义设备与各传输介质之间数据转换传输标准与传输模式，用于最终完成上述各层指令硬件处理。

其三，Internet 地址系统。对一般信息系统用户而言，他们经常接触 TCP/IP 网络协议中的 Internet 地址系统。1982 年推出协议 IPv4 版本，其使用 32 位 IP 地址，可识别网络主机 40 亿台。1998 年推出协议 IPv6 版本，使用 128 位 IP 地址，极大扩充了网络规模。Internet 地址系统有以下 3 个常用的概念。

（1）IP 地址，指 TCP/IP 网络层协议中，IP 协议给出的网络中每台计算机或其他设备一个唯一地址的规则。其由一个 32 位二进制数构成。通常分割为 4 个字节的"8 位二进制数"。IP 协议将这个 32 位的地址分为两部分，前面部分代表网络地址，后面部分表示该主机设备的网络地址。

（2）统一资源定位符（uniform resource locator，URL），指便于记忆操作的网络地址域名（domain name）。URL 由一串字母、数字和特殊符号等字符组成，不同部分的字符序列代表 IP 协议中所使用的八位字节序列。编制 URL 需要执行万维网联盟（World Wide Web Consortium，W3C）的互联网标准 RFC1738。

（3）域名系统（domain name system，DNS），指用户访问网站时，实现域名与 IP 地址自动转换的系统。

2.1.5　系统安全

当今世界充满信息系统的五彩缤纷的应用场景，信息系统已为社会经济构建起一个信息生态环境。经济社会在因此获取高额收益的同时，也承担着系统非正常运行带来的巨大风险。其中，除去对经济社会正常运行秩序产生破坏性冲击风险之外，还包括公众私人信息泄露风险。基于道德与法律语境，信息系统的数据是行为主体按照规则活动的充分记录意味着系统数据是公众私人信息的占有。系统承担着保障公众信息安全的义务，因此安全是信息系统不可或缺的构成，这成为当前社会的共识。而如何理解系统安全技术，难度却非常之大。作为人机一体化体系，系统各组成的安全技术不仅存在差异，而且需要与操作规则结合。同时，作为安全技术核心的数字加密技术，则出自具有长期历史的理论深厚的密码学科，非专业很难理解其技术体系。这里只能尝试给出一些概念式解读。

其一，系统安全。系统安全包括：①避免自然环境与人为破坏的设备设施安全。②规避传输与存储风险，采用数据加密、访问控制、数据完整性控制、数字签名、证书［PKI-CA（public key infrastructure-certificate authority）、公钥密钥加密算法］、审计鉴别机制的数据安全。③规避 TCP/IP 通信协议风险，采用防火墙、虚拟专用网络（virtual private network，VPN）、入侵或漏洞检测和病毒防护技术等的通信安全。④采用制度设计规避系统人员操作道德风险的管理安全等。

其二，数据安全。数据安全是解决数据网络传输安全问题的技术。主要通过加密和安全认证，实现数据传输的保密、完整、可靠、匿名，以及不可否认性等要求。

（1）加密技术。加密技术分为对称和非对称加密两类。其中对称加密指通信双方采用相同的加密算法并共享专用密钥。目前常用的对称加密算法有数据加密标准（data encryption standard，DES）、高级加密标准（advanced encryption standard，AES）、国际数据加密算法（international data encryption algorithm，IDEA）和三重数据加密算法（triple data encryption algorithm，3DES）等。非对称加密的密钥则被分解为公开和私有密钥组成的一个密钥对。

公开密钥对外公开，私有密钥则保存在发布者手中。用户可用公开密钥加密信息发送给密钥发布者，发布者使用对应私有密钥解密。目前，常用的非对称加密算法有 RSA（Rivest-Shamir-Adleman）算法和椭圆曲线密码（ellipse curve cryptography，ECC）算法。两类加密方式存在优劣势互补的情况。对称的加密速度快、效率高，广泛用于大信息量加密，但与大量用户通信，密钥难以安全管理，存在传输交换中密钥易被截获的致命风险；非对称则解决了对称加密中密钥数量过多导致管理困难及高成本等问题，也无须担心私有密钥泄露，但非对称加密算法复杂，加密速度难以达到理想状态，所以目前常常是将两者结合使用。

（2）安全认证层。安全认证层指通信中的身份认证技术，主要包括数字签名和数字证书技术等。其中，数字签名的主要方式为发送方从发送报文文本中生成一个摘要，并用私有密钥加密，形成发送方的数字签名，将数字签名作为报文附件和报文一起发送。接收方首先从收到的报文中计算出报文摘要，再用发送方的公开密钥对数字签名解密得到报文摘要。如果两个报文摘要相同，接收方确认该数字签名。数字签名技术不仅可确定发送者身份，同时确保发送信息的存在与真实。另外，数字证书是通过数字认证中心证书颁发机构（Certificate Authority，CA）签发并认证的，是标识一个用户身份的电子手段。这是引入第三方的安全机制。

其三，数据库安全。数据库安全主要包括以下几个方面：①通过日志文件，基于完整性技术约束的检查，以及身份验证与权限管理等措施实现数据库完整性控制。②通过对数据库所有读写访问活动的详细记录审计，协助系统维护数据库的完整性。③通过口令和时间日期的用户鉴别，以及用户访问时间与范围控制，实现数据库安全。

其四，网络安全。信息系统的价值体现在开放性上，但开放性必然导致对其冲击的易发与多发性。网络是信息系统安全的薄弱环节。采用各种技术和管理措施，防御各种网络攻击，保证网络系统正常运行，确保网络数据的可用性、完整性和保密性是信息系统网络安全的基本目标。其中信息系统网络是基于因特网基础设施和标准实现的，构成系统结构的底层是网络服务层。网络服务层提供信息传输、用户接入方式和安全通信服务，这些是网络安全的关注点。目前，网络安全采用的主要安全技术包括防火墙、加密、漏洞扫描、入侵行为检测、VPN、反病毒及安全审计技术等。

（1）防火墙技术。防火墙设置在内部网络与外部网络的连接处，主要防止外部对内网恶意攻击，以及防止内部非法访问外网，但需要注意防范内部攻击。目前防火墙技术主要有包过滤、代理服务器、双穴主机和屏蔽子网网关等。

（2）漏洞扫描技术。漏洞是硬件、软件或策略上的缺陷，能够在未授权情况下访问甚至控制系统。漏洞扫描技术指通过执行测试脚本文件对系统进行攻击并记录反应，从而发现其中漏洞的技术。

（3）VPN。VPN 是主要采用隧道技术在公用网络上建立加密通信专用网络构成的虚拟网络。具体说，是将某种协议数据包重新封装为新数据包。其中，新数据包提供了路由信息，可使新封装的负载数据通过公共网络传递到目的地。到达目的地后，数据包被解封并还原为原始数据包。重新封装的数据包在公共网络上传递时所经过的路径被称为隧道，因此，内部网络数据包也可以利用隧道在公共网络上传输。这种功能是通过网络隧道协议实现的。建立隧道有两种方式——客户发起方式（client-initiated）或客户透明方式（client-transparent）。客户发起方式指隧道由用户或客户端计算机主动请求创建；客户透明方式则指隧道不由用户发起而是由支持 VPN 的设备请求创建。目前，VPN 主要有三种应用：①远程访问虚拟网（access VPN）。客户端到网关，使用公网作为骨干网在设备之间传输 VPN 数据流量。②内部虚拟网（intranet VPN）。网关到网关，通过内网架构连接同网资源。③扩展虚拟网（extranet VPN）。与合作伙伴的网构成 extranet VPN，将两个内网资源连接。

■ 2.2　计算机信息系统的技术路线

在了解计算机信息技术体系总体构成之后，从实现系统运行的相关技术路线切入，是理解为什么信息系统能够应用于五彩缤纷的场景，同时直面其核心思想，化繁为简的方法。这里仍然仅给出其核心部分的概念式解读。

2.2.1　系统分布式技术路线

信息系统的发展是基于计算机技术进步驱动的，早期采用大型和小型计算机为中心的集中式技术路线实现系统运行，其将软件、数据与主要外部设备集中于一套计算机系统之中。其中多个不同地点的用户通过终端共享资源的多用户系统也属于集中式架构。集中式具有资源集中、便于管理、资源利用率较高的优点。但随着系统规模扩大，系统日趋复杂，集中式的维护与管理越来越困难，且不利于用户发挥信息系统运行中的积极性与主动性。此外，资源集中造成系统的脆弱性，一旦主机出现故障，系统势必瘫痪。当前集中式技术路线主要用于企业或机构内部管理的事务处理系统，一般信息系统已很少使用。与集中相对的是分散，而有序分散则为按规则的分布。目前信息系统主流采用分布式技术路线。其实在网络技术背景下，采用分布式技术路线（distributed technology roadmap）构建计算机各类系统已是业界的通识。涌现出包括数值计算、数据库存储、网络架构等一系列相关技术与规则。分布式成为理解当代计算机系统的一个基本概念。

分布式概念可追溯到 1958 年 IBM 的科克（Cocke）和斯洛特尼克（Slotnick）为提升计算机算力而提出的并行数值计算（parallel computing）的可能性及解决思路。其后因设备功耗问题的解决，加快了并行技术的推进。并行计算是指许多计算或过程同时进行的一种计算类型，计算任务被分解成几个相似的子任务独立处理，再将处理结果组合在一起的过程。如果同时处理各种不相关任务，则称为并发式计算（concurrent computing）。当然在分布式系统架构层面，这两个概念不需要特别区分。并行技术是通过计算机装备多处理器，或者经多台计算机网络组合，以及配置相应软件程序实现的。1964 年，斯洛特尼克为美国国家实验室研制拥有 256 个处理器，采用单指令多数据流（single instruction multiple data，SIMD）程序的伊利诺伊自动计算机 IV（Illinois automatic computer IV，ILLIAC IV）系统。研制困难重重，时至 1976 年系统才开始运行。这期间，1969 年霍尼韦尔公司的巴赫曼则抢先一步，推出装备 8 个处理器的复用的信息和计算服务（multiplexed information and computing service，MULTICS）系统，而且在系统开发中提出了数据网络传输协议应由 7 层模型构成的思路。

　　实际上，对计算机技术而言，事务处理各种操作都是基于数值计算实现的。事务处理的技术本质就是数值计算。20 世纪 80 年代开始，受到计算机中央处理器、数据库、网络等方面技术进步的激发，分布系统如井喷式涌现，相关技术成为计算机领域的研发分支，逐步形成相关技术范式及其标准。

　　计算机信息系统采用的分布式技术路线，是指通过网络将不同地点的计算机硬件、软件、数据等资源联系在一起，实现资源共享。各地计算机系统既可在网络系统统一管理下工作，也可以脱离网络环境利用本地资源独立运作，以"并发"方式同时完成诸多不同任务。分布式具有根据应用需求配置资源、方便调整系统规模、强化应对外部环境变化、分散系统故障风险等优势。但也存在资源分属各子系统、统一管理协调成本较高等一些问题。分布式信息系统的实现需要一系列极为复杂的硬件与软件技术系统的支撑，其中两个软件系统位居核心：一是用于分布式网络构建的客户端/服务器或者浏览器/服务器两种架构；二是用于支撑分布式大数据存储与处理的系统软件平台。

2.2.2　客户端/服务器架构

　　客户端/服务器架构（client-server architecture，C/S）在理论上是一种将系统中的计算机按提供功能服务资源的服务器与请求使用功能服务的客户端进行分离，通过网络通信完成服务资源的提供与使用的架构。目的是实现系统资源共享与运行效率提升。其中，功能服务资源是个涵盖计算机几乎所有操作的广义概念，不仅包括提供各种类型数据库的数据，而且包括提供计算、通信、Web 网页、视频音频、各种外部设备使用，以及提供各类软件程序等一系列功能服务（以下简称服务）。而这些服务的提供是需要通过具备相应操作程序的计算机才能实现的。于是，定义能够提供某种服务的计算机为"服务器"，与服务器对应获取服务的计算机则为"客户端"。显然，服务器与客户端是基于系统功能，而非物理实体定义的。现实中一台计算机是客户端、服务器还是两者兼备，取决于相关应用程序的配备。例如，一些客户端软件就提供在同一计算机内实现与服务器软件通信的功能。

　　信息系统 C/S 架构中，服务器是核心，客户端是基础。其架构充分利用客户端处理能力，具有将很多工作在客户端处理后再提交服务器的"并发"操作优势。另外，一般信息系统针对特定的服务内容，配备功能较强的计算机作为专门化服务器，也有将一些专门服务器集成为综合服务器子系统的处理。

2.2.3　浏览器/服务器架构

　　浏览器/服务器架构（browser-server architecture，B/S）是在 C/S 架构的客户端与服务器之间增加一个万维网浏览器层次的改进。在该架构下，客户端的大量工作先经浏览器处理再访问服务器，形成三层工作架构，具有简化客户端计算机载荷，减轻系统维护、升级成本和工作量的一定优势。本质上，B/S 只是一种 C/S 操作软件，其 C/S 的客户端变成浏览器而已，即现实中，B/S 模式是不需要专门的客户端软件的，有浏览器即可。而浏览器又是计算机操作系统自备的。原 C/S 架构的客户端除保留显示功能外，可无障碍地自行转换为浏览器。同时 B/S 又是基于网页语言运行的，与操作系统无关，可以跨网络平台运行。

随着网页语言及浏览器的进步，B/S 的处理及运行速度越来越快，已经具备处理图像、音频及文件等服务资源的强大能力。

需要说明的是，C/S 与 B/S 均为分布式网络构建架构，其核心是资源服务器。现实中两种架构不存在替代关系，信息系统构建一般基于用户需求的资源特征进行相应架构选择。这里不再赘述。

2.2.4　分布式系统软件平台

资源服务器是分布式网络架构的核心，其提供文件、视频音频等数据存储，数据处理计算，网络通信，以及各类软件程序应用等一系列服务。相应开发出用于分布式系统的操作系统、程序设计语言及其编译系统、文件系统和数据库系统等软件支撑服务器运行。2000 年前后，网络大数据爆发，Web 应用大量涌现。作为应对，2002 年美国 Apache 基金会提出开源分布式软件系统研发的资助项目。在其推动下，2004 年谷歌研究院（Google Research）发表了一篇关于 MapReduce 算法的论文[①]，Google 公司在操作系统设计与实现会议上以 MapReduce 为主题，提出了分布式计算理论框架。其中 MapReduce 一词是 Mapping［映射（函数）］与 Reduction［归约（迭代计算）］两个词合成的，其就此成为该理论框架中表示处理复杂数据分布式计算的专有概念。紧接着，卡廷（Cutting）和卡法雷拉（Cafarella）投入研发 MapReduce 的技术实现，并进一步开展与支持搜索引擎算法的分布式文件系统（nutch distributed file system，NDFS）集成的研究。2006 年卡廷研发出的软件在 Yahoo 互联网系统成功运行，并被命名为 Hadoop，又称之为 Apache Hadoop。

2.2.5　Hadoop 基本框架

作为一个支撑分布式系统的开源软件 Hadoop，其与传统服务器相比具有四方面的显著技术优势：①在数以千计的节点范围调整计算机集群配置的扩容性。②利用廉价计算机组成服务器完成服务的低成本性。③采用并发操作，数据在节点间动态并行移动的数据处理高效性。④基于系统应能自动处理硬件多发故障的理念，系统具有自动多份复制、维护数据并重新部署失败任务的可能性。上述优势支撑 Hadoop 一经问世就受到业界与市场持续的高度关注，迅速得到应用。2010 年，Facebook 声称拥有了世界最大的 Hadoop，存储容量为 21PB。截止到 2013 年，Hadoop 在超半数的全球财富 50 强企业得到应用。

Hadoop 功能强大，体系复杂，基本框架主要组成包括：①通用模块，提供 Hadoop 各模块所需的库和实用程序。②分布式文件系统（hadoop distributed file system，HDFS），提供分布式计算存储的底层支持。可以多种廉价机型部署的集群，实现大型机数据处理能力。③HadoopYARN 平台，管理集群的计算资源，调度用户的应用程序。④分布计算 MapReduce 系统，将任务集群分发，完成大规模数据并行处理计算任务。⑤数据仓库基础构架 Hive，类似关系型数据库的 SQL 查询语言，称为 HQL（hibernate query

---

① Dean J，Ghemawat S. 2004. MapReduce: simplified data processing on large clusters. Communications of the ACM，51（1）：107-113.

language），用于存储查询大规模复杂数据。⑥服务用户、方便使用的模块，如日志数据收集系统 Flume，分布式环境多进程同步控制、防止造成"脏数据"的 ZooKeeper 工具，完成大型任务作业调度的 Oozie 工具，以及帮助开发人员创建智能应用程序的机器学习算法 Mahout 等。上述系统构成中，分布式文件系统与分布计算 MapReduce 系统是 Hadoop 的核心，以下分别给出解读。

2.2.6　分布式文件系统

　　分布式文件系统是 Hadoop 的核心构成，是分布式计算中数据存储管理的基础。分布式文件系统是基于流数据模式访问和处理的超大文件需求开发的。这里流数据是指没有时空间隔的连续数据，如影视、遥感、股票交易等事物的时连空连数据。显然，处理这样庞大的数据，传统集中处理架构难以承受。分布式文件系统采用文件分块存储并复制到多个计算机节点的分布处理技术路线。其中，客户机在创建文件时决定块的规模和复制数量。主节点可控制所有文件操作。每个节点数据都在其他节点多次备份，保证分布式文件系统的高容错性及高可靠性。分布式文件系统内部所有通信都基于 TCP/IP 协议。分布式文件系统可运行于廉价服务器，并以数据处理的高容错、高可靠、高扩展、高获得、高吞吐率等优势，为海量数据提供存储，为超大数据集（large data set）处理带来便利。分布式文件系统架构参见图 2.1。

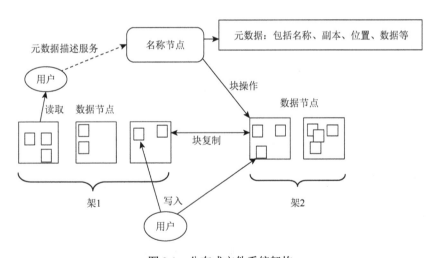

图 2.1　分布式文件系统架构

资料来源：https://hadoop.apache.org/docs/r1.2.1/hdfs_design.html

　　基于分布式文件系统理解分布式信息系统有 3 个基本概念。①块（block）。分布式文件系统将文件分成大小固定的数据进行存储。为减少寻址成本，其存储数据块默认为 64MB，远超普通文件系统几千字节的存储规模。②名称节点（namenode）和数据节点（datanode）。分布式文件系统以管理者（master）/工作者（slave）模式运行，通常有一个名称节点和多个数据节点。其中，名称节点主要用来管理文件系统的命名空间，数据节点指数据存储地点。③从名称节点（secondary namenode）。其不是名称节点的备份，其主要功能是周期性将名称节点的命名文件和修改日志合并，以防日志文件过大。

2.2.7 分布计算 MapReduce 系统

分布计算 MapReduce 系统是一种编程模型，用于大于 1TB 的大规模数据集的并行运算。MapReduce 一词可以理解为 Mapping（映射）及 Reduction（归约）两个词合成的概念，表达采用"分而治之"思想处理大规模数据集的操作，即将数据集分块发给主节点管理下的各个分节点处理，然后整合各个节点中间结果，得到最终结果。简单地说，MapReduce 就是任务分解与结果汇总。

MapReduce 是由 Google 公司研究提出的，初衷是解决搜索引擎中大规模网页数据的并行化处理。2004 年搜索引擎创始人卡廷借鉴 Google 的 MapReduce 理论思路，开发出称为 Hadoop 开源的 MapReduce 并行计算框架和系统。因其开源性，其推出后很快得到全球学术和工业界普遍关注，围绕 MapReduce 开展相关深入研究，其性能的提升[1][2][3][4][5][6][7]、易用性改进[8][9][10]等大大扩展了 MapReduce 的应用领域[11][12][13][14]。MapReduce 的工作过程如图 2.2 所示。具体操作不再赘述。

---

① Kovoor G，Singer J，Luján M. 2010. Building a java map-reduce framework for multi-core architectures. Advanced Processor Technologies Group，University of Manchester.

② Ma W J，Agrawal G. 2009. A translation system for enabling data mining applications on GPUs. The 23rd International Conference on Supercomputing.

③ Stuart J A，Chen C K，Ma K L，et al. 2010. Multi-GPU volume rendering using MapReduce. The 1st International Workshop on MapReduce and its Applications.

④ Sandholm T，Lai K. 2009. MapReduce optimization using regulated dynamic prioritization. The Eleventh International Joint Conference on Measurement and Modeling of Computer Systems.

⑤ Nykiel T，Potamias M，Mishra C，et al. 2010. Mrshare：sharing across multiple queries in MapReduce. Proceedings of the VLDB Endowment，3（1）：494-505.

⑥ Jiang D W，Ooi B C，Shi L，et al. 2010. The performance of MapReduce：an in-depth study. Proceedings of the VLDB Endowment，3（1）：472-483.

⑦ Berthold J，Dieterle M，Loogen R. 2009. Implementing parallel google MapReduce in Eden. The 15th International Euro-Par Conference.

⑧ Isard M，Budiu M，Yu Y，et al. 2007. Dryad：distributed data-parallel programs from sequential building blocks. ACM SIGOPS Operating Systems Review，41（3）：59-72.

⑨ Isard M，Yu Y. 2009. Distributed data-parallel computing using a high-level programming language. The 2009 ACM SIGMOD International Conference on Management of Data.

⑩ Chaiken R，Jenkins B，Larson P Å，et al. 2008. SCOPE：easy and efficient parallel processing of massive data sets. Proceedings of the VLDB Endowment，1（2）：1265-1276.

⑪ Wang C K，Wang J M，Lin X M，et al. 2010. Map dup reducer：detecting near duplicates over massive datasets. The 2010 ACM SIGMOD International Conference on Management of Data.

⑫ Stupar A，Michel S，Schenkel R. 2010. Rank reduce—processing k-nearest neighbor queries on top of MapReduce. The 8th Workshop on Large-Scale Distributed Systems for Information Retrieval.

⑬ Wang G Z，Salles M V，Sowell B，et al. 2010. Behavioral simulations in MapReduce. Proceedings of the VLDB Endowment，3（1/2）：952-963.

⑭ Gunarathne T，Wu T L，Qiu J Y，et al. 2010. Cloud computing paradigms for pleasingly parallel biomedical applications. Concurrency and Computation：Practice & Experience，23（17）：2338-2354.

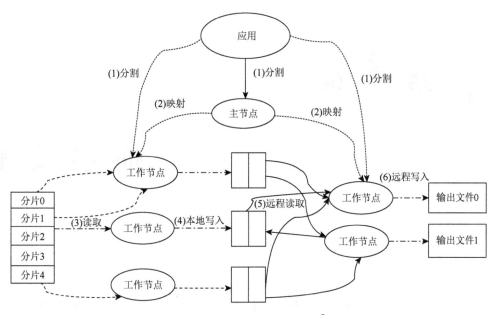

图 2.2 MapReduce 工作过程[①]

最后再次强调,以上通过网络服务器架构与 Hadoop 一系列相关概念简要介绍的分布式技术路线,是理解信息系统的重要切入点,目的是提供对信息系统五彩缤纷应用场景背后技术支撑的概念解读。

主要参考文献

肯尼斯 CL,简 PL. 2018. 管理信息系统(原书第 15 版). 黄丽华,俞东慧,译. 北京:机械工业出版社.

梅宏. 2018. 大数据导论. 北京:高等教育出版社.

汤姆 W. 2017. Hadoop 权威指南:大数据的存储与分析. 王海,华东,刘喻,等,译. 北京:清华大学出版社.

第3章

抽 样 技 术

第1章给出了大数据生成的信息系统技术背景。大数据力图给出事物总体的全部信息，而现实中的信息系统远没有，而且在较长时期内也不可能覆盖全部社会经济总体。缺失信息系统的情况就无须多言。即使拥有信息系统，但只要开展系统目标之外的，甚至深化系统目标之内的应用，一般也都需要系统外部数据支持。可以断言，无论何时，通过样本推断事物总体的认知方式不可能缺位，抽样技术必然发挥不可或缺的作用。抽样技术被广泛应用于社会调查，也应用于机器学习。鉴于抽样技术是基于概率论与数理统计原理的，本章仅给出相关概念、技术思路等背景知识的概念化解读，便于读者理解与应用。

■ 3.1 抽样调查

基于样本推断总体的认知方式，抽样调查技术依据明确的调查任务、调查方法和调查步骤，以有组织、有条理的方式，从总体中抽取样本，收集样本指标的信息，推断总体的数量特征（陈希孺，2002；冯士雍等，2012）。

3.1.1 样本推断总体命题

人类对世界的认识是从自然与社会事物的一部分开始的。在漫长的历史过程中，事物的部分构成及事物构成部分对事物的决定，是部分与整体关系认识的关注点。而长期中，如何从事物的一部分得到其完整信息似乎并没有明确成为专门化问题。17世纪，人类进入近代科学时代[①]。理论上，伽利略（Galileo）的科学实验研究方法已内含从事物一部分得到

---

① 当代科学及数学思想史研究一致认为，16世纪的欧洲文艺复兴时期，以哥白尼提出日心说"天球运行论"为标志，人类迎来近代科学时代。进入17世纪，出现以弗朗西斯·培根为代表的呼吁突破传统经院范式束缚，科学联系现实世界的改革。经验主义由此兴起。在伽利略创建实验科学研究方法，笛卡尔提出世界是运动的、由物质构成的、科学本质是数学的思想推动下，科学开启服务现实的数学化进程。

其完整信息的思想[1]，而将其专门化提出则又经历了这样一个过程。科学数学化在欧洲掀起了人们对自然与社会的数量认知热潮。牛顿（Newton）刻画世界物质运动的著作《自然哲学数学原理》[2]极大推动了自然科学进程。威廉·配第（William Petty）[3]与约翰·格朗特（John Graunt）[4]提出的通过数量测度认识国家经济实力的"政治算数"与人口实力的"政治观察"概念，以及其理论方法则在社会经济中产生重要影响。其后，阿亨瓦尔（Achenwall）[5]将具有国家情况意义的意大利文 Stato 引入，称国家显著事项的学问为 Statistics，即统计学。于是，基于国情数据实现国家间竞争目标的现实，导致存在几千年的国情记录[6]通过统计学概念变成一门满足政府数据需求的学问，创建出通过调查补充政府行政记录数据的方法。1802 年，法国数学家拉普拉斯（Laplace）接受法国人口普查任务。受到时间与工作量限制，采用对一部分人调查来推断法国人口总体情况的办法，提出并开启抽样调查的探索。同时也将"如何从事物的一部分得到其完整信息"专门化成一个认知命题。这是标志人类认知能力又一次飞跃的创新。样本推断总体的理论技术的构建也成为驱动统计学发展的重要动力。

经过 200 多年的探索，这一逻辑在各领域认知中显示出巨大作用，成为当代认识自然与社会经济事物的通用概念。其现实意义还在于，即使大数据提供了认识事物比较充分的近似总体信息，但从事物长期发展变化的视角，其仍然难以摆脱一个时点，即以时间界定的样本属性。深刻哲学思想贯通其中。

3.1.2　样本总体概念与概率统计表达工具

一般将需要认识的目标世界定义为事物总体，简称总体。具体说，总体是由个体组成的，需要去认识了解的目标事物。其中，认识事物就是指认识事物内在的本质规定性，而"本质"就是事物存在与变化的"根据"。对不同事物本质的区分及关联性探索，则是认识事物的基本方式。理论上，需要认识的事物可通过定义数字或符号标识区分。例如，当需要了解某学校在读学生基本情况时，该校全部在读学生为总体，其中每位在读学生是个体。但当需要具体了解某校在读学生的学习成绩时，该校在读学生的成绩是总体，而每位在读学生的成绩是个体。相应地，将事物总体中的一部分个体组成称为样本。样本由事物总体一部分个体定义，意味着样本推断总体逻辑存在两个阶段：首先，如何基于对事物总体认知需求，从总体中获取样本；其次，再由样本信息推断出总体信息。

---

[1] *Discorsi e Dimostrazioni Matematiche，intorno à due nuove scienze*（《关于两门新科学的探讨和数学证明》，1638 年）。

[2] *Philosophiae Naturalis Principia Mathematica*（《自然哲学的数学原理》，1687 年）。

[3] *A Treatise of Taxes and Contribution*（《赋税论》，1662 年）；*Political Arithmetick*（《政治算术》，1676 年）。

[4] 《对死亡表的自然观察与政治观察》，1662 年。

[5] 阿亨瓦尔提出统计学一词，认为统计学是研究国家显著事项的学问，主要通过对国家组织、人口、军队、居民职业和资产资源事项的记录，对国情国力进行研究。因此，阿亨瓦尔等被称为"国势学派"。

[6] 譬如，早在公元前 4500 年，巴比伦王国就举办了全国性人口统计调查。据我国《后汉书》记载，早在公元前 2200 年，大禹曾经"平水土，分九州，数万民"。"数万民"就是统计人口。我国历史上第一次完整地记载全国各州、郡的户数和人口，是在公元 2 年（西汉平帝元始 2 年），据《汉书·地理志》记载，当时有 1223.3 万户，5959.4 万人。以后各朝代都建立了登记每户人口的表册。

目前存在多种工具用于表达基于部分（样本）数据的总体推断逻辑。其中统计是从总体中抽取样本操作的经典工具。而统计又是基于数学概率论建立的，相关概念及关联逻辑的思路要义如下。

一是统计学将研究定位在事物的随机性变化规律。现实中，事物变化存在确定性、随机性，以及不确定性。其中，确定性无须多言。不确定性是指事物的变化表现为非线性，高度复杂，难以识别。随机性则指事物出现一次变化的结果虽然未知，但已知事物变化的全部可能结果，以及事物出现一次变化对应某一结果的可能性。统计学不是研究事物不确定性变化的，而是研究事物随机性变化的。

二是以变量表示事物。称事物（变量）变化并出现某一结果为发生一个事件。排除认知干扰，定义事件发生是随机的，称为随机事件。事物发生等价于随机事件。如果从随机事件发生视角反推，则可将事物（变量）称为随机变量。这样，随机变量成为事物发生随机事件的刻画。这一逻辑给出统计学研究对象是随机变量的界定。

三是判断事件随机发生的可能性是认识事物（随机变量）的基本信息要求。其中，可能性称为概率，其一般是以随机变量出现一次结果，与出现所有可能结果的比例定义的。进一步，可以利用描述概率变化的分布信息表示随机变量的变化特征。就是说，随机变量概率分布是对事物基本特征的刻画，随机变量概率分布变化反映的是事物变化的规律。

四是事物变化总是受到一些因素影响而发生的。统计学引进表示变量一般逻辑关系的数学函数，借助不同数学函数形式，表示随机变量如何被影响因素决定，以及不同随机变量之间的交互关系信息。上述思路只是大致意思，概率论以简洁数学形式给出了规范陈述，可以进一步阅读。

3.1.3　抽样调查发展简要回顾

抽样调查基于三个优势得到广泛应用。其一，当不能对目标总体普查或全面观测，又需要知道总体数量特征时，具有调查可操作优势。其二，相比全面调查，抽样调查方法具有人力财物低成本、调查周期短、数据分析时效性好的优势。其三，抽样方法只对目标总体一部分单元调查，具有调查员培训、调查工具使用等方面更严格、更科学，抽样调查数据质量较高等优势。抽样调查方法大体可以概括为以下三个阶段（陈希孺，2002）。

第一阶段：抽样调查应用探索与方法提出。这一阶段探索的核心集中在样本代表性问题上。其本质是抽样调查是否可行。1895年，丹麦的凯尔（Kaier）在国际统计学会召开的第五次大会上提出"代表性调查"的概念，意思是调查结果准确性并不取决于样本量大小，而在于获取的样本能否正确代表总体。1894~1914年，凯尔开展了对退休年金和疾病保险政策制定，以及全国家庭和婚姻情况等项目的调查。当时对"代表性调查"存在支持与否定两派意见。否定派意在否定抽样调查。经过近8年争论，1903年，在国际统计学会召开的第九次大会上，大会"代表性调查"方法研究小组一致建议采用该方法，但要求公布结果时，明示观察单位选择条件。经过100多年的探索，抽样调查思想与方法得到统计学及社会各界的认可。

第二阶段：抽样调查基本理论形成。当抽样方法的思想被接受后，问题的焦点转向使用随机抽选还是有目的抽选方法获取样本。1906年，鲍莱（Bowley）提出并论证以概率抽样获取随机样本的必要性，1926年鲍莱又在《抽样精确度的测定》一书中提出分层抽样中按比例分配的思想，奠定了抽样调查的理论基础。1934 年，奈曼（Neyman）提出分层抽样中的最优分配、比估计和回归估计等方法。奈曼工作的重要意义在于，一是从理论上说明随机抽样的科学性和合理性；二是提出不等概率抽样的有效性，突破每个样本必须是等概率抽取的观点。1919～1933 年著名统计学家费雪（Fisher）在试验设计中提出的随机化、可重复和分区组的三原则，也为抽样理论的发展提供了理论基础。20 世纪 40 年代前后，美国抽样调查的实践也大大推动了抽样理论的发展与完善，概率抽样也成为美国政府调查的主要方法，如汉森和霍维茨对美国失业状况的劳动力调查。20 世纪 30 年代，马哈拉诺比斯（Mahalanobis）认识到在统计调查中同时考虑抽样误差和非抽样误差的必要性。1944 年，其提出费用函数、方差函数概念，为抽样调查实践和理论做出了重要贡献。

第三阶段：抽样技术广泛应用，复杂抽样技术不断发展。从 20 世纪 60 年代开始至今，抽样调查的研究重心在模型化推断、模型辅助推断、小域估计以及对非抽样误差的分析与处理等复杂抽样问题。适应性的、序贯性的抽样方法，基于事件的抽样方法以及非概率抽样方法成为新研究热点。相关概念请参阅相关文献。

3.1.4 应用抽样技术的基本步骤

从总体中抽取样本的过程称为抽样。根据从总体中抽取样本的方法，抽样可分为概率抽样和非概率抽样。概率抽样也称为随机抽样，依照随机原则严格按照事前给定的概率抽取样本。对于概率抽样，其能够得到总体未知参数的估计和抽样误差。非概率抽样方法很多，它们的共同特点是抽取样本时不是按照随机化原则进行的。非概率抽样方法的优点是快速、便利，缺点是对总体参数进行估计和推断时很难描述其误差。

常用的抽样方法有简单随机抽样，就是从总体的 N 个单元中随机抽取 n（$n<N$）个单元作为样本，每个单元被抽中的概率都相同。不等概率抽样是指单元的被抽取概率不一定相同，每个单元被抽取的概率都大于 0。分层随机抽样、整群抽样、多阶段抽样、等距抽样等在实际调查中也被广泛使用。在实际大型社会调查中，很少单独选用一种抽样方法就可以完成调查，而是需要同时采取多种抽样方法的组合。例如，先对总体进行分层，在某些层内采用二阶段抽样，第一阶段抽样采用不等概率抽样，第二阶段抽样采用简单随机抽样或等距抽样。应用抽样技术的基本步骤如下（Cochran，1985）。

（1）明确调查目的。组织实施大规模抽样调查时，一定要先明确调查目的。时刻牢记调查目的界定对调查结果是有益处的。

（2）确定目标总体。抽样调查中的总体不是抽象的，而是看得见、摸得到的实体，且总体都是有限可数的、易于识别的。

（3）编制抽样框。给每一个抽样单元编上一个号码，就可以按一定的随机化步骤进行抽样。编制抽样框是进行抽样调查的关键环节。

（4）选择计量方法。需要选择适当的测量工具或调查方式。

（5）确定样本量。样本量确定要综合考虑估计量的精度与调查成本。

（6）抽选样本。要保证样本的随机性。

（7）组织与实施调查。数据收集过程要有适当的监督。

（8）调查数据的汇总和分析。订正填报的错误，对明显错误的数据进行处理。

在实际调查过程中，还为未来可能进行的调查收集信息，或为数据发布提供必要的数据质量保证。大型的抽样调查是非常复杂的工作，需要调查员和调查组织者具有丰富的调查经验，并在调查过程中仍要不断学习，适应可能出现的突发情况，保证抽样调查工作的顺利进行。

3.1.5 抽样技术的基本概念

1. 总体指标

总体中基本单元数量用 N 表示，N 个基本单元的标志值分别用 $y_1, y_2, \cdots, y_N$ 表示。常用的总体指标如下。

总体总值，用 Y 表示：

$$Y = \sum_{i=1}^{N} y_i$$

总体均值，用 $\bar{Y}$ 表示：

$$\bar{Y} = Y / N$$

总体方差，用 S^2 表示：

$$S^2 = \frac{1}{N-1} \sum_{i=1}^{N} (y_i - \bar{Y})^2$$

总体方差的平方根为总体标准差，用 S 表示，其中 $S = \sqrt{S^2}$。

2. 样本统计量

样本单元数量用 n 表示，n 个样本单元的指标值分别用 $y_1, y_2, \cdots, y_n$ 表示。常用的统计量如下。

样本总值，用 y 表示：

$$y = \sum_{i=1}^{n} y_i$$

样本均值，用 $\bar{y}$ 表示：

$$\bar{y} = y / n = \left(\sum_{i=1}^{n} y_i \right) / n$$

样本方差，用 s^2 表示：

$$s^2 = \frac{1}{n-1} \sum_{i=1}^{n} (y_i - \bar{y})^2$$

样本方差的平方根为样本标准差，用 s 表示，其中 $s = \sqrt{s^2}$。

3. 估计

利用样本观察值，计算总体指标的过程称为估计。相应的计算公式称为估计量。估计量为样本函数，不包含任何未知参数。例如，样本均值 $\bar{y}$ 是总体均值 $\bar{Y}$ 的估计量，样本方差 s^2 是总体方差 S^2 的估计量。用样本均值 $\bar{y}$ 估计总体均值 $\bar{Y}$，估计量 $\hat{\bar{Y}} = \bar{y}$ 是无偏的。估计量 $\hat{\bar{Y}}$ 的方差为

$$V(\hat{\bar{Y}}) = \frac{S^2}{n}(1 - f)$$

估计量 $\hat{\bar{Y}}$ 的方差估计为

$$v(\hat{\bar{Y}}) = \frac{s^2}{n}(1-f)$$

其中，$f = \frac{n}{N}$ 为抽样比；$1-f$ 称为有限总体的校正系数。

3.2　网络调查和电话调查

目前，网络电话调查已被广泛应用。随着网络电话逐渐兴起，调查方法综合了网络调查和电话调查的优点，能更高效地完成调查工作，将使电话调查相关技术发生新的变革。在实际应用中，电话调查或网络调查与抽样技术等理论相结合，能得到更有实用价值的数据。本节介绍网络调查和电话调查的相关内容，希望读者理解所采集数据对应的研究对象，理解获得的数据特征，有利于更好地存储数据和分析数据。

3.2.1　网络调查

网络调查以互联网为主要调查工具。随着近年来信息技术的迅速发展，网络调查应用越来越频繁。20 世纪 80 年代末期至 20 世纪 90 年代初出现基于互联网的调查。事实上，在互联网尚未普及之前，就已有借助电子邮件进行的调查。相比印刷问卷，电子邮件调查表现出问卷发放和回收时间减少与成本降低的优势。但电子邮件调查与现在的网络调查不同，仅包含静态和 ASCII（American Standard Code for Information Interchange，美国信息交换标准代码）形式的内容信息，格式和问卷设计处于初期阶段，且通过局域网发放。20 世纪 90 年代中期后，互联网问卷逐渐替代电子邮件问卷。基于互联网的问卷使网络调查具备音频、视频等多媒体功能，带来了与被调查者之间的友好互动的优势。随着互联网普及，网络调查得到广泛应用，成为数据收集的方便快捷的工具（赵国栋，2013）。

网络调查可以分为两类：一是网络定量调查；二是网络定性调查。其中，网络定性调查又可分为网上一对一深层访谈、网上小组座谈会和网上观察等，这里不再赘述。电子问卷方式的网络定量调查有三种方法。①电子邮件调查。将电子问卷以电子邮件的附件形式发送到被调查者的电子邮箱，被调查者再将问卷回答结果以邮件形式返回调查者邮箱。电子邮件调查一般适用于可获得较完整电子邮箱列表情况的调查，如对公司雇员、顾客、经销商及机构内部人员等的调查。②下载式问卷调查。将电子问卷以可下载文件的形式挂在网站上，被调查者从网站上下载调查问卷并回答，软件自动生成答案数据文件上传给调查者。下载式问卷调查一般适用于利用固定样本库和预先招募被调查者的调查。③网上问卷调查。以电话或邮件形式向被调查者提供网址链接或二维码，被调查者进入相关网站回答问卷，并将答案记录提交。网上问卷调查是目前网络调查方法中较为常用的一种调查方法。

网络调查抽样方法主要有两种：一是便利抽样；二是网络概率抽样。便利抽样允许任何一名潜在被调查者自由选择参加调查；但无法计算样本成员的被选择概率；有利于对常规方式难以接触的人群进行调查。便利抽样的具体方式有无限制式网络调查、系统抽样式网络问卷调查、志愿者固定样本式网络问卷调查。网络概率抽样调查的关键在于创建一个覆盖绝大多数或全部目标人群的抽样框，其被调查者的被选择概率可以计算。网络概率抽样的具体方式有基于封闭目标人群的抽样、基于一般人群的抽样、预先招募固定样本的抽样。

网络调查的优点是调查成本低，传播速度快，不受时空限制，调查结果客观性高，互动性较强，调查时间自由等。网络调查的不足是调查样本的代表性难以评价，对被调查者要求高，存在数据安全性问题等①。

3.2.2 电话调查

电话调查是以电话为主要调查工具，已被广泛应用的一种数据收集方法。电话调查始于 1929 年美国盖洛普机构广播收听率调查。1936 年，美国的《文学摘要》杂志采用电话调查进行美国总统竞选的民意测验。20 世纪 60 年代后期电话普及，北美与西欧电话覆盖率迅速提高，同时期入户调查的应答率却严重下降，电话调查方法蓬勃发展起来。20 世纪 70 年代美国的电话普及率已达到 93%，电话调查获得社会学家的认同和采用。20 世纪 80 年代的瑞士、意大利、芬兰，20 世纪 90 年代的荷兰、葡萄牙、英国开始广泛应用电话调查。我国电话调查也是从 20 世纪 90 年代开始的。目前，随着移动电话普及，电话调查已成为国内外数据收集的主要方式，被应用于医疗健康、就业状况、企业产品、民意测验等②（Häder et al.，2012）。

电话调查通常指调查者按统一问卷，通过电话向被调查者提问并记录答案的数据收集方法。目前主要有三种方式：传统电话调查、计算机辅助电话调查（computer-assisted telephone interviewing，CATI）和全自动电话调查。传统电话调查的调查对象的电话号码由设计规定的随机拨号方式来确定，一般适用于小样本的简单访谈。计算机辅助电话调查由调查员在一个配备有计算机辅助电话调查设备的中心里进行调查，调查对象电话拨号由自动随机拨号系统按抽样方案确定，适用于较大规模访谈。全自动电话调查主要有两种方法。一是按键电话输入（touchtone data entry，TDE）调查，适用于数据需求量较小的情况；二是交互式语音应答（interactive voice response，IVR）调查，常被用于商业访谈调查③（柯惠新和于立宏，2000）。

电话调查根据随机抽样原理设计电话号码抽取方案，具体有以下三种方法。①电话号码簿抽样（sampling telephone directory），以现成的电话号码簿作为抽样框，采用概率抽样方式从中抽取待调查的电话号码。②随机数字拨号（random digit dialing，RDD），以调查区域电话号码的已知前缀确定待调查号码的前几位，采用概率抽样方式确定待调查号码的后几位。③目录辅助随机数字拨号（list-assisted RDD），以现成的电话号码簿作为抽样框，采用概率抽样方式从中抽取电话号码，变换最后一位数字，形成待调查电话号码。

---

① Dillman D A，Smyth J D，Christian L M. 2014. Internet，Phone，Mail，and Mixed-Mode Surveys：the Tailored Design Method. 4th ed. Hoboken：John Wiley & Sons.

② 吴晓云，曾庆. 2003. 国外电话访问调查特点和发展. 国外医学（卫生经济分册），20（3）：137-140.

③ Groves R M，Fowler F J，Couper M P. 2009. Survey Methodology. Hoboken：John Wiley & Sons.

电话调查的优点有节省成本，节省时间，可能调查到不易接触的调查对象，可能在某些问题上得到更坦诚的回答，调查实施质量易于控制等。电话调查的不足主要有抽样总体与目标总体可能不一致，调查内容较难深入，不能出示视觉材料。

3.3 抽样学习

近年来，抽样技术的应用不再局限于数据采集，已经扩展到数据挖掘和机器学习的算法和过程，成为其必不可少的环节和关键技术。这些技术的应用超越传统抽样调查的范畴，本书将其统称为抽样学习。本节介绍抽样学习的数据抽取和特征抽取的主要方法，希望读者更好理解数据选择，把握机器学习算法的应用范围。

3.3.1 训练集和测试集的构造

目前，很多机器学习算法的不同参数配置会产生不同的模型（周志华，2016）。通常，采用实验测试对机器学习的泛化误差进行评估和模型选择。实验测试需要使用"测试集"（testing set）来测试学习算法对新样本的判别能力，用测试集的"测试误差"（testing error）作为泛化误差的替代。测试集是从样本集合中抽样得到的。

假设样本集是包含 N 个样本点的数据集 $D = \{(x_1, y_1), (x_2, y_2), \cdots, (x_N, y_N)\}$，将 D 划分为训练集 S 和测试集 T。构造训练集和测试集的常用方法有留出（hold-out）法、交叉验证（cross validation）法和自助（bootstrap sampling）法。留出法直接将数据集 D 划分为训练集 S 和测试集 T 两个互斥的集合，即 $D = S \cup T$，$S \cap T = \varnothing$。在 S 上训练出模型后，用 T 来评估其测试误差，作为对泛化误差的估计。交叉验证法先将数据集 D 划分为 k 个大小相等的互斥子集，即 $D = D_1 \cup D_2 \cup \cdots \cup D_k$，$D_i \cap D_j = \varnothing$（$i \neq j$）。每个子集 D_k 都尽可能与数据集 D 的分布一致，可以从 D 中通过分层抽样得到。每次用 $k-1$ 个子集的并集作为训练集，余下的子集作为测试集。这样，可获得 k 组训练集和测试集，进行 k 次训练和测试，模型评估结果为 k 个测试结果的均值。自助法[①]是给定包含 N 个样本点的数据集 D，进行等概率有放回抽样，同一样本可能被多次抽中，得到容量为 N 的数据集 D'。多次重复等概率有放回抽样，得到多个 Bootstrap 数据集 D'。对于自助抽样，样本点在 N 次抽样中始终不被抽中的概率是 $(1-1/N)^N$，等价于数据集 D 中约 36.8% 的样本点不在数据集 D' 中。将 D' 用作训练集，$D - D'$ 用作测试集。

在实际应用中，很多原始数据是类别不平衡的。类别不平衡是指分类任务中不同类别的训练样例数量差别很大。例如，信用不良的用户远少于信用良好的用户，诈骗网站远少于正常网站，癌症患者远远少于非癌症患者等。容量少类别的样例具有较大的研究价值。针对类别不平衡数据的选择方法主要是抽样方法。用抽样方法解决样本类别不平衡问题主要有两种方法：欠采样法和过采样法。欠采样法是对数据集中容量大的类别进行"欠采样"，使得类别样本容量接近。欠采样法不能随机丢弃样例，容易丢失重要的信息。欠采样法的

① Efron B，Tibshirani R J. 1994. An Introduction to the Bootstrap. Boca Raton：CRC Press.

代表性算法是简易集成（easy ensemble）算法[①]，其基本思想是利用集成学习机制，将容量大的类别划分为若干集合供不同学习算法使用。从每个学习器来看，都进行了欠采样，但从全局来看却不会丢失重要信息。过采样法是对训练集中容量小的类别进行"过采样"，使得类别样本容量接近。过采样法不能简单地重复采样，否则会导致严重的过拟合。过采样法的代表性算法是合成少数类过采样算法（synthetic minority over-sampling technique，SMOTE）[②]，其基本思想是对容量少的类别进行插值，产生额外的样例。

3.3.2　集成学习算法的抽样方法

Bagging 是并行式集成学习方法，其基本思想是基于自助抽样法，等概率有放回地抽取 T 个容量为 m 的训练集，利用每个训练集训练一个基学习器，并组合所有基学习器，得到最终的预测模型[③]。通常，Bagging 对分类任务使用简单投票法，对回归任务使用简单平均法。

随机森林是 Bagging 的扩展。随机森林以决策树为基学习器，构建 Bagging 集成学习方法。决策树的训练过程引入了随机属性选择。传统决策树是在当前节点的属性集合中选择一个最优属性。对于随机森林，在决策树的每个节点上，先从属性集合（假定有 d 个属性）中随机抽取包含 k（$k<d$）个属性的子集，再从这个子集中选择一个最优属性用于决策树划分。参数 k 控制了随机性的引入程度。一般情况下，推荐 $k=\log_2 d$[④]。随机森林算法通过抽样方法在构建决策树过程中引入样本扰动和属性扰动，增加个体学习器之间的差异度，实现基学习器的多样性，提升模型泛化性能。

Boosting 是一种可将弱学习器提升为强学习器的算法，其基本思想为：从初始训练集训练出一个基学习器，根据基学习器的性能对训练集进行调整，使得上一步基学习器分类错误的训练样本受到更多关注，再训练下一个基学习器；如此重复进行，直至基学习器达到事先设定的数量 T，将 T 个基学习器进行加权结合得到最终模型。

Freund 和 Schapire[⑤][⑥]提出了 AdaBoost（adaptive boosting）算法。AdaBoost 算法在第一步建立决策树时，用 Bootstrap 方法抽样得到训练集。接下来的每棵决策树的训练集都是采用自适应抽样方法，抽样概率根据前一棵决策树的错分率重新调整，并以调整后的样本概率分布进行有放回抽样，得到新训练集用于构建新决策树。上述方法的细节参见第 15 章。

① Liu X Y，Wu J X，Zhou Z H. 2009. Exploratory undersampling for class-imbalance learning. IEEE Transactions on Systems，Man，and Cybernetics—Part B：Cybernetics，39（2）：539-550.

② Chawla N V，Bowyer K W，Hall L O，et al. 2002. SMOTE：synthetic minority over-sampling technique. Journal of Artificial Intelligence Research，16：321-357.

③ Breiman L. 1996. Bagging predictors. Machine Learning，24（2）：123-140.

④ Breiman L. 2001. Random forests. Machine Learning，45（1）：5-32.

⑤ Freund Y，Schapire R E.1996. Experiments with a new boosting algorithm. International Conference on Machine Learning，96：148-156.

⑥ Freund Y，Schapire R E. 1997. A desicion-theoretic generalization of on-line learning and an application to boosting. Journal of Computer and System Sciences，55（1）：119-139.

■ 3.4 抽样技术的相关概念

为了便于阅读抽样技术的相关文献，这里罗列抽样技术的主要概念。

1. 总体

总体定义为由确定的统计调查任务规定，在时间、空间及若干其他标志上具有共同性质的客观存在的有限数量基本单元的全体；也定义为随机抽取的全部可能结果，即所有单元的标志值。

基本单元称作总体基本单元、个体，是与总体相对应的概念。基本单元是总体中承担调查标志的个体。由基本单元组成的集合叫群单元。

抽样单元是指实施抽样的单元。抽样单元并不总是基本单元，也可能是群单元。在抽样实践中，以基本单元为抽样单元的抽样称为个体抽样；以群单元为抽样单元的抽样则称为整群抽样。

抽样框是全部抽样单元的完整列表，包括编号和对应的抽样单元名称。在抽样框中，编号与抽样单元一一对应。同一编号在抽样框中只能出现一次，不能出现多次，同一编号不能对应两个不同的抽样单元。

目标总体是作为调查目标的总体。被抽样总体也称作业总体，是抽样框所描述的总体。在理论上，被抽样总体与目标总体应该一致，从被抽样总体中抽取单元的数据分析结果适用于目标总体。但是在实际调查中，被抽样总体与目标总体不一致的情况经常出现。抽样框可能遗漏目标总体的若干单元，也可能包含并不属于目标总体的若干单元。

2. 估计量的偏差和方差

总体指标估计量的优良性评价标准是有无偏性。假设估计量的数学期望存在，总体指标真值用 θ 表示，估计量用 $\hat{\theta}$ 表示。估计量的偏差为 $B(\hat{\theta}) = |E(\hat{\theta}) - \theta|$。估计量 $\hat{\theta}$ 的方差为 $V(\hat{\theta}) = E[\hat{\theta} - E(\hat{\theta})]^2$，常用于表示估计量的精度。对于两个无偏估计量 $\hat{\theta}_1$ 和 $\hat{\theta}_2$，估计量的方差越小，估计量精度越高，样本代表性越好。

3. 简单随机抽样

简单随机抽样就是从总体的 N 个单元中随机抽取 n 个抽样单元作为样本，抽取的过程可以是逐个不放回抽取，也可以是同时抽取 n 个抽样单元。重点是保证每个抽样单元都有相同的概率被抽中。

记总体单元总数为 N，N 个单元的标志值依次为 $y_1, y_2, \cdots, y_N$，总体均值为 $\bar{Y}$，总体总值为 Y，容量 n 的样本为 $y_1, y_2, \cdots, y_n$，样本均值为 $\bar{y}$。总体均值 $\bar{Y}$ 的估计量记为 $\hat{\bar{Y}}$，总体总值 Y 的估计量记为 $\hat{Y}$，有

$$\hat{\bar{Y}} = \bar{y} = \frac{1}{n}\sum_{i=1}^{n} y_i \tag{3.1}$$

$$\hat{Y} = \frac{N}{n}\sum_{i=1}^{n} y_i \tag{3.2}$$

其中，$\dfrac{N}{n}$ 称为扩充因子或膨胀因子。估计量 $\hat{\bar{Y}}$ 是总体均值 $\bar{Y}$ 的无偏估计量，即 $E(\hat{\bar{Y}})=\bar{Y}$。估计量 $\hat{Y}$ 是总体总值 Y 的无偏估计量，即 $E(\hat{Y})=Y$。对于简单随机抽样，总体均值估计量 $\hat{\bar{Y}}$ 的方差估计为

$$v(\hat{\bar{Y}})=\frac{s^2}{n}\left(1-\frac{n}{N}\right) \tag{3.3}$$

其中，$s^2=\sum_{i=1}^{n}(y_i-\bar{y})/(n-1)$ 为样本方差。总体总值估计量 $\hat{Y}$ 的方差估计为

$$v(\hat{Y})=\frac{N^2s^2}{n}\left(1-\frac{n}{N}\right) \tag{3.4}$$

4. 分层随机抽样

当总体的基本单元观测值差异较大时，往往将这些基本单元按一定的原则分成若干个子总体，这样，每个子总体就成为一个层。在每个层内独立地抽取样本，这样的抽样过程就称为分层抽样。一般情况下，分层的目的是使层内单元的差异小，层间单元的差异大。能实现这一点，就会显著提高估计量的精度。对于分层随机抽样，先根据各层样本估计各层的均值，再将这些层的均值估计进行加权，得到总体均值的估计。

5. 整群抽样

整群抽样是先把总体的全部基本单元，按某种方式分成数量相对较少、规模相对较大的集合，每个集合称为群单元，概率抽样仅对群单元进行随机抽取。对于抽中的群单元，调查其全部基本单元。通常，群内的单元差异大，而群间的差异小，整群抽样的精度高。整群抽样克服了简单随机样本分散而不易调查，N 大时不易编制抽样框等缺点。有时，同一群内的单元或多或少相似，对群单元中的每个单元都进行调查会造成浪费。

6. 多级抽样

多级抽样主要用于提高整群抽样的效率。对每个被抽中的一级单元（群），再抽取二级单元，这样的抽样过程称为二级抽样。如果每个二级单元又由三级单元组成，再从每个抽中的二级单元中抽取三级单元，这样的抽样过程称为三级抽样。依次可以定义更多级抽样。多级抽样在全国性的大规模调查中常被使用。多级抽样具有整群抽样的单元相对集中、调查成本低的特点，具有较高的调查效率。

7. 等距抽样

等距抽样是指总体的单元按一定顺序排列，先随机抽取一个单元作为初始单元，再按相等的间隔抽取其余的单元。等距抽样易于实施，其估计量精度往往受到单元排列顺序的影响。

8. 不等概率抽样

不等概率抽样是指单元的被抽取概率不一定相同，每个抽样单元被抽取的概率都大于 0。常用的不等概率抽样是按与群单元规模成比例的概率进行抽样。例如，群单元大小不等时，可以使规模较大的群有较高的概率被抽取，整群抽样的估计量精度更高。

9. 留出法

设 $D=\{(x_1,y_1),(x_2,y_2),\cdots,(x_N,y_N)\}$ 为包含 N 个样本点的集合，直接将数据集 D 划分为

训练集 S 和测试集 T 两个互斥的集合，即 $D = S \cup T$，$S \cap T = \varnothing$。在 S 上训练出模型后，用 T 来评估其测试误差，作为对泛化误差的估计。抽样过程需要注意的问题如下。

（1）训练集和测试集要尽可能保持数据分布的一致性，避免因数据划分过程引入额外的偏差而对最终结果产生影响。例如，在分类任务中至少要保持两个数据集的类别比例相似。保留类别比例的抽样方法常用分层抽样。例如，数据集 D 包含 500 个正例和 500 个反例，对 D 进行分层抽样得到含 70% 样本的训练集 S 和含 30% 样本的测试集 T，则 S 包含 350 个正例和 350 个反例，T 包含 150 个正例和 150 个反例。采用分层抽样，有多种分层方法，可得到不同的训练集和测试集。在实际应用中，单次分层抽样的估计结果往往不稳定。一般地，需若干次采用随机分层抽样，重复进行评估，取平均值作为评估结果。例如，进行 100 次随机分层抽样，每次生成 1 个训练集和测试集用于实验评估。100 次随机分层抽样得到 100 个评估结果，取这 100 个评估结果的平均。

（2）若训练集 S 包含绝大多数样本，则训练的模型可能更接近于用数据集 D 训练的模型。测试集 T 较小，评估结果可能不够稳定。若测试集 T 包含更多样本，训练集 S 与数据集 D 差别较大，被评估的模型与用数据集 D 训练的模型可能有较大差别，降低了评估结果保真性。常用的做法是，将大约 2/3～4/5 的样本用于训练，剩余样本用于测试。

10. 交叉验证法

设集合 $D = \{(x_1, y_1), (x_2, y_2), \cdots, (x_N, y_N)\}$，将数据集 D 划分为 k 个大小相等的互斥子集，即 $D = D_1 \cup D_2 \cup \cdots \cup D_k$，$D_i \cap D_j = \varnothing$（$i \neq j$）。每个子集 D_i 都尽可能保持与数据集 D 的分布一致性。每次用 $k-1$ 个子集的并集作为训练集，余下的子集作为测试集。这样可获得 k 组训练集和测试集，进行 k 次训练和测试，模型评估为 k 个测试结果的均值。需要注意以下问题。

（1）交叉验证法评估结果的稳定性和可靠性在很大程度上取决于 k 值。常用的 k 值有 5、10、20。

（2）为了减小数据集划分引入的偏差，k 折交叉验证通常需要不同的随机分层抽样重复进行 p 次，测试结果是 p 次 k 折交叉验证结果的平均。常见的有 10 次 10 折交叉验证。

（3）留一法，即 $k = N$。被测试的模型与用数据 D 训练的模型很相似，结果往往比较准确。若数据集比较大，则计算复杂度大。

（4）交叉验证可能因训练集的容量减少而引起偏差。例如，如果样本量是 200，使用 5 折交叉验证，训练集的容量是 160，拟合模型接近于全样本的情况，交叉验证不会带来太大偏差。如果样本量为 50，使用 5 折交叉验证，训练集的容量为 40，训练模型的准确性会降低，偏差会增大。

11. 自助法

设 $D = \{(x_1, y_1), (x_2, y_2), \cdots, (x_N, y_N)\}$，进行等概率有放回抽样，得到容量为 N 的数据集 D'。多次重复等概率有放回抽样，得到多个 Bootstrap 数据集 D'。将 D' 用作训练集，$D - D'$ 用作测试集。需要注意以下问题。

（1）留出法和交叉验证法都保留了一部分样本用于测试，训练集的容量比 D 小。这会引入因训练集容量不同而导致的估计偏差。自助法可以降低训练集容量不同的影响，在数据集容量较小，难以有效划分训练集和测试集时很有用。

（2）数据集 D' 的分布不同于数据集 D，会引入估计偏差。在数据集 D 的容量足够大时，留出法和交叉验证法更常用。

（3）自助法重复抽样产生了多个不同的训练集，增加了样本扰动，用于实现集成学习中个体学习器的多样性。

主要参考文献

陈希孺. 2000. 概率论与数理统计. 北京：科学出版社.

陈希孺. 2002. 数理统计学简史. 长沙：湖南教育出版社.

陈希孺. 2007. 数理统计引论. 北京：科学出版社.

冯士雍，倪加勋，邹国华. 2012. 抽样调查理论与方法. 2 版. 北京：中国统计出版社.

金勇进，杜子芳，蒋妍. 2015. 抽样技术. 4 版. 北京：中国人民大学出版社.

柯惠新，于立宏. 2000. 市场调查与分析. 北京：中国统计出版社.

李金昌. 2017. 应用抽样技术. 3 版. 北京：科学出版社.

刘定平，王超. 2021. 应用数理统计. 北京：科学出版社.

杨贵军，孟杰，杨雪，等. 2021. 统计建模技术Ⅲ：抽样技术与试验设计. 北京：科学出版社.

杨贵军，杨雪，周琦，等. 2021. 数理统计学. 2 版. 北京：科学出版社.

杨贵军，尹剑，孟杰，等. 2020. 应用抽样技术. 2 版. 北京：中国统计出版社.

赵国栋. 2013. 网络调查研究方法概论. 2 版. 北京：北京大学出版社.

周志华. 2016. 机器学习. 北京：清华大学出版社.

Cochran W G. 1985. 抽样技术. 张尧庭，吴辉，译. 北京：中国统计出版社.

Flowe F J. 2009. 调查研究方法. 孙振东，龙藜，陈荟，译. 3 版. 重庆：重庆大学出版社.

Häder S，Häder M，Kühne M. 2012. Telephone Surveys in Europe：Research and Practice. Berlin：Springer.

第 *4* 章

网络爬虫与文本数据生成

基于某一目标构建的信息系统一旦运行，就能实现行为主体按系统规则活动的充分记录。系统数据除服务自身目标之外，其涌现的海量数据具有巨大经济社会外溢性价值，可以成为解决各方面诸多相关问题的重要数据源泉。在符合法律要求的条件下，网络爬虫（web crawler）是一种获取信息网络系统相关数据的常用技术，爬取的网络数据存在大量文本。本章将讨论爬虫技术应用，以及文本数据生成技术应用的基本知识，其是构成主题数据生成知识的重要组成部分，是数据应用不可或缺的基础。

■ 4.1 网络爬虫概述

网络爬虫是从信息网络系统获取相关数据的一种技术。理解其应用需要网络相关基本概念的支撑，请参阅第 1 章信息系统构成相关内容。

4.1.1 网络爬虫技术的提出与发展

网络爬虫是为提升搜索引擎效率而提出的。面对互联网海量网页，爬虫通常被用于高效地下载网页到本地，并形成快照，便于用户通过搜索引擎快速定位到需要查找的内容。在网络数据猛增以及大数据研究推动下，人们发现利用爬虫程序可从开放互联网网页中快速获取相关数据，网络爬虫迅速转换为获取数据的一个手段。随着互联网发展及其数据检索需求的变化，网络爬虫技术也伴随着搜索引擎发展，大体经过了4 个阶段。

一是分类目录阶段。1990 年蒙特利尔大学学生安塔吉（Emtage）等发明了一种自动搜索互联网上满足特定标题文件的工具 Archie，并开发出搜索网络文件名称的数据库。万维网出现后，斯坦福大学学生王文璨（Jerry Wang）和费罗（Filo）创建雅虎，最初开发的就是一个用于抓取 Internet 书签列表和相关站点目录的搜索项目。

二是文本检索阶段。开发信息检索模型，如布尔模型、向量空间模型或概率模型，通过计算查询词与网页文本内容相关程度实现检索。这一工作奠定了搜索引擎的发展方向。1993 年，美国麻省理工学院学生格雷（Gray）开发出在 Web 上搜索索引页面目录的技术，称为 Wanderer（流浪者）。不久，Spider Robot（蜘蛛机器人）出现。此后，弗莱彻（Fletcher）开发出 JumpStation（跨越）系统，这是世界上第一个将抓取、索引和搜索集于一体的搜索引擎。紧接着网络爬虫出现。1994 年，搜索引擎引入网站全文索引概念，支持用户搜索任一网页中的任一搜索词。

三是价值分析阶段。针对网络规模增大，网页爬取需要提高效率和采用效果优化策略：从推荐的链接数量判断网站的流行性和重要性；结合网页内容重要性和相似程度改善用户搜索的信息质量。Google 提出一种链接分析算法——PageRank，该算法基于超链接文档（如万维网）每个元素权重分配的方法，测度链接的相对重要性。该优化算法在提高数据抓取的效率和质量方面起到了至关重要的作用，也是目前被主流搜索引擎所广泛使用的。

四是智慧搜索阶段。随着机器学习及自然语言处理技术的发展，搜索从字符串匹配向事物理解方向发展。2012 年，Google 推出知识图谱，实现从解释关键字符串到理解语义和意图的重大转变，提高了搜索结果的精准度。2018 年，Google 进一步提出自然语言处理模型——BERT（bidirectional encoder representations from transformers）。该模型具有非常好的语义识别能力，可以很好地区分不同语境下的一词多义情况，极大提升了搜索引擎的搜索能力[1]。进而，Google 开发出围绕句子中单词生成上下文的模型，推动人们交流中自然语言处理技术的进步。

4.1.2 网络爬虫技术框架

网络爬虫技术主要包括两部分，分别是统一资源定位系统（uniform resource locator，URL）和网页下载器[2]。其中 URL 调度器的任务是管理抓取的网页链接队列、链接访问校验以及为下载器分配待抓取链接。网页下载器的任务是请求目标服务器返回获取的网页信息以及按照要求进行处理和存储。相关工作流程如图 4.1 所示，包括这样一些操作：①调度器从待爬取 URL 队列中读取 URL 网址；②将 URL 网址提交给多线程下载器；③网页下载器将 URL 网址转换成服务器地址，请求服务器获取网页源码；④下载器将获取到的网页源码写入本地网页存储库中；⑤提取网页中存在的 URL 网址，存储到待爬取队列中。

4.1.3 网络爬虫分类

根据具体技术架构和实现目标，网络爬虫大致可分为 5 种类型。

（1）通用网络爬虫（general purpose web crawler）。通用网络爬虫又称全网爬虫（scalable web crawler），爬行范围覆盖互联网，主要应用于门户站点搜索引擎和大型 Web

---

① Gulli A，Signori A. 2005. The indexable web is more than 11.5 billion pages. Special Interest Tracks and Posters of the 14th International Conference on World Wide Web.

② Pinkerton B. 1994. Finding what people want: experiences with the web crawler. The Second International World Wide Web Conference.

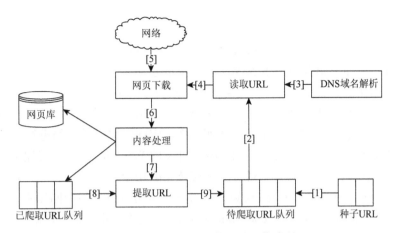

图 4.1　网络爬虫的结构图及工作流程

DNS 即 domain name system，域名系统

搜索服务提供商的数据采集。其系统结构大致可以分为页面爬行、页面分析、链接过滤、页面数据库、URL 队列、初始 URL 集合等模块。由于通用网络爬虫的爬行范围广，要求其具有较高的爬行效率和较大的存储空间。通用网络爬虫具有搜索主题广泛的优势。

（2）聚焦网络爬虫（focused web crawler）。聚焦网络爬虫又称主题网络爬虫（topical web crawler），指针对预设主题的网页爬取技术。不同于通用网络爬虫，聚焦网络爬虫只爬取与预定主题相关的页面，具有节省网络和硬件资源、待保存页面的更新频率较高等优势。同时，该技术通过增加链接评价及内容评价模块，实施有针对性的 URL 搜索以及对网页内容分析和过滤等策略，可以较好地满足特定领域的数据获取需求。目前流行的三类内容评价方法包括：①基于内容的启发式方法[1][2][3][4][5]，通过 Web 页面文本内容、链接字符串、网页中可点击跳转的锚点文字（anchor texts）等内容信息进行分析评价；②基于 Web 超链图的评价方法，利用引文分析理论将 Web 网页超链接作为节点，构建出节点与节点连接的有向图结构，用于评价链接和内容，如 PageRank、BackLink 等爬行算法[6]；③基于分类器的方法，主要是针对文本内容难以精确地描述用户提出的搜索主题，以及 Web 超链

① Cho J，Garcia-Molina H，Page L. 1998. Efficient crawling through URL ordering. Computer Networks and ISDN System，30：161-172.

② Hersovici M，Jacovi M，Maareka Y S，et al. 1998. The shark-search algorithm. An application：tailored Web site mapping. Computer Networks and ISDN Systems，30：317-326.

③ Lawrence S，Giles C L. 1998. Searching the world wide web. Science，280：98-100.

④ Chakrabarti S，van den Berg M，Dom B. 1999. Focused crawling：a new approach to topic specific web resource discovery. Computer Networks，31：1623-1640.

⑤ Davulcu H，Koduri S，Nagarajan S. 2003. Datarover: a taxonomy based crawler for automated data extraction from data-intensive websites. The 5th ACM CIKM International Workshop on Web Information and Data Management.

⑥ Brin S，Page L. 1998. The anatomy of a large-scale hypertexual Web search engine. Computer Networks and ISDN Systems，30：107-117.

图分析的低效率问题，构建基于主题信息分类器的聚焦网络爬虫技术[1][2][3][4]。

（3）增量式网络爬虫（incremental web crawler）。增量式网络爬虫是指对已下载网页采取增量式更新，即只爬取新产生的或者已发生变化网页的爬虫技术。其具有可有效减少数据下载量、及时更新爬行网页[5]、提高效率与减少存储空间的优势；但同时增加了爬行算法的复杂度和实现难度。该技术的常用策略包括：①统一更新法[6]，以固定频率更新访问网页；②单点更新法，根据单个网页改变频率，定向爬取；③分类更新法[7]，根据网页改变频率分类，按频率分类访问。例如，IBM 开发的 WebFountain，具有根据爬行结果与网页实际变化速度对网页更新频率进行自适应调整的功能[8]。

（4）深层网络爬虫（deep web crawler）。深层网络爬虫也称隐形网爬虫（invisible web pages crawler）或隐藏网爬虫（hidden web crawler）。网络爬虫在抓取数据过程中会遇到需要填写表单信息并通过表单的认证才能够获得 Web 页面信息的情况，如用户需要注册登录后才可访问站点。利用深层网络爬虫可以帮助用户自动完成表单的填写和校验工作。深层网络爬虫的核心组件为表单分析与处理模块。模块通常分为两种类型，一种是基于领域知识的表单填写方法[9][10]，此类方法主要通过预定义的知识库，通过语义分析进行表单填写；另一种是基于网页结构分析的表单填写方法，此类方法不需要建立知识库，只需将网页表单结构表示成树形式的文档对象模型（document object model），从中提取表单的字段值。

（5）分布式网络爬虫（distributed web crawler）。分布式网络爬虫是指采用并行方式提高爬取数据效率的技术。具体不再赘述。

4.1.4　网络爬取策略

网络数据爬取需要从访问页面中所有的超链接 URL（域名）列表开始。这个列表称为爬行边界。如何访问列表则需要一组策略。相关背景在于：一是爬取的页面（又称"快照"）保存后，应如同在实时网络上一样被查看、阅读和导航，因此需要较大的存储库支撑页面的更新，但是一方面受到硬件和网络环境的限制，另一方面又要保证页面抓取的效率和质量，就需要在给定时间内存储有限网页，并且要求下载队列按照优先级进行排序（优

① Chakrabarti S，Dom B，Indyk P. 1998. Enhanced hypertext categorization using hyperlinks. ACM SIGMOD Record，27（2）：307-318.

② 傅向华，冯博琴，马兆丰，等. 2004. 可在线增量自学习的聚焦爬行方法.西安交通大学学报，38（6）：599-602.

③ Pant G，Srinivasan P. 2006. Link contexts in classifier-guided topical crawlers. IEEE Transactions on Knowledge and Data Engineering，18（1）：107-122.

④ Pant G，Srinivasan P. 2005. Learning to crawl：comparing classification schemes. ACM Transactions on Information Systems，23（4）：430-462.

⑤ Baños R，Gil C，Reca J，et al. 2009. Implementation of scatter search for multi-objective optimization：a comparative study. Computational Optimization and Applications，42（3）：421-441.

⑥ Arasu A，Cho J，Garcia-Molina H，et al. 2001. Searching the Web. ACM Transactions on Internet Technology，1（1）：2-43.

⑦ 文坤梅，卢正鼎.2004. 搜索引擎中基于分类的网页更新方法研究. 计算机科学，31：1-2，16.

⑧ Lawrence S，Giles C L. 1999. Accessibility of information on the web. Nature，400：107-109.

⑨ Lu Y Y，He H，Zhao H K，et al. 2007. Annotating structured data of the deep Web. IEEE 23rd International Conference on Data Engineering.

⑩ Raghavan S，Garcia-molina H. 2001. Crawling the hidden web. The 27th International Conference on Very Large Data Bases.

先下载和保存优先级高的页面)。二是基于主题相关参数多种组合的 URL 选择,很难避免检索内容重复。也需要采取相应参数组合排序策略,以提高爬行效率和效果[①]。常用爬取策略有如下四种。

(1)选择策略。就目前网络规模而言,即使大型搜索引擎也只能覆盖部分公开网络资源,因此需要采用选择部分网络的策略。常用的手段之一为限制访问边界。对请求头部(request headers)进行筛选,选择确定边界。其中请求头部信息包含用户访问目标网络服务器所需的参数、身份、安全校验等信息。例如,规定抓取的 URL 网页类型只能是.html、.htm、.asp、.aspx、.php、.jsp 等。

(2)广度优先搜索策略。指在抓取网页过程中,按照网页结构层次进行,完成当前层次搜索后,再进行下一层次搜索。也有研究认为与初始 URL 保持一定链接距离的网页具有较大的主题相关性,可将该策略应用于聚焦爬虫。

(3)最佳优先搜索策略。指按照一定网页分析算法,通过计算 URL 与目标网页的相似度,或与主题的相关性,选取评价最好的 URL 抓取。应注意该策略基于一种局部最优搜索算法,具有一定局限性。

(4)深度优先搜索策略。指从选择一个 URL 进入开始,分析该网页的 URL,选择其中一个再进入。如此顺序抓取,直至处理完一条路径后,再返回处理下一条路径。深度优先搜索策略设计较为简单。然而门户网站提供的链接往往最具价值,网页价值随抓取深度相应下降。这种策略主要满足特殊需要,一般很少使用。

4.1.5　主流开源网络爬虫工具

目前编写网络爬虫的工具和编程语言繁多。大多数编程语言,如 Java、C#、C++、Python 等都可实现互联网数据爬虫程序的编写。同样也出现了一些优秀的网络爬虫技术框架,方便用户快速搭建适合业务需要的网络爬虫项目。常用的框架和工具有以下几种。

(1)Nutch。Nutch 使用 Java 语言开发,内置搭建搜索引擎所需的全部组件,可用于单机部署或搭载到分布式平台。Nutch 中的网络爬虫由两部分组成。其中,爬虫模块用于从网络上抓取网页保存到本地并建立页面索引。查询模块利用索引检索用户查找的关键词并产生查找结果。两个模块之间是通过索引联通,除去索引部分,两者的耦合度很低,可以拆分搭载到分布式平台中。

(2)Larbin。Larbin 使用 C++语言开发,能够跟踪页面 URL 进行扩展抓取,为搜索引擎提供广泛数据来源。Larbin 抓取网页的效率非常高,但并不提供将抓取的网页存入数据库中或建立索引等功能。

(3)Heritrix。Heritrix 是 SourceForge 上用 Java 语言开发的开源网络爬虫工具,提供可视化操作界面,用户通过 Web 用户界面启动、设置爬行参数并监控爬虫运行状况。其对爬取数据的内容形式无要求。同时可以通过扩展组件,实现自定义抓取逻辑,在操作上相对简单,方便用户搭建爬虫项目。

---

① Patil Y,Patil S. 2016. Review of web crawlers with specification and working. International Journal of Advanced Research in Computer and Communication Engineering,5(1):220-223.

（4）八爪鱼。八爪鱼是一款集成度较高的网络爬虫工具，能够爬取多种类型的站点和数据。八爪鱼提供简易和自定义两种数据采集模式。一般用户无须任何编程技能，仅需通过可视化界面设置向导完成网络爬虫任务的创建和管理操作，同时可将抓取的数据以结构化格式保存在 Excel、txt、HTML（超文本标记语言，hyper text markup language）文件或数据库中。

（5）HTTrack。HTTrack 是一款整站爬取软件，用于下载整个网站页面数据，并能够将下载的站点本地部署，提供离线浏览。由于 HTTrack 爬虫特性与搜索引擎蜘蛛爬虫高度相似，因此其被逐渐应用于搜索引擎优化（search engine optimization，SEO）工作中。HTTrack 支持在 Windows、Linux、Sun Solaris 和其他 Unix 版本的系统上进行部署和使用。

（6）Scrapy。Scrapy 是通过 Python 语言编写的一款基于 Twisted 的异步网络爬虫框架。该框架能够结合 Python 语言强大的数据处理能力及丰富的功能库，在搜索引擎、数据挖掘、信息处理或存储历史数据等领域得到广泛应用。用户只需要编写少量代码就可实现抓取网页内容及各种图片的任务。

4.2 网络爬虫技术操作

4.1.5 节介绍的主流网络爬虫工具是用于实际项目的，其操作环境有一定要求，不适宜作为学习示例，这里仅给出一个简单的学习示例。需要说明，该示例及后续各章给出的示例，仅仅是一个学习参考操作。其采用的工具及其操作程序没有实际应用与理论价值的考虑，案例实现过程可能是粗糙的，或借鉴一些文献的实现方法，仅供学习参考而已。

4.2.1 网络爬虫实现环境

参照 4.1.2 节介绍的框架结构，网络爬虫操作需要使用网络通信工具及源码解析工具。其中网络通信工具主要提供爬虫程序与目标 URL 对应服务器的会话通信功能，实现请求头部信息的参数设置以及身份伪装，与目标服务器建立连接，并接收服务器返回的网页源码信息。源码分析工具将网页源码格式转换为特定树型结构，以便将数据从特定结构中提取出来。

本节介绍的网络爬虫方法实现环境是基于 Python 语言的。使用 Python3.6 语言中的 Requests 和 lxml 工具包编写简单爬虫程序，以获取指定站点页面数据的操作。其中，Requests 为通信工具，负责根据待抓取链接地址进行服务器请求，通过 requests.get（）方法完成与服务器之间的会话，获取服务器返回的网页源代码。lxml 为网页源码分析工具，其是 Python 处理制作网页的文本结构标记系统可扩展标记语言（extensible markup language，XML）以及 HTML 的程序库。利用 etree.HTML（）方法解析字符串格式的 HTML 文档对象，通过 XPath 表达式来定位和提取想要的数据。

4.2.2 网络爬虫具体实现流程及源码

以爬取某影评网站 Top 250 部电影评分信息为例，总待抓取电影数量为 250 部。算法编写步骤如下。

（1）分析网页分页结构。一般当待抓取内容较多，网站在展示信息时为了提高页面响应速度，会将信息按照每页显示的条数拆分为若干页面显示。如图 4.2 所示，当前网站每页显示 25 条电影信息，共有 10 页内容。要想爬取所有内容就要通过"翻页"来获取每一页的电影信息。通过点击页面导航的页码，可以找出网页链接地址在分页中的变化规律，首次访问的网页地址[①]为 https://movie.douban.com/top250，第二页的网址为 https://movie.douban.com/top250?start = 25&filter = ，最后一页的网址为 https://movie.douban.com/ top250?start = 225&filter = 。通过几个页面地址可以总结出链接中"start ="后面的数字表示的是当前页开始的电影编号。通过验证输入 start = 0 时的链接地址 https://movie.douban.com/top250?start = 0&filter = 会跳转到第一页，基于这个规律，可以通过 for 循环生成待爬取的每页链接地址如图 4.3 所示。

<前页　**1** 2　3　4　5　6　7　8　9　10　后页>　（共250条）

图 4.2　页面分页导航

```
for i in range(0,250,25):#此循环为自动翻页
    url = 'https://movie.douban.com/top250?start='+str(i)+'&filter='

print(url)#将请求地址打印出来，方便查看
```

图 4.3　翻页代码实现

（2）分析网站源码结构。每个分页中待抓取信息的源码结构通常是有规律的。每条信息都是后台代码批量生成的，每条信息结构相同。利用这个规律，找到包含每一条数据所有内容的最小单元，见图 4.4。每一部电影对应源码中的一个标签<li>…</li>，在 li 标签中包含一个 class 属性值为"item"的 div 标签。该标签内部包含的内容为电影的图片、标题、评分等信息。因此将标签<div class = "item">作为筛选信息的最小单元。通过 XPath 表达式"//ol[@class = 'grid_view']/li/div[@class = 'item']"，将页面中 25 条数据提取出来得到一个维度为 25 的列表 results。

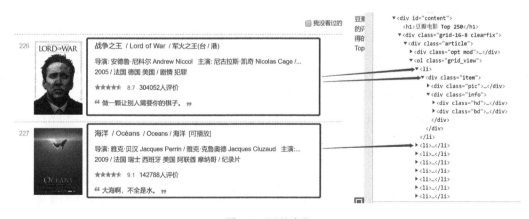

图 4.4　源码片段

---

① 这个地址使用真正的网址，为了学习更直观，利于总结规律。

（3）根据代码段分析 etree 结构。通过"for eachr in results："循环进一步对信息列表中的每个电影的源码片段进行内容提取，提取出电影标题、导演及演员、评分、评论人数等数据。该示例完整的 Python 代码如下。

```
import requests
from lxml import etree
import time# url='https://movie.douban.com/top250'
headers={#请求头,将爬虫程序伪装成浏览器,该部分内容可通过浏览器 F12 开发调试
工具中的 Network 请求部分获取。
'User-Agent':'Mozilla/5.0(Windows NT 10.0;WOW64)AppleWebKit/537.
36(KHTML,like Gecko)Chrome/80.0.3987.87 Safari/537.36 SE 2.X MetaSr
1.0',
}
index=1
for i in range(0,250,25):#此循环为自动翻页
    url='https://movie.douban.com/top250? start='+str(i)+'&filter='#
将页面 i 通过字符串拼接形成请求连接地址
    print(url)#将请求地址打印出来,方便查看
    html=requests.get(url,headers=headers)#利用 requests 对象的 get
方法,传入请求地址、请求头两个参数,完成对目标服务器的请求并获取连接地址的源代
码信息
    requests.encoding="utf-8"#获取到的网页源码编码格式设置为 utf-8
    root=etree.HTML(html.text)#通过 etree 将网页源代码按照树形结构进行格
式化
    results=root.xpath("//ol[@class='grid_view']/li/div[@class=
'item']")#利用 xpath 表达式获取包含电影信息的代码块, 每一页共 25 个
    for eachr in results:#循环电影信息列表
moviename=eachr.xpath("normalize-space(./div[@class='info']/div
[@class='hd']/a/span[1]/text())")#提取电影中文标题
person=eachr.xpath("normalize-space(./div[@class='info']/div[@cl
ass='bd']/p/text())")#提取导演及演员信息
        score=eachr.xpath("normalize-space(./div[@class='info']/
div[@class='bd']/div[@class='star']/span[@class='rating_num']/te
xt())")#提取评分内容
        commitnum=eachr.xpath("normalize-space(./div[@class='info']/
div[@class='bd']/div[@class='star']/span[last()]/text())")#提取评
论人数
        print('{}.电影名称:{}//导演及演员:{}//评分:{}//评论人数:{}'.
format(index,moviename,person,score,commitnum))
```

```
index+=1
time.sleep(1)#每抓取一页内容,爬虫程序暂停运行1秒钟,减小访问的服务
```
器负载

4.3 文本数据生成

文本是人类采用文字语言描述事物的一种基本形式,包括书籍、学术期刊、报刊文字新闻、数字图书馆、电子邮件和 Web 页面等。第 1 章曾提到,结构化数据概念的提出与流行是来自计算机数据库技术对数据处理的分类,称可直接由关系型数据库存储处理的数字、文字符号等为结构化数据,不能直接存储处理的数据为非结构化或半结构化数据,包括图形、图像和音频,以及统称文本的采用文字语言描述的各种载体。非结构化数据要通过计算机进行处理,需要将其转换为结构化数据。图形、图像、音频及文本的结构化转换需要不同的技术方法来实现。本章仅介绍中文文本数据的结构化转换,该数据转换的过程称为文本数据生成,主要包括分词和文本表示两个知识点。

4.3.1 中文分词

众所周知,英文是以单词为单位的,词与词之间依靠空格分隔,而中文是以字为单位的,句中所有的字连起来组成序列才能描述一个意思,词与词之间没有任何空格之类的显式标志指示词的边界。例如,英文句子"I am a student",对应中文"我是一个学生"。计算机通过空格知道 student 是一个单词,但却不能明白"学"和"生"两个字合起来表示一个词。把中文汉字序列切分成有意义的词就是中文分词,有些人也称其为切词。例如,"我是一个学生"的分词结果是:我/是/一个/学生。

中文分词属于自然语言处理技术范畴。对于一句话,人们可以通过自己的知识来理解哪些是词,哪些不是词,但如何让计算机也能理解,这个处理过程就是分词算法。1983 年,国内外开始研究中文分词,提出许多有效算法。一般而言,根据不同应用,汉语分词的颗粒度大小不同。例如,机器翻译中,颗粒度应该大一些,"北京大学"不能被分成两个词。而语音识别中,"北京大学"一般被分成两个词。在很多应用中,分词准确性和分词速度都非常重要。例如,搜索引擎中根据用户提供的关键词进行搜索任务,搜索引擎需要在后台对数以亿计的网页内容进行处理,将中文内容进行分词,跟用户关键词进行匹配,如果分词时间过长,严重影响搜索引擎内容更新速度,影响用户体验感。对于搜索引擎而言,如果分词速度太慢,即使准确性再高,也是不可用的,分词的准确性和速度都需要达到很高要求。常用的分词方法主要有如下三类。

(1)词典匹配分词法。词典匹配分词法是 20 世纪 80 年代提出的,又称机械分词法。该方法的基本思想是事先建立一个词库,其中包含所有可能出现的词条。给定待分词的汉字串,按照某种确定原则切取其子串。如果该子串与词库的某词条相匹配,则该子串是词;继续分割剩余的字串,直到剩余字串为空。否则,该子串不是词,重新切取子串进行匹配。词典匹配分词法是分词中最传统、最常用的办法。即便其后提到的基于统计学习的方法,词条匹配

也是重要的信息来源，通常是在匹配方式方面加入一些启发式规则。词典匹配分词法按照扫描方向的不同分为正向匹配和逆向匹配分词法；按照不同长度优先分配的情况，分为最大匹配和最小匹配分词法；按照与词性标注过程是否相结合，分为单纯分词法和分词与标注结合法等。

正向最大匹配分词法是以词典为依据，取词典中最长单词字数为起始字长的扫描串，然后逐字递减，在对应的词典中查找。比如"我们是中华人民共和国的公民"这句话。如果在字典中匹配，可能被切分成"我们/是/中华/人民/共和国/的/公民"，一共包含 7 个词。如果在字典中存在最大匹配项"中华人民共和国"，则优先选择其作为一个词进行切分。该句子就被切分为"我们/是/中华人民共和国/的/公民"。逆向最大匹配分词法的策略与正向最大匹配分词法相同，区别在于扫描方向与正向最大匹配分词法相反，从句子的结尾开始扫描，直至句首。

基于词典匹配的分词方法具有简单易懂、实现简单、速度快、有的词典不依赖训练数据等优势。但是这种方法对词典的依赖很大，一旦出现词典中不存在的新词，即未登录词，算法可能无法正确切分。这种方法对歧义词的处理效果也不好。歧义词的例子如"联合国/内"也可切分为"联合/国内"。IK Analyzer 分词法就是基于词典匹配的分词方法。

（2）统计分词法。统计分词的基本原理是依据字串在词库中出现的统计频率来判断是否成词。词是字的组合，相邻字同时出现的次数越多，越可能构成一个词。字与字相邻出现频率或概率能够较好反映它们成词的可信度。统计分词方法一般先通过大规模语料训练统计模型参数，在分词阶段利用模型计算各种可能分词结果出现的概率，将概率最大的分词结果作为最终结果。下面以目前常见的 N-gram 模型为例，给出简单介绍。

基于 N-gram 模型的分词方法；令 $C = c_1 c_2 \cdots c_m$ 为待切分的字串，$W = w_1 w_2 \cdots w_n$ 为切分成的词串序列。设 $P(W|C)$ 为汉字串 C 切分为词串 W 的概率。目标是基于条件概率 $P(W|C)$ 最大而切分的词串序列 W^*，即

$$W^* = \arg\max_W P(W|C) \tag{4.1}$$

根据贝叶斯公式，式（4.1）可写为

$$W^* = \arg\max_W \frac{P(W)P(C|W)}{P(C)} \tag{4.2}$$

其中，在字串 C 给定的条件下，$P(C)$ 为常数，利用在字典中出现的词频比例来估计。在词串 W 给定的条件下出现字串 C 的概率 $P(C|W) = 1$，有 $W^* = \arg\max_W P(W)$。利用 N-gram 模型计算 $P(W)$，即

$$P(W) = P(w_1)P(w_2|w_1)\cdots P(w_n|w_1, w_2, \cdots, w_{n-1}) \tag{4.3}$$

实际上，N-gram 模型计算烦琐，一般采用近似方法计算 $P(W)$。采用马尔可夫假设，任意词出现的概率仅依赖于其前面的一个词或几个词。其中，仅依赖于其前面的一个词或两个词的 N-gram 模型分别称为 Bi-gram 模型或 Tri-gram 模型。基于 Bi-gram 模型，$P(W)$ 的计算公式为

$$P(W) = P(w_1)P(w_2|w_1)\cdots P(w_n|w_{n-1}) \tag{4.4}$$

（3）结巴（Jieba）分词。结巴分词综合了词典匹配和统计分词的优点。结巴分词拥有训练后录入了大量词条的基本库；可基于 Trie 树结构实现高效的词图扫描，生成句子中

汉字所有可能成词情况所构成的有向无环图（directed acyclic graph，DAG），采用了动态规划查找最大概率路径，找出基于词频的最大切分组合；对于未登录词，采用了基于汉字成词能力的隐式马尔可夫模型（hidden Markov model，HMM），使用了 Viterbi 算法。结巴分词有三种分词模式，分别是精确模式、全模式和搜索引擎模式。精确模式是依据最高精度进行分词，适用于文本分析；全模式扫描字串中全部可能词条，速度很快；搜索引擎模式基于精确模式对长词切分，可用于搜索引擎分词。例如，对于"我来到北京清华大学"的分词结果，①全模式：我/来到/北京/清华/清华大学/华大/大学。②精确模式：我/来到/北京/清华大学。③搜索引擎模式：我/来到/北京/清华/清华大学/华大/大学/北京清华大学。

4.3.2　向量空间模型

向量空间模型（vector space model，VSM）是自然语言处理模型。计算机不能直接理解自然语言语义，文本数据生成的目标就是将文本转化为计算机能够处理的结构化数据，从而帮助计算机更好地从文本中挖掘到有价值的信息。完成这一任务受到既要求计算机能够真实反映领域、主题及结构等文本特征，又要高效处理文本特征信息的约束。应对这一约束的思路是，采用文本抽取的特征词出现的频率作为其文本特征量化标识的基础，以系列特征词及相应量化标识，构建表示文本信息的向量空间模型，将文本内容处理简化为空间向量运算，实现计算机文本识别与数据处理。例如，以空间相似度表达语义相似度，度量文本相似性等。这里的向量空间模型的文本特征是以权值向量表示的，实际操作主要解决特征选取和特征权重计算等问题。

特征项用于文本向量化。将文本视为字、词、词组或短语等基本语言单位组成的集合。这些基本语言单位统称为特征项。支持向量机模型以词作为主要特征项。假设一个文本集合中含有互不重复词的数量为 n，特征项集合可表示为 $T = \{t_1, t_2, \cdots, t_n\}$，其中 t_k 是特征项，且 $1 \leqslant k \leqslant n$。

独热码（one-hot）常用于自然语言的离散特征取值处理，如文本分类、推荐系统及垃圾邮件过滤等场景。独热码表示技术的思路为：经编码的 N 位状态寄存器（status register）对应向量的每个状态，文本特征状态基于给定标准确定，其中只有一个特征标识为 1，其余均标识为 0 进入状态寄存器，实现文本特征分类。相关标准可以基于需求目标主观构造，也可采用支持向量机、神经网络、最近邻算法（K-nearest neighbor，KNN）等得到。

具体地说，独热码表示向量长度为测度文本对象词库的词数目。例如，文本语料集合（词库）有 n 个词，则一个词采用长度为 n 的向量表示。对于第 i（$i = 0, 1, \cdots, n-1$）个词，向量的第 i 个分量值为 1，其他分量值都为 0，通过向量[0, 0, 1, $\cdots$, 0, 0]唯一表示一个词。例如，下面的语料库有三句话，采用独热码表示提取每句话的特征向量。三句话分别为

text1：我爱祖国

text2：哥哥姐姐爱我

text3：哥哥姐姐爱祖国

对语料库分词，首先统计出整个词表，获取所有词，词编号分别为

1：我；2：爱；3：哥哥；4：姐姐；5：祖国

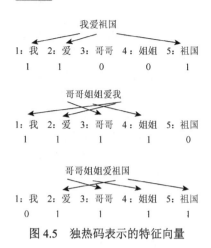

我爱祖国
1：我 2：爱 3：哥哥 4：姐姐 5：祖国
1   1   0   0   1

哥哥姐姐爱我
1：我 2：爱 3：哥哥 4：姐姐 5：祖国
1   1   1   1   0

哥哥姐姐爱祖国
1：我 2：爱 3：哥哥 4：姐姐 5：祖国
0   1   1   1   1

图 4.5　独热码表示的特征向量

词表中该位置的词在文本中出现了就记 1，不出现就记 0，每个文本表示成词表维度的向量。使用布尔特征对每段话构建特征向量，如图 4.5 所示。

从而，得到的特征向量为

V（我爱祖国）= [1, 1, 0, 0, 1]

V（哥哥姐姐爱我）= [1, 1, 1, 1, 0]

V（哥哥姐姐爱祖国）= [0, 1, 1, 1, 1]

该技术存在两个缺陷：一是每个单词的编码维度定义为整个词汇表，造成维度过大、编码稀疏、计算成本提高等问题；二是存在单词间相互独立强制性假设，导致无法识别单词间的联系程度，丢失位置信息。

4.3.3　特征权重计算

特征权重是各个特征项 t_i 文本重要性的表示。设赋予特征项 t_i 的权重为 ω_i，称之为特征权重。文本 d 表示为 $d = \{(t_1, \omega_1), (t_2, \omega_2), \cdots, (t_n, \omega_n)\}$，简记为 $d = \{\omega_1, \omega_2, \cdots, \omega_n\}$，其中 ω_i 为特征项 t_i 的权重，$1 \leq i \leq n$。权重的计算通常采用词频（term frequency，TF）、词的逆文本频率（inverse document frequency，IDF）、二者结合的 TF-IDF，以及各种提升算法。

绝对词频权重是根据特征项在文本出现的频度确定其重要程度的一种加权方法，即 $\omega_i = tf_i$，其中 tf_i 为特征项 t_i 在 d 中的绝对词频。

TF-IDF 权重的计算是依据特征项在文本中出现的统计频率。文本范围对权重产生决定性影响。特征项在单个文本中的权重可视为局部权重；在一个领域文本集的权重表现为全局权重。一般而言，某一特征项在一个文本中出现多次，其在同类文本中也可能出现多次；反之亦然。向量空间模型采用 TF 作为权重，体现同类文本的共性。如果该特征项对大多数文本的重要程度相同时，则会弱化对文本的区分能力。TF-IDF 采用相反策略，基于某一特征项出现的文本频率越小，该特征的文本类别区分能力越大。这个认知，引入了 IDF 的概念，以 TF 和 IDF 的乘积作为文本向量空间的权重。计算公式如下：

$$\omega_{ij} = tf_{ij} \times idf_i = tf_{ij} \times \log(m / m_i) \tag{4.5}$$

其中，tf_{ij} 为特征项 t_i 在文本 d_j 中的词频，用于计算 t_i 文本内容描述能力；idf_i 为逆文本频率，用于计算 t_i 文本区分能力；m 为文本集中的文本总数；m_i 为包含特征项 t_i 的文本数。特征项在文本中出现频数越多，对文本的重要性越大。权重与整个文本集中出现该特征项的文本数成反比，即特征项在越多文本中出现，文本区分能力越弱。

假设文本集 D 包含 1 000 000 篇文本，记为 $d_1, d_2, \cdots, d_{1\,000\,000}$。文本 d_j 的特征项总数是 100 个，记为 $t_1, t_2, \cdots, t_{100}$。假设特征项 t_i 为"数据挖掘"，在文本 d_j 中出现 3 次。特征项 t_i 在文本 d_j 中的 TF 为

$$tf_{ij} = \frac{3}{100} = 0.03$$

"数据挖掘"在 1000 篇文本中出现过，则特征项 t_i 的 IDF 为

$$\mathrm{id}f_i = \log\left(\frac{10\,000\,000}{1\,000}\right) = 4$$

则特征项 t_i 在文本 d_j 中的向量空间权重 TF-IDF 为

$$\omega_{ij} = 0.03 \times 4 = 0.12$$

这种基于统计的语言模型，是一种离散型的语言模型，其泛化能力差，参数量大，随着整个语料体量的增大，参数空间呈指数增长，容易出现维度灾难的问题；而且无法建立词与词之间的相关关系，不能进行上下文的回溯，也不能解决上下文物主代词的指代问题。

4.3.4　其他语言模型

鉴于统计语言模型的缺陷，相继出现了一些新的语言模型，下面介绍常用的四种语言模型。

（1）Word2vec。Word2vec（word to vector）把文本的文字转化为向量表示，是 2013 年 Google 开源的一个词嵌入（word embedding）工具。embedding 的本质是用一个低维向量表示语料文本，距离相近的向量所对应的物体有相近的含义。Word2vec 主要包含两个模型：连续词袋（continuous bag of words，CBOW）模型与跳字（skip-gram）模型。连续词袋模型根据输入的上下文作为输入来预测当前单词。跳字模型输入特定词的词向量，输出特定词对应的上下文词向量。Word2vec 考虑了上下文关系，嵌入的维度更少，速度更快，通用性更强，效果更好，常用于文本相似度检测、文本分类、情感分析、推荐系统以及问答系统等句子级与篇章级自然语言处理任务。Word2vec 无法解决一词多义的问题，无法针对特定任务做动态优化，并且它的相关上下文不能太长。

（2）循环神经网络（recurrent neural network，RNN）。循环神经网络是一种用于处理序列数据的神经网络，相比一般的神经网络来说，其能够处理序列变化的数据。例如，某个单词的意思会因上文内容不同而有不同含义，循环神经网络能很好地解决这类问题。例如，预测"the clouds are in the sky"这句话的最后一个单词，不需要其他的信息，通过前面语境就能预测到最后一个单词应该是 sky。在这个例子中，相关信息与该信息位置距离近，循环神经网络能够学习利用以前的信息对当前任务进行相应操作[1]。

（3）长短期记忆（long short-term memory，LSTM）模型。长短期记忆模型是一种特殊的循环神经网络，主要是为了解决长序列训练过程中的梯度消失和梯度爆炸问题。相比普通的循环神经网络，长短期记忆模型能够在更长的序列中有更好的表现。

（4）BERT 模型[2]。BERT 模型是一种基于注意力机制的自编码语言模型，其分为语言模型预训练和语言模型拟合训练两阶段。语言模型预训练通过大量的语料对模型进行训练，主要采用双向语言模型技术、掩码语言模型（mask language model，MLM）技术以

① Bahdanau D，Cho K H，Bengio Y. 2014. Neural machine translation by jointly learning to align and translate. The 3rd International Conference on Learning Representations.

② Devlin J，Chang M W，Lee K，et al. 2018. BERT: pre-training of deep bidirectional transformers for language understanding. arXiv: Computation and Language.

及 NSP（next sentence prediction）机制。BERT 在训练时利用上下文信息预测被"[Mask]"遮罩位置的单词。MLM 技术随机选择句子中 15%的单词进行 Mask。在选择 Mask 的单词中，有 80%使用"[Mask]"替换，10%不替换，剩下 10%使用随机单词替换。在语言模型拟合训练中，NSP 利用已知的一句文本内容预测下一句内容。在实际应用中，BERT 模型生成的向量能够包含丰富的特征信息，对同一个词语在不同语境中的区分度更好。使用这种预训练任务在很多下游任务中表现出色，如问答（question answering，QA）系统、自然语言推断（natural language inference，NLI）等。

上述四种模型的详细内容不再赘述，感兴趣的读者请参阅相关文献。

主要参考文献

刘延林. 2021. Python 爬虫与反爬虫开发：从入门到精通. 北京：北京大学出版社.

史卫亚. 2020. Python 3.x 网络爬虫：从零基础到项目实战. 北京：北京大学出版社.

Mitchell R. 2019. Python 网络爬虫权威指南. 神烦小宝，译. 2 版. 北京：人民邮电出版社.

第二篇　数据组织管理

第 5 章

数据库技术

数据组织管理指对源数据生成及为方便有效获取所需信息开展的数据存储、检索以及预处理等技术活动。其中数据库技术位居数据组织管理的核心。为高效率访问及检索数据，计算机需要将数据按照一定规则进行存储，其中规则包括存储空间划定、存储位置指定及其用户标记。而规则定义基于 3 个方面的要求，分别是用户一般应用需求、硬件环境（计算机与通信）与软件技术支撑等。用户使用数据库，则意味着承认该系统存储规则并按规则生成和应用源数据。实现高效率访问与检索数据的数据库技术是高度专业化的，非本章教学目标。这里仅就数据库形成背景、技术路径及其相关概念逻辑给出简单解读。相关知识对数据库的应用具有实际指导意义。

■ 5.1 数据库技术概述

各类计算机、手机、电子信息系统的应用都涉及数据库。数据库技术一直是计算机技术进步的重要表征。

5.1.1 数据库技术产生背景

历史上，数据自动处理技术曾对计算机的出现产生重要影响，其也是计算机发展的一种驱动力。1946 年研发出电子计算机的 IBM 公司，就是基于数据打孔卡片制表技术的积累，成功创新创业的[①]。

早期电子计算机只用于数值计算。数据依靠打孔卡片输入，并与特定计算程序捆绑，数据不存在独立的组织结构。20 世纪 50 年代后期到 60 年代中期，在磁鼓、磁盘等数据存

---

① 1889 年，因提升美国人口普查数据处理效率的需要，赫尔曼·何乐礼（Herman Hollerith）发明了打孔卡片制表机（tabulation machine），1890 年，打孔卡片制表机技术用于美国人口普查，产生了提升数据处理效率 4 倍以上的效果，迅速得到推广。1911 年，查尔斯·拉莱特·弗林特（Charles Ranlett Flint）通过并购赫尔曼·何乐礼的制表机公司创立计算制表记录公司（Computer Tabulating Recording Company，C-T-R），1924 年更名为 IBM。

储设备成功研发的基础上，出现了将数据组织成独立文件，实现按文件名访问，对文件记录存取修改的数据处理技术。文件系统的出现在一定程度上实现了数据文件与应用程序的分离，数据获得初步的独立性。随着存储设备容量的增大与存取速度的加快，计算机应用范围逐步从最初的数值计算向数据处理拓展。与科学研究和工程技术中的数值计算不同，数据处理是指为获得目标信息，对大量各种类型数据资料进行管理及加工处理的工作。其包括高度复杂的大量数据存储、检索与变换处理操作，且存在需要满足用户多样性目标的数据共享处理要求。当时，相应文件系统在数据操作的便利性与数据共享方面均不能很好满足数据处理需要。于是，以解决数据共享和统一管理为目标的数据库技术应运而生。

需要说明的是，目前存在三个与数据库技术相关的概念，即数据库（database）、数据库管理系统（database management system，DBMS）、数据库系统（database system，DBS）。其中，数据库指计算机系统以电子方式存储和访问的数据集合组织。数据库管理系统是由一组计算机软件集成的，为实现用户与一个或多个数据库交互，并提供对数据库中所有数据访问的数据组织管理工具。现实中的数据库管理系统已成为提供输入、存储和检索数据库数据等各种功能的商业化产品，包括 Oracle、Microsoft SQL Server、DB2、MySQL 等。数据库系统则是数据库、数据库管理系统和相关应用程序的总称。因上述三个概念紧密相连，内涵有较大重叠，在实际数据应用场景中，通常以数据库指代。

5.1.2 数据模型与数据库

数据库技术力图解决数据组织管理问题，使其不再只针对某一特定应用，实现多问题应用数据共享的目标。这就需要建立面向各类应用的数据组织结构。该结构不仅具有数据与应用程序之间的独立性，而且可对数据实施统一管理控制。基于描述数据关系逻辑的数据模型则是实现这一数据库技术目标的理论基础。数据库是数据模型的技术实现。

数据模型是指数据存储内在逻辑的理论规定性，其从系统的静态特征、动态行为和约束条件等方面，为数据库系统的信息表示与操作提供一个抽象的框架。相关规定性主要包括：表示数据间联系方式的数据结构、对应数据结构的存储检索操作方式，以及保证数据操作正确、有效和相容的完整性规则。因涉及一系列相关概念，上述规则的具体意义及实现将在 5.3 节给出讨论。

5.1.3 数据库的发展

数据库发展过程中，主要开发出基于网状数据模型、层次数据模型和关系数据模型的数据库。

（1）网状数据库。数据库管理系统首先是针对商业日常交易事物数据的存储及有效性访问提出的。1964 年，通用电气的查尔斯·巴赫曼（Charles Bachman）开发出第一个具备集成数据存储（integrated data store，IDS）功能的数据库管理系统。该系统采用网状数据模型，即以多点对多点的网状结构表示被处理的各用户事物数据关系，并采用连接指针（指令）实现数据存储的访问。这是一项基于数据组织理论将数据与应用操作程序成功分离的创新，对计算机技术及其应用边界的拓展产生了里程碑的作用，但因其网状结构复杂，存在用户访问困难、存储数据定位指针增大数据量和增加数据修改难度的缺陷。

（2）层次数据库。1966 年，IBM 提出层次结构数据模型。1968 年，推出相应商用数据库管理系统，起初称为信息控制系统/数据语言/接口（information control system/data language/interface，ICS/DL/I）。其中 ICS 为存储和获取数据的数据库，DL/I 是与之交互的查询语言。1969 年，ICS/DL/I 改称为信息管理系统（information management system，IMS）[①]。层次模型给出一对多的数据关系，通过关键字实现不同层次各数据的访问。其数据结构清晰直观，关键属性检索方便，具有易于快速存取、数据修改和数据库扩展的优势；但存在结构固化、缺乏灵活性、同属性数据多次存储、产生大量冗余数据的不足。IBM 的 IMS 系统最初的开发目的是支持美国阿波罗计划，用于辅助跟踪建造太空船所需要的材料。20 世纪 70 年代，IMS 系统迎合制造、零售、保险等行业对计算机应用提出的检索、存储和更新大量数据的要求，取得提升航空公司在线交易能力等商业应用的极大成功。20 世纪 80 年代末至 90 年代初，IBM 针对金融机构记账和订单处理等超大规模程序复杂而稳定的自动化银行业务的系统需要，基于大型计算机开发的 IMS 甚至成为全球金融机构交易信息管理的标配，时至今日仍然发挥作用。

（3）关系数据库。网状数据库和层次数据库成功实现了数据与应用程序之间的独立性，较好解决了数据集中存储和共享的问题。但面对多样化应用目标用户数据存取时，需要针对各应用目标指定存储结构和访问路径（顺序），即数据独立性受到限制，增大了数据库开发难度和成本。关系数据库较好地解决了上述问题，成为目前数据库技术的主流。

1970 年 IBM 的科德（Codd）发表"大型共享数据库的关系模型"（*A relational model of data for large shared data banks*）的著名论文[②]，其借助集合论等数理逻辑提出关系代数理论，在该理论指导下创建出用行与列组成的二维集合表来刻画数据关系的模型。关系模型将用户数据分解为若干由行与列构成的事物表。其中行表示事物构成单元，列表示事物构成单元的属性。显然，采用关系模型的数据结构实现了超越领域的高度抽象，同时也与人们利用统计表认知各领域事物的习惯高度相符。

1973 年 IBM 公司启动关系数据库系统 System R 的研究开发。该项目由高层关系数据系统（relational data system，RDS）和底层存储系统（research storage system，RSS）两部分组成。其中 RDS 实际上是一个操作数据库的语言编译器，由钱伯林（Chamberlin）和博伊斯（Boyce）完成开发，称其为 SQL[③]。SQL 是关系数据库技术的重要组成部分，其改变网状层次模型依赖存取路径专项程序的操作，实现了数据存取查询操作技术的标准化，具有提高数据库开发效率及使用效率的极大意义。IBM 公司利用 System R 项目对关系数据库管理系统进行了全功能可行与可靠性检验，并于 1980 年将其推向市场。

关系数据库技术研发也存在竞争。1973 年加州大学伯克利分校的斯通布雷克（Stonebraker）和尤金·王（Eugene Wong）等[④]基于 System R 公开信息研究交互式图形和检索系统 Ingres

---

① 资料来源于 https://en.wikipedia.org/wiki/IBM_Information_Management_System#cite_note-3。

② Codd E F. 1970. A relational model of data for large shared data banks. Communications of the ACM，13（6）：377-387.

③ Chamberlin D D，Boyce R F. 1974. SEQUEL：a structured English query language. The 1974 ACM SIGFIDET（now SIGMOD）Workshop on Data Description，Access and Control.

④ Stonebraker M，Wong E，Kreps P，et al. 1976. The design and implementation of INGRES. ACM Transaction Database System，1（3）：189-222.

（INteractive Graphics REtrieval System）。1976 年，霍尼韦尔公司（Honeywell）发布第一个商用关系数据库系统 MRDS（Multics Relational Data Store）。1978 年软件开发实验室（Software Development Laboratories，SDL）发布关系数据库管理系统 Oracle 1。这些关系数据库产品一经推出，即得到市场强烈响应。关系数据库技术模式迅速取代网状、层次数据库成为技术研发和市场应用的主流，特别是台式计算机及服务器的出现，加快其实际应用领域的扩大，使技术愈加成熟和完善。目前代表产品有 ORACLE 公司的 Oracle、IBM 公司的 DB2、微软公司的 MS SQL Server 以及 Informix、ADABAS D 等。这些关系数据库以各自特色功能为用户提供了多样化选择空间。

（4）数据库技术的相关发展。目前关系数据库虽然牢牢占据数据库市场，但也不断出现一些新的探索，主要包括 20 世纪 80 年代就开始的并行和分布式数据库研究、面向对象的数据库研究；20 世纪 90 年代的支持高速事务处理及其不间断使用的研究；21 世纪初的 XML 及与之相关的 XQuery 查询语言的研究、开源数据库系统 PostgreSQL 和 MySQL 的应用研究；2010 年后针对大数据分析的数组高效列存储、高度并行分布式数据存储系统的研究等。

5.2 数据库系统开发

20 世纪 80 年代台式机与计算机网络的出现，大大推动了基于数据库等技术的计算机信息系统蓬勃发展。信息系统应用复杂度和灵活度的提高，进一步将数据独立性和一致性技术保证问题提升到新高度。在问题解决的压力下，数据库系统的总体架构设计不断探索新的理论及相应技术手段，逐步形成当前的数据库系统架构范式。这里力图通过相关理论与技术开发思路的解读，以加深数据应用中对现实数据库功能实现的理解。

5.2.1 数据库系统架构

三种模式模型架构概念的背景意义、数据库三级模式模型架构、三级模式间的关联是理解数据系统架构的关键。

（1）三种模式模型架构概念的背景意义。1975 年，查尔斯·巴赫曼指导的 ANSI/X3/SPARC 标准规划委员会提出数据逻辑独立性概念，以及支撑该概念的三种模式模型架构。三种模式包括外部模型、概念模型、内部（物理）模型。虽然 ANSI-SPARC（American National Standards Institute，Standards Planning and Requirements Committee）从未成为正式标准，但其数据逻辑独立性概念及三层模式模型在信息系统构建中被广泛采用。目前的数据库系统架构也是基于 ANSI-SPARC 标准模式构建的。数据逻辑独立性概念及三种模式模型的提出，主要力图提供一个新的数据独立性和一致性技术解决方案。其核心是强调保证数据的"逻辑独立性"。

数据库是根据数据模型组织数据的。简要说，根据用户业务要求确定存储哪些数据以及数据之间的相互关联性。通过这些信息，将数据拟合到数据库模型中。其本质是按照一定规则将数量众多而又相互关联的数据，装入一组既能较好地反映用户要求，又有良好操作性能的数据存储结构之中。

数据库构建初期，数据结构的定义旨在帮助用户完成特定工作。当用户业务环境和个人偏好变化后，初始数据结构也需要随之变化调整。但这一场景变化会给计算机系统运行带来很多技术问题。从计算机视角看，数据是根据方便用户存储和检索的结构来定义的。而计算机存储访问所需的数据结构则取决于对数据进行有效处理的具体操作程序及其支撑硬件。两方面存在一致性匹配要求。也就是说，为初始应用定义的数据处理程序，当相应的数据结构变化后，也需要进行调整以保证一致性，从而导致计算机系统开发与维护的复杂度上升，以及可能造成相同意义数据不一致定义的情景。此外，数据用户由于业务需求可能需要开发多个数据库应用。这些数据库应用可能由不同的数据库管理系统控制，这样也存在数据冗余和不一致定义的问题。

显然，理想的数据管理环境，需要将用户内部数据统一集成定义。该定义对任何单一数据应用都不偏不倚，并且独立于数据实际存储或访问方式。通过构建用户行为、数据库操作及计算机系统技术支撑的分离处理架构，实现数据与应用系统之间的相互独立性。这就是三种模式模型概念的意义所在。

（2）数据库三级模式模型架构。三级模式是基于计算机系统视角定义的。如图 5.1 所示。此概念架构的主要目标是对数据的含义和相互关系提供一致的定义，用于集成、共享和管理数据的完整性。

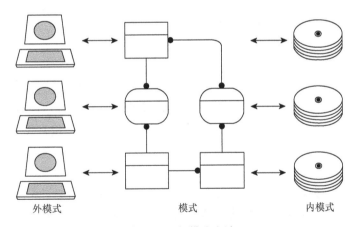

图 5.1　三级模式方法

资料来源：Law P. 1993. Integration definition for information：modeling（IDEF1X）. Federal Information Processing Standards Publication 184.

①外模式（视图层，view level）。对应于用户操作界面，外模式又称子模式或用户模式，描述用户所看到的数据库数据视图。视图是通过查询操作定义的数据之间"虚拟关系"，相关信息表示与某一应用有关的数据逻辑。用户视图模式是计算机系统三层架构中最高层次的抽象。目的是实现用户通过独立自定义不同的视图，可以访问相同的数据。访问是独立的，不应影响其他视图的访问。这意味着，该架构的用户视图与数据的逻辑结构及其物理存储设备相互独立。更改数据库逻辑结构不影响用户视图。数据逻辑结构不受物理存储设备更改的影响。用户视图的抽象化导致用户只需要访问数据库的一部分，不需要其他的

信息,简化逻辑层的结构,使用户与系统的交互更加简单。系统可以为同一数据库提供多个视图。

②模式(逻辑层,logical level)。模式又称概念模式或逻辑模式,描述的是数据库中存储什么数据及这些数据间存在什么关系。其是对数据库中全部数据的逻辑结构和特征的总体描述,是所有用户的公共(全局)数据视图。因用户视图模式的分离以及屏蔽掉可能涉及的复杂的物理层结构,逻辑层通过少量相对简单的结构描述整个数据库。

③内模式(物理层,physical level)。内模式又称存储模式,对应于计算机硬件设备,描述数据在存储介质上的存储方式和物理结构,是数据库最低层次的抽象。

(3)三级模式间的关联。数据库系统的三级模式是数据的三个抽象级别,其把数据的具体组织留给数据库管理系统管理,使用户能逻辑地、抽象地处理数据,而不必关心数据在计算机中的具体表示方式和存储方式。为了能够在系统内部实现这三个抽象层次的联系和转换,数据库管理系统在这三级模式之间提供了两层映像:外模式/模式映像和内模式/模式映像。两层映像保证了数据库系统中的数据具有较高的逻辑独立性和物理独立性。

一般而言,ANSI/SPARC 标准是作为计算机信息系统的基础提出的。数据库作为信息系统核心,普遍采用三级模式概念开发。但各供应商的实施方式并不兼容。随着数据管理实践以及图形技术的演变,"模式"一词已经让位于"模型"一词,"概念模型"取代"概念模式"表示最终用户和数据库管理员之间商定的数据视图,涵盖数据保存、数据含义以及数据彼此之间关系等非常重要的信息。

5.2.2 数据库系统设计

数据库系统设计是基于三级模式标准的技术实施工作,根据数据模型组织数据。设计人员基于用户业务要求确定存储哪些数据以及数据之间的相互关联性。基于这些信息,将数据拟合到数据库模型中。数据库设计的本质是将数量众多而又相互关联的数据,按照一定规则构造出一组既能较好地反映用户要求,又有良好操作性能的数据存储结构。通常包括如下五个步骤。

(1)需求分析。实际应用中,数据库并不独立使用,是作为信息系统的组成部分发挥重要作用的。数据库的需求分析是落实信息系统要求的具体操作。构建一个信息系统的目的是完成用户某些业务功能。需求分析的首要任务就是确定系统需要实现的功能,即确定系统边界。这是系统需要处理和保存数据的基础。因此需要调查和分析用户的业务活动和数据的使用情况,弄清相关数据的种类、范围、数量以及它们在业务活动中交流的情况,确定用户对数据库系统的使用要求和各种约束条件等,形成用户需求规约。

以一个大学教学管理系统的数据库设计为例,其相关功能需求包括:①该大学只有系的建制,需要管理各系的基本信息;②管理各系开设的课程信息;③管理教室的信息;④管理教师和学生的基本信息;⑤管理学生的选课和教师的授课信息;⑥确定实现各个管理目标所包含的内容;这个阶段中的需求描述构成制定数据库概念结构的基础。相关主要需求特性描述至少包括以下内容。

· 大学设置多个系。每个系由自己唯一名字所在系(dept_name)标识。其他还包括坐落位置楼名(building)、经费预算(budget)标识。

• 每个系有一个开设课程列表。每门课程有课程号（course_id）、课程名（course_name）、所在系（dept_name）和学分（credits）。

• 教师由个人唯一的标识号（ID）标识。每位教师有姓名（name）、所在系（dept_name）和工资（salary）。

• 学生由个人唯一的标识号（ID）标识。每位学生有姓名（name）、性别（sex）、年龄（age）、所在系（dept_name）。

• 教室列表包括楼名（building）、房间号（room_number）和容量（capacity）。

• 所有课程（开课）列表包括课程号（course_id）、课程名（course_name）、开课号（sec_id）、年（year）和学期（semester）。

• 系有一个教学任务列表，说明每位教师的授课情况。

当然，一个大学实际的数据库比上述设计复杂得多。如果需要实现更丰富的管理功能，则需要存储更多内容。此处仅以这个简单的结构为例。

（2）概念设计。为了基于用户需求建立抽象的概念模型，概念设计具有能真实充分反映用户需求，易于理解，易于更改，易于向各种数据模型转换的特点。概念模型是独立于数据库管理系统的，用来表述数据与数据之间的联系，其直接面向用户需求，容易被用户理解，方便数据库设计者与用户的交流。通过不断迭代设计与用户具体应用相关的数据结构，最终得到一个正确、完整地反映用户数据及联系并满足各种处理要求的概念模型。之后把概念模型转换成具体机器上数据库管理系统支持的数据模型。

概念模型设计充分反映用户需要的信息结构，信息流动情况，信息间的相互制约关系，以及对信息储存、查询和加工的要求等。概念模型应避开数据库的计算机具体实现细节，用一种抽象的形式表示出来。概念模型可以采用符号、图形等各种表达形式。实体关系（entity relationship，ER）模型就是其中一种。

（3）逻辑设计。概念设计阶段得到的 ER 模型是针对用户的，其独立于具体的 DBMS。逻辑设计阶段的主要任务是将 ER 模型转化为数据库管理系统支持的数据模型，即适应于某种特定数据库管理系统所支持的逻辑数据模型。与此同时，可能还需为各种数据处理应用领域创建相应的逻辑子模式（外模式）。例如，针对不同的教师可设定相应的视图使其在检索学生数据时，只能看到他负责授课的学生，而负责管理工作的教师则能检索到该系的所有学生等。这一步设计的结果就是"逻辑数据库"。

逻辑设计必须遵从规范化规则指导。规范化目标是确保数据结构适合通用查询，规避异常插入、更新和删除等不良操作，以减少数据冗余，提高数据完整性。规范化概念是1970 年科德在关系模型中首次引入的。通过提出范式（normal form，NF）标准，用于指导评价逻辑设计规范化水平。第 1 范式（1NF）是指为确保数据库列（属性）和表（关系）的组织操作是在数据库完整性限制下执行，而提出的认定完整性的第一个标准。此后随着数据库应用场景复杂化，又以第 2～6 范式以及博伊斯–科德范式（Boyce-Codd normal form，BCNF）等给出不同水平完整性规范化标准，用于指导逻辑设计。

（4）物理设计。数据库管理系统提供的存储结构和存取方法等依赖于计算机的各项硬件物理设备。物理设计选定合适的物理存储结构、存取方法和存取路径等。其设计结果就是"物理数据库"。

（5）运行与维护设计。数据库系统投入运行后，可能需要进行调整与修改预判。

5.3 关系数据库

目前主流的数据库系统是基于关系模型的关系数据库系统，用一系列二维表来表示数据及数据之间的联系。依据数据模型的三个要素，关系模型采用关系数据结构、关系操作和关系完整性约束规则构建。多数的商用关系数据库系统使用 SQL 语言来构建及操作。

5.3.1 关系数据结构

关系数据模型只包含单一的"关系"数据结构，其结构表现形式为二维表，如图 5.2 所示。

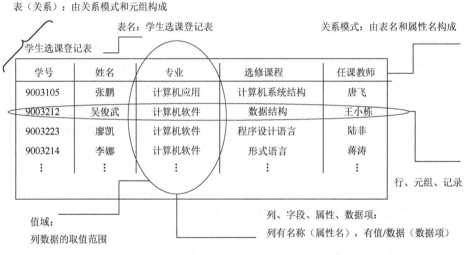

图 5.2 关系的组成

1. 关系的组成结构和各部分名称

·表（关系）。由关系模式和元组构成。

·关系模式。由表名和属性名构成。例如，学生选课登记表（学号、姓名、专业、选修课程、任课教师）。

·属性（列、字段）。指表中的列。表中每个属性具有唯一的属性名。例如，属性名为"专业"，数据项为"计算机应用""计算机软件"。

·元组（行、记录）。指表中的行。一个关系中不可以存在完全相同的行。元组由数据构成。例如，9003212、吴俊武、计算机软件、数据结构、王小栋；9003223、廖凯、计算机软件、程序设计语言、陆非等。

·域。指属性的取值范围。例如，十个汉字以内的文字串。

- 码。指能唯一区分每个元组的属性或属性组。例如，学号。
- 分量。指元组在每个属性上的取值。

2. 关系具有的性质
- 不允许出现完全相同的元组。
- 元组的顺序（即行序）可任意。
- 属性的顺序可任意。
- 同一属性名下的各个属性值必须来自同一个域，必须是同一类型的数据。
- 各个属性必须具有不同的属性名，不同的属性可来自同一个域，即它们的分量可以取自同一个域。
- 每一个分量必须是不可分的数据项，或者说所有的属性值都是原子的，即是一个确定的值，而不是值的集合。

5.3.2　关系操作

关系操作包括查询操作和插入、删除、修改操作两大部分。其中，关系的查询表达能力很强，是关系操作中最主要的部分。查询操作可以分为选择（selection）、投影（projection）、连接（join）、除、并、差、交、笛卡尔积等。其中，选择、投影、并、差、笛卡尔积是五种基本操作。

关系数据库中的核心内容是关系，即二维表。二维表的使用主要包括按照某些条件获取相应行、列的内容；或者通过表之间的联系获取两张表或多张表相应的行、列内容。关系操作的操作对象是关系，操作结果亦为关系，主要包括选择、投影、连接操作。选择操作指在关系中选择满足某些条件的元组（行）。投影操作是在关系中选择若干属性列组成新的关系。投影之后不仅取消原关系中的某些列，还可能取消某些元组。因为取消某些属性列后，可能出现重复的行，应予取消。连接操作是将不同的两个关系连接成为一个关系。如果两个关系连接的结果是一个包含原关系所有列的新关系，新关系中属性名字是原有关系属性名加上原有关系名作为前缀。这种命名方法保证了新关系中属性名的唯一性，并反映新关系中的元组是通过连接原有关系的元组而得到的信息。尽管原有不同关系中的属性可能是同名的。

5.3.3　完整性约束

完整性约束由三个方面的约束构成。

（1）实体完整性（entity integrity）约束。实体完整性指关系的主关键字不能重复也不能取"空值"。

一个关系对应用户的一个实体集。用户实体指可以相互区分、识别的具有某种唯一性标识的事物。在关系模式中，以主关键字作为唯一性标识。主关键字中的属性称为主属性，不能取空值。否则，空值表示"不确定"，表明关系模式中存在着不可标识的实体，这样的实体不是一个完整实体。按主属性不得取空值的实体完整性规则要求，如主关键字是多个属性组合，所有主属性均不得取空值。

（2）参照完整性（referential integrity）约束。参照完整性是定义建立关系之间联系的主关键字与外部关键字引用的约束条件。

关系数据库通常包含多个相互联系的关系。关系与关系之间的联系是通过公共属性实现的。公共属性是一个关系 R 的主关键字，又是另一个关系 K 的外部关键字。其中，R 称为被参照关系或目标关系，K 称为参照关系。参照完整性规则要求，在 K/R 两个关系间建立关联的主关键字和外部关键字引用时，外部关键字取值要么与被参照关系 R 中某元组主关键字的值相同，要么取空值。如果参照关系 K 的外部关键字也是其主关键字，根据实体完整性要求，主关键字不得取空值，参照关系 K 外部关键字的取值实际上只能取相应被参照关系 R 中已经存在的主关键字值。

（3）用户定义完整性（user defined integrity）约束。实体完整性和参照完整性适用于任何关系型数据库系统，主要针对关系的主关键字和外部关键字取值必须有效而做出的约束。用户定义完整性则是根据应用环境要求和实际需要，对某一具体应用所涉及的数据提出约束性条件。这一约束机制由数据库管理系统提供定义并检验。用户定义完整性约束主要包括属性有效性约束和元祖有效性约束。

■ 5.4　数据仓库

数据仓库（data warehouse，DW）是以服务数据分析为主要目标的数据库。当利用数据开展决策分析时，数据仓库是一种便宜性工具。

5.4.1　数据仓库概述

1988 年，IBM 的德夫林（Devlin）和墨菲（Murphy）在"业务和信息系统架构"论文中[1]，提出"业务数据仓库"（business data warehouse）概念。其试图解决业务规模较大的用户在基于多个日常业务信息系统进行相应多目标决策时，会存在从不同数据源收集处理大量相同数据的问题。数据仓库力图提供一个用于支持决策的统一数据流架构模型，以便降低冗余数据和成本。

1992 年，恩门（Inmon）[2]给出数据仓库的进一步界定。数据仓库是面向决策者建模与分析主题的，按主题（如顾客、供应商、产品和销售组织行为）分类的数据集合。数据仓库的性质包括：①数据集成性（integrated）指数据进入数据仓库之前，必须经统一性加工，将原数据结构向主题转变。②相对稳定性（non-volatile）指数据仓库反映历史数据，不是日常事务处理数据，数据经加工集成进入数据仓库后极少或根本不修改。③时变性（time variant）指需要标明历史数据时间，并以满足决策分析需要为保存时限。

应当指出，数据仓库是数据库技术的应用。目前数据仓库普遍采用关系数据库管理系统管理数据；主要采用 1998 年恩门提出的企业信息工厂（corporation information factory，CIF）架构构建。

---

① Devlin B A，Murphy P T. 1988. An architecture for a business and information system. IBM Systems Journal，27：60-80.

② Inmon W H. 1992. Building the Data Warehouse. New York：John Wiley & Sons.

5.4.2 数据仓库架构

数据仓库的逻辑设计存在两条技术路径。一是采用维度建模方法（dimensional modeling）；二是采用关系规范化标准的 3NF 模型方法。两种模型都是与关系表连接的，区别在于规范化程度（normal forms）。

（1）维度建模方法。数据被划分为"事实"（如交易数据）和注释事实的"维度"。例如，销售交易分解为产品订购数量和产品支付总价等事实，以及订单日期、客户名称、产品编号、订单收货方及其人员等维度。该方法事实与维度是用户业务流程的直接反映，相应数据仓库具有易于用户理解和使用，方便用户查询的优势。该方法的主要问题是为保持事实和维度完整性，将来自不同数据库系统的数据加载到数据仓库操作非常复杂，导致规范化程度低。数据仓库结构固化，调整修改较困难。

（2）3NF 模型方法。该方法遵循 5.2 节数据库规范化 3NF 规则进行逻辑设计，需要基于用户决策分析目标构建关系表。关系按对象（如客户、产品、财务等）领域分组，相应分析应用可能需要构建多个关系表支撑。在大型应用中，数十个表往往通过连接链接在一起。该方法的主要优点是直接将信息添加到数据库中；缺点是涉及的表格数量众多，用户难以将不同来源数据合并为有意义的信息，并在难以准确了解数据来源的情况下访问信息。

5.4.3 多维数据模型中数据操作

基于关系型数据库的信息系统，主要执行联机事务和查询处理。系统需要立即响应用户的处理请求，如银行自动柜员机（automated teller machine，ATM）。其应用程序具有高吞吐量，支持高密度插入或更新操作，可支撑多用户同时使用。这类系统称为联机事务处理（on-line transaction processing，OLTP）。与 OLTP 相对应，基于数据仓库的多维数据操作通常是满足多维分析（multi-dimentional analysis，MDA）中复杂的查询计算，用于商业智能（business intelligence，BI）或分析报告，侧重对决策人员的支持。这类系统称为联机分析处理（on-line analytical processing，OLAP）。

使用 OLAP，用户能够从多个角度交互式分析多维数据。OLAP 包含三个基本分析操作，分别是上卷、下钻以及切片和切块。上卷指可以在一维或多维中累积和计算数据。例如，将所有办事处销售汇总到销售部门以预测销售趋势。相比之下，下钻（向下钻取）是一种允许用户浏览详细信息的技术。例如，用户可以查看构成一个地区销售额的单个产品的销售额。切片和切块是用户可以取出（切片）OLAP 多维数据集的一组特定数据的功能，并从不同角度查看（切割）切片，类似上述维度架构模型中注释事实的"维度"。

5.4.4 数据仓库中的数据构建

数据构建指按照分析主题对各种来源数据进行整合时，采用抽取、转换、加载（extract，transform，load，ETL）方法将数据从一个或多个来源复制到目标系统的一般过程。

数据抽取是 ETL 过程中最重要的第一步。一般数据仓库项目利用来自不同源系统的数据，各系统可能使用不同数据组织或格式。常见的数据源格式包括关系数据库、XML、

JSON（JavaScript object notation）等，也可能包括非关系数据库结构。提取过程的同时需要进行数据验证，以确认从源中提取的数据在给定域中是否具有正确/预期的值。

数据转换指将一系列规则用于提取的数据，以便将其加载到最终目标中。转换的一个功能是数据清理，即将"正确"的数据传递给目标。不同系统交互的挑战在于相关系统的接口和通信的一致性。例如，一个系统的可用字符集在其他系统中可能不可用，需要通过一种或多种类型转换来满足服务器或数据仓库的业务和技术需求，如转换编码值、推导新计算值、根据列表对数据进行排序等。

数据加载指将数据加载到数据仓库中。根据数据组织要求，此过程有很大差异。一些数据仓库可能会用不同时间（天、周、月）的累积信息覆盖现有信息。有的数据仓库（甚至同一数据仓库的某部分）可能定期（如每小时）以历史形式添加新数据。替换或附加的时间和范围取决于决策分析选择的需要。

主要参考文献

杜小勇. 2019. 大数据管理. 北京：高等教育出版社.

王珊，萨师煊. 2014. 数据库系统概论. 5 版. 北京：高等教育出版社.

Connolly T M，Begg C E. 2016. 数据库系统：设计、实现与管理（基础篇）. 宁洪，贾丽丽，张元昭，译. 6 版. 北京：机械工业出版社.

Inmon W H. 2006. 数据仓库（原书第 4 版）. 王志海，等，译. 北京：机械工业出版社.

Kimball R，Ross M. 2015. 数据仓库工具箱——维度建模权威指南. 王念滨，周连科，韦正现，译. 3 版. 北京：清华大学出版社.

Silbersch A，Korth H F，Sudarshan S. 2021. 数据库系统概念（原书第 7 版）. 杨冬青，李红燕，张金波，等，译. 北京：机械工业出版社.

第6章

SQL 语言

第 5 章已经讨论，目前主流数据库系统大多是基于关系模型的。市场多数商用关系数据库系统使用 SQL 语言构建与操作。作为数据组织管理的基本工具，SQL 语言对数据应用活动中的数据库构建与使用效率的提高发挥着重要作用。本章给出 SQL 相关背景，以及数据库的关系构建、查询结构、数据库修改、视图表达等基本概念和操作规则的讨论。这些基础知识是数据素质不可或缺的。

6.1 SQL 概述

1972 年，IBM 基于科德关系模型理论研发关系数据库管理系统 System R。系统配置基于数学形式开发出的 SQUARE（Specifying Queries As Relational Expression）查询语言。1974 年，钱伯林和博伊斯将 SQUARE 转换为 SEQUEL（structured English query language）语言。其后又将 SEQUEL 简称为 SQL，但仍保留"sequel"读音。1979 年，Oracle 首先发布了商业版 SQL。SQL 自问世后便迅速得到了广泛应用，成为关系型数据库访问的标准语言。很多大型商用数据库产品如 Oracle、DB2、Sybase、SQL Server，开源数据库产品如 PostgreSQL、MySQL，以及像 Access 一类的桌面数据库产品都支持 SQL 操作。近年来，随着对非结构化大数据的处理要求，原以否定 SQL 为目标的 NoSQL 系统，经用户使用检验，也不得不以不仅仅是（Not Only）SQL 的调整，拥抱 SQL 范式后得到快速发展。

为了统一规范市场各数据库产品的 SQL，美国国家标准学会（American National Standards Institute，ANSI）先后于 1986 年、1989 年和 1992 年发布三个 SQL 标准版本。通过新特性命令的更新，提升完善 SQL 的功能，同时也适于开源数据库开发的要求。目前 SQL 标准由 ANSI 和国际标准化组织（International Standards Organization，ISO）作为 ISO/IEC 9075 标准维护。

6.1.1   SQL 语言功能构成

SQL 语言通常认为由数据定义语言（data defination language，DDL）、数据控制语言（data control language，DCL）和数据操纵语言（data manipulation language，DML）等子语言构成。

其中，数据定义语言主要用于：①关系数据库的构建。提供关系模式定义，删除及修改关系模式的命令。其中包括定义数据完整性约束的命令，确保数据库中的数据满足定义的完整性约束。②视图定义（view definition）。定义利用查询操作构建视图的命令。③事务控制（transaction control）。定义事务开始和结束的命令。

数据控制语言用于对数据库中数据的访问控制，提供定义对关系和视图访问权限等的命令。

数据操纵语言提供从数据库中查询信息，以及在数据库中插入、删除与修改元组的能力。可实现数据查询及其修改功能。

6.1.2   学习说明

本章不提供完整的 SQL 用户使用手册，仅介绍其基本结构和基本操作，即给出基于 SQL 标准的数据定义和数据操纵基本概念，用于帮助读者根据自身对数据管理的需求建立基本数据库，并能够完成对数据库中数据的基本查询与更新（增、删、改）操作。而事务控制与授权等相关操作不再给出讨论。通常，一般用户仅关注 SQL 的查询功能，认为关系数据库构建过程复杂。但创建有一个或若干关系数据表的数据库可以极大提高分析处理大量数据的效率。而且 SQL 的特色与优势就是采用类自然语言表达操作命令，容易被用户理解和掌握操作。鉴于其分析处理大量数据的便利，创建数据表操作值得关注。因在不同数据库管理系统上的 SQL 实现可能存在细节上的不同，本章知识尽管得到大多数数据库管理系统的支持，但如果实操时发现存在一些语言不起作用的情况，请参考相应的数据库系统用户手册。

■ 6.2   SQL 关系定义

关系数据库是由一组关系构成的，数据库设计实际上就是设计数据库中的关系。相关工作思路是，用户根据业务及数据管理需求确定需要存储的数据，并基于数据库设计规范化原则构造出关系模式，即数据库的逻辑结构。其关系模式构造则是由 SQL 的数据定义语言通过创建一系列关系集合的定义操作实现的。其中数据定义语言在定义一组关系的同时，还需要定义每个关系的相关信息。具体包括以下内容。

- 每个关系的模式。
- 每个属性的取值类型。
- 完整性约束。
- 每个关系维护的索引集合。
- 每个关系的安全性和权限信息。

• 每个关系在磁盘上的物理存储结构。

在此只讨论基本关系定义和基本类型。

6.2.1 基本数据类型

在定义关系过程中需要确定关系中各属性取值的数据类型。标准 SQL 支持多种数据类型。具体包括以下内容。

• char（n）：固定长度的字符串，用户指定长度 n。
• varchar（n）：可变长度的字符串，用户指定最大长度 n。
• int：长整数类型，等价于全称 integer。
• smallint：短整数类型。
• numeric（p，d）：定点数，精度由用户指定。由 p 位数字（不包括符号、小数点）组成，其中 d 为小数位。
• real，double precision：浮点数与双精度浮点数，精度与机器相关。
• float（n）：浮点数，精度至少为 n 位。
• date：日期，包含年、月、日，格式为 YYYY-MM-DD。
• time：时间，包含一日的时、分、秒，格式为 HH：MM：SS。

每种类型都可能包含一个被称作空值（NULL）的特殊值。空值表示一个缺失的值，该值可能存在但并不为人所知，或者可能根本不存在。

6.2.2 示例

这里引用数据库教材中的一个高校教务管理数据库构建的经典示例（王珊和萨师煊，2014）。该精简的教务管理数据库包含 3 个基本表（表的主码加下划线表示）。

学生表：S（<u>Sno</u>，Sname，Ssex，Sage，Sdept），分别对应属性：学号，姓名，性别，年龄，所在系。

课程表：C（<u>Cno</u>，Cname，Cpno，Ccredit），分别对应属性：课程号，课程名，先行课号，学分。

学生选课表：SC（<u>Sno，Cno</u>，Grade），分别对应属性：学号，课程号，成绩。

6.2.3 创建基本关系

创建基本关系有四个操作要点。

（1）定义基本关系（表），就是创建基本表的结构。其一般格式为

CREATE TABLE<r>
（<A_1><D_1>
[，<A_2><D_2>]
⋮
[，<A_n><D_n>]
[，<完整性约束性条件 $_1$>]···[，<完整性约束性条件 $_k$>]）

其中，CREATE TABLE 的中译就是创建表，r 是关系名，每个 A_i 是关系 r 中的一个属性名，D_i 是属性 A_i 的域，D_i 指定了属性 A_i 的类型以及可选的约束，用于限制所允许的 A_i 取值的集合。

用 CREATE TABLE 命令定义 SQL 关系的示例。下面是在数据库中创建一个"学生"关系 S 的命令：

```
CREATE TABLE S
(
Sno VARCHAR(9)PRIMARY KEY,/*约束条件,Sno 是主码*/
Sname VARCHAR(20)UNIQUE,/*Sname 取唯一值*/
Ssex CHAR(2),
Sage SMALLINT,
Sdept VARCHAR(20)
);
```

上面示例创建的关系具有 5 个属性：Sno 是最大长度为 9 的字符串，Sname 是最大长度为 20 的字符串，Ssex 是长度为 2 的字符串，Sage 是短整型数，Sdept 是最大长度为 20 的字符串。CREATE TABLE 命令还指明属性 Sno 是关系 S 的主码，属性 Sname 不能取重复的值。需要注意的是，上述各属性所确定的数据类型应基于对用户实际应用的理解，此处仅为示例结果。

CREATE TABLE 命令后面用分号结束，本章其后的 SQL 语句也是如此，但在一些数据库管理系统中，分号是可选择的。

（2）定义与该表有关的完整性约束条件。这些条件被存入系统的数据字典中。当用户操作表中数据时，由数据库管理系统自动检查该操作是否违背完整性约束条件。SQL 支持的多种完整性约束如下。①实体完整性声明 PRIMARY KEY（$A_{j1}, A_{j2}, \cdots, A_{jm}$）：PRIMARY KEY 声明表示属性 $A_{j1}, A_{j2}, \cdots, A_{jm}$ 构成关系的主码。主码属性必须非空且唯一。主码的声明是可选的，但通常会为每个关系指定一个主码。②参照完整性声明 FOREIGN KEY（$A_{k1}, A_{k2}, \cdots, A_{kn}$）REFERENCES S：FOREIGN KEY 声明表示关系中任意元组在属性（$A_{k1}, A_{k2}, \cdots, A_{kn}$）上的取值必须对应于关系 S 中某元组的主码属性取值。③属性的不允许空值约束 NOT NULL：要求在该属性上不允许空值。④属性的唯一取值约束 UNIQUE：要求在该属性上只能取唯一值。

创建"学生选课表"示例：

```
CREATE TABLE SC
(
Sno VARCHAR(9),
 Cno VARCHAR(4),
 Grade SMALLINT,
 PRIMARY KEY(Sno,Cno),
    /*主码由两个属性构成,必须作为表级完整性进行定义*/
FOREIGN KEY(Sno)REFERENCES S(Sno)on DELETE CASCADE,
```

/*表级完整性约束条件,SNO 是外码,被参照表是 S,并做级联删除操作*/
　FOREIGN KEY(Cno)REFERENCES C(Cno)
　　　/*表级完整性约束条件,CNO 是外码,被参照表是 C*/
);

（3）SQL 禁止破坏完整性约束的任何数据库更新。例如，如果关系中一条新插入或新修改的元组在任意一个主码属性上有空值，或者元组在主码属性上的取值与关系中的另一个元组相同，SQL 将标记一个错误，并阻止更新。

（4）当违背参照完整性约束时，通常的处理是拒绝执行导致完整性破坏的操作。但是，在 FOREIGN KEY 子句中可以指明，如果被参照关系上的删除或更新动作违反了约束，那么系统必须采取一些步骤通过修改参照关系中的元组来恢复完整性约束，而不是拒绝这样的动作。如上例中当学生表 S 做删除元组操作时，学生选课表 SC 做级联删除操作以维护参照完整性约束。SQL 还允许 FOREIGN KEY 子句指明除 CASCADE 以外的其他动作，如果约束被违反：可将参照域置为 NULL（用 SET NULL 代替 CASCADE），或者置为域的默认值（用 SET DEFAULT）。

6.2.4　关系删除与修改

删除关系使用 DROP TABLE 命令语句可以删除数据库中的一个关系，即删除关系的所有信息。命令格式 DROP TABLE r 中的 r 是现有关系名。

修改关系使用 ALTER TABLE 命令语句修改基本表结构，可以为已有关系增加属性。关系中的所有元组在新属性上的取值将被设为空值（NULL）。命令格式为：ALTER TABLE r ADD A D；其中 r 是现有关系名，A 是待添加属性名，D 是待添加属性的域。可以通过命令 ALTER TABLE r DROP A，从关系中去掉属性。其中 r 也是现有关系名，A 是关系的一个属性名。很多数据库管理系统并不支持去掉属性，尽管它们允许去掉整个表。

■ 6.3　SQL 查询基本结构

SQL 的用户数据查询是关系数据库的核心操作。查询是指采用 SQL 中数据操纵语言从数据库中选取满足目标条件的信息的一系列操作。其中包括元组（行）选择操作、属性列投影操作，以及连接两个关系为一个关系的连接操作等。本节分别给出上述操作 SQL 语法的基本介绍。

6.3.1　查询的基本结构

SQL 查询语句的基本结构由 SELECT、FROM 和 WHERE 三个子句构成。其给出目标的选择（SELECT）、来源（FROM）和选择条件（WHERE）指令。其中，查询输入的是在 FROM 子句中列出的关系，在这些关系上进行 WHERE 和 SELECT 子句中指定的运算，然后产生一个关系作为结果。SQL 为此设计了 SELECT—FROM—WHERE 句型：

```
SELECT A₁,…,An
FROM R₁,…,Rm
WHERE F
```

其中，A_1，…，An 为属性，R_1，…，Rm 为关系，F 为条件表达式。

SELECT 子句包含下列操作。

- 查询指定的属性：列出所要查询的属性名
- 查询全部属性：用*表示
- 查询计算的值：带有 + 、- 、* 、/运算符的算术表达式
- 聚合函数：AVG、MIN、MAX、SUM、COUNT

通常 SELECT 子句后的内容都是关系中有关属性列的操作。查询结果可以默认或利用关键字 ALL 给出全部返回操作，或者利用关键字 DISTINCT 给出剔除掉重复的行的操作。

WHERE 子句的条件表达式 F 中可使用下列运算符。

- 比较运算符：<、< = 、>、> = 、 = 、<>、! =
- 逻辑运算符：AND、OR、NOT
- 谓词：EXISTS、IN、BETWEEN、LIKE
- 聚合函数：AVG、MIN、MAX、SUM、COUNT
- F 中运算对象还可以是另一个 SELECT 语句，即 SELECT 句型可以嵌套

SELECT 语句完整的句法如下：

```
SELECT[ALL|DISTINCT]目标表的列名或列表达式序列
FROM 基本表名和(或)视图序列
[WHERE   行条件表达式]
[GROUP BY   列名序列]
[HAVING   组条件表达式]
[ORDER BY   列名[ASC|DESC],…]
```

整个语句的执行过程如下。

（1）读取 FROM 子句中基本表、视图的数据，执行将其集合数据合成的笛卡尔积[①]操作。

（2）选取满足 WHERE 子句中给出的条件表达式的元组。

（3）按 GROUP BY 子句中指定列的值分组，同时提取满足 HAVING 子句中组条件表达式的那些组。

（4）按 SELECT 子句中给出的列名或列表达式求值输出。

（5）ORDER BY 子句对输出的目标表进行排序，按附加说明 ASC 升序排列，或按 DESC 降序排列。

需要注意的是，一般 SQL 的语句不区分字母的大小写，而且可以灵活地写在一行或多行上，采用上面的多行结构只是为了表达更清楚。

---

① 集合 A 和 B 的笛卡尔积，符号为 $A×B$，是一个由所有可能的有序对（a，b）形成的集合，其中第一个物件是 A 的成员，第二个物件是 B 的成员。{1，2}和{red，white}的笛卡尔积为{（1，red），（1，white），（2，red），（2，white）}。

我们下面通过示例介绍基本的 SELECT 的语法。

6.3.2　单个关系查询

以从上述教务管理系统中"找出所有学生名字"的简单查询为示例。包括两条操作指令：

```
SELECT Sname
FROM S;
```

其中，SELECT Sname 表示学生名字归属 Sname 属性，将其放置于 SELECT 子句中。FROM S 表示，学生名字可在 S 关系中找到，S 为查询对象，应放置于 FROM 子句中。上述查询结果是由属性名为 Sname 的单个属性构成的关系。

利用星号"*"可在 SELECT 子句中表示"所有的属性"。如下查询：

```
SELECT  *
FROM S;
```

等价于：

```
SELECT  Sno,Sname,Ssex,Sage,Sdept
FROM S;
```

6.3.3　单个关系查询中的若干选择操作

（1）去掉重复行。考虑"找出所有学生所在系名"的查询：

```
SELECT Sdept
FROM  S;
```

这一处理背景是，一个系有多名学生，上述查询结果中的系名出现重复，有时需要强行删除。要求出现一次系名的去除重复操作可在 SELECT 后加入关键词 DISTINCT，将上述查询重写为

```
SELECT DISTINCT Sdept
FROM S;
```

当然，SQL 中保留默认重复元组，也允许使用关键词 ALL 指明不去除重复：

```
SELECT  ALL  Sdept
FROM S;
```

（2）查询计算值。SELECT 子句还可含有 +、-、*、/运算符的算术表达式。运算对象可以是常数或元组的属性，包括如日期一类的特殊数据。例如，查询全体学生的姓名及其出生年度。

```
SELECT  Sname,2021-Sage
FROM S;
```

其中，2021 为查询时的年度，结果为每个学生的出生年度，且不导致对 S 关系的任何改变。

（3）别名。由某种原因，可能需要重新对属性或关系命名。SQL 使用如下形式的 AS 子句，重新命名结果关系属性的方法。

```
Old name AS New name
```
AS 子句既可出现在 SELECT 子句中，也可出现在 FROM 子句中。如上例的出生年份可以改写为

```
SELECT  Sname,2021-Sage AS Birthday
FROM S;
```
查询结果的出生年月属性列名改为 Birthday。AS 子句重新命名关系的意义在于，可将长关系名缩减，为其他查询提供方便。

（4）选择满足条件的行。关系查询中，除选择指定属性列之外，还能选择满足条件的行。行选择操作除上述 DISTINCT 重复行删除外，更多依赖 WHERE 子句中的选择条件。相关思路为：WHERE 给出只选择在 FROM 子句结果关系中满足特定谓词元组的指令。该指令由一个条件表达式构成，其计算结果为逻辑值 True（真）或 False（假）。查询中将目标关系中的每一行代入条件表达式，若表达式返回 True，表示该行结果满足条件要求，否则舍弃。WHERE 子句使用的逻辑运算符为 and、or 和 not。逻辑运算对象包含比较运算符的表达式。

• 查询计算机科学系（用字符'CS'表示）中年龄大于 20 岁的所有学生姓名。

```
SELECT Sname
FROM S
WHERE Sdept='CS' AND Sage>20;
```
• 查询年龄在 20～23 岁（包括 20 岁和 23 岁）之间的学生的姓名、系别和年龄。

```
SELECT Sname, Sdept, Sage
FROM S
WHERE Sage BETWEEN 20 AND 23;
```
其中，WHERE 语句中的 BETWEEN 是比较运算符，用于表达一个值小于等于某个值，同时大于等于另一个值的选择条件。BETWEEN 后的数值是范围下限，AND 后的数值是范围的上限。

与 BETWEEN…AND…相对的谓词是 NOT BETWEEN…AND…。如查询年龄不在 20～23 岁的学生姓名、系别和年龄。

```
SELECT Sname,Sdept,Sage
FROM S
WHERE Sage NOT BETWEEN 20 AND 23;
```
• 使用谓词 IN 查找属性值为指定集合的元组。如查询计算机科学系（CS）、数学系（MA）和信息系（IS）学生的姓名和性别。

```
SELECT Sname,Ssex
FROM S
WHERE Sdept IN('CS','MA','IS');
```
与 IN 相对的谓词是 NOT IN，用于查找属性值不属于指定集合的元组。

• 关于字符运算。使用单引号标示字符串，如上面表示计算机系的'CS'。需要关注系统是否存在字符串的大小写要求。SQL 提供多种字符串函数操作，如字符串匹配、提取

子串，计算字符串长度，大小写转换，以及去掉字符串前后空格等等。可参阅相关数据库管理系统手册，了解系统提供的字符串函数集。给出几个相关操作。

使用 LIKE 操作符实现字符串匹配：

[NOT]LIKE'<匹配串>' [ESCAPE'<换码字符>']

其含义是查找指定的属性列值与<匹配串>相匹配的元组。<匹配串>可以是一个完整的字符串，也可以含有匹配任意长度、任意字符的百分号（%），以及匹配任意一个字符的下划线（_）。例如 a%b 表示以 a 开头，以 b 结尾的任意长度的字符串。如 acb，addgb，ab 等都满足该匹配串。例如 a_b 表示以 a 开头，以 b 结尾的长度为 3 的任意字符串。如 acb，afb 等都满足该匹配串。

例如，查询所有刘姓学生的姓名、学号和性别。

```
SELECT Sname,Sno,Ssex
FROM S
WHERE Sname LIKE'刘%';
```

（5）结果排序。使用 ORDER BY 子句按顺序显示查询结果的元组。其中可按一个或多个属性列排序，默认使用升序。以 ASC 或 DESC 表示升或降序。排序列中含空值时，可由 ASC 或 DESC 给出空值的排序列元组最后或最先的显示。

如查询选修 3 号课程学生的学号及其成绩，查询结果按分数的降序排列。

```
SELECT Sno, Grade
FROM SC
WHERE Cno='3'
ORDER BY Grade DESC;
```

（6）空值处理。空值不能进行比较运算。采用谓词 IS NULL 或者 IS NOT NULL 判定一个属性是否为空值。例如，有学生选修课程后没有参加考试，有选课记录但没有考试成绩。查询缺少成绩的学生的学号和相应的课程号：

```
SELECT Sno,Cno
FROM SC
WHERE Grade IS NULL;/*分数 GRADE 是空值*/
```

（7）聚集函数。涉及整个关系的一类运算操作。即通过聚集函数可以把某一列中的值形成单个值。SQL 提供 5 个聚集函数：

- 计数。COUNT（[ALL]*)
  - COUNT（[DISTINCT|ALL]<列名>）
- 总和。SUM（[DISTINCT|ALL]<列名>）
- 平均值。AVG（[DISTINCT|ALL]<列名>）
- 最大值。MAX（[DISTINCT|ALL]<列名>）
- 最小值。MIN（[DISTINCT|ALL]<列名>）

上述聚集函数操作存在如下规则。其中，DISTINCT 计算时要求取消指定属性列中的重复值，ALL 表示不取消重复值，ALL 为缺省值。SUM 和 AVG 的输入必须是数字集，而其他 COUNT、MAX 和 MIN 运算符可处理非数字如字符串数据类型的关系。采用

COUNT（*）时不允许使用 DISTINCT，除 COUNT（*）之外其他聚集函数忽略输入集合中的空值。

例如，计算选修 1 号课程的学生平均成绩。

```
SELECT AVG(Grade)
FROM SC
WHERE Cno='1';
```

聚集函数作用于一组元组的分组查询。如查询课程号及相应的选课人数。需要先将选课表 SC 中的元组按课程号分组，然后再按课程号分组计数。可用分组聚集 GROUP BY 子句实现这个功能。

```
SELECT Cno,COUNT(Sno)
FROM SC
GROUP BY Cno;
```

其中，GROUP BY 子句中给出的一个或多个属性可构造分组。在 GROUP BY 子句中的所有属性上取值相同的元组将被分在一个组中。查询分组后，聚合函数将分别作用于每个组。注意使用 GROUP BY 子句后，SELECT 子句的列名列表中只能出现分组属性和聚合函数，否则查询就是错误的。

使用 HAVING 可对 GROUP BY 分组进一步选择。HAVING 子句的谓词在分组之后发挥作用。HAVING 的条件表达式可以使用聚集函数。如：查询有 3 门以上课程是 90 分以上学生的学号及 90 分以上的课程数。

```
SELECT  Sno,COUNT(*)
FROM    SC
WHERE Grade>=90
GROUP BY Sno
HAVING COUNT(*)>=3;
```

与 SELECT 子句的情况类似，任何出现在 HAVING 子句中，但没有被聚集的属性必须出现在 GROUP BY 子句中，否则该查询作为错误处理。

6.3.4　多关系查询

以上讨论的是单个关系查询，但通常大多数查询需要从多个关系表中获取信息。严格意义上，由于 SQL 查询操作只能从一个二维表中完成最终的检索运算，当需要从多个关系表得到结果时就需要将两个关系按一定的条件组成一个二维表，这个操作就是连接操作。实际上连接操作分为两步，首先，通过"笛卡尔积"操作将两个关系合并成一个表，其次，以连接条件作为选择条件选出所需要的行。

需要注意，在多表查询中，如果引用不同关系中的同名属性，则需要在属性名前加关系名，即用"关系名.属性名"的形式表示，以便区分。

一个多关系 SQL 查询的思路可理解如下。

（1）为 FROM 子句中列出的关系提供合成两个关联表的笛卡尔积。

（2）在步骤 1 的结果集上应用 WHERE 子句中指定的谓词进行筛选。

（3）针对步骤 2 结果中的每个元组,输出 SELECT 子句中指定的属性（或表达式的结果）。

上述思路是通过优化算法实现的。例如,有存放学生个人基本信息的 S 表,学生选课情况的 SC 表,查询每个学生的选修课程情况。该查询涉及 S 与 SC 两个表。显然两个表之间的联系可以通过公共属性如 Sno（学号）实现。

```
SELECT S.*,SC.*
FROM S,SC
WHERE S.Sno=SC.Sno;/*将 S 与 SC 中同一学生的元组连接起来*/
```

上述 WHERE 子句的条件表达式称为连接条件或连接谓词,其中的属性称为连接属性。如该例中的 Sno。一般格式为

[<表名 1>.]<列名 1><比较运算符>[<表名 2>.]<列名 2>

其中比较运算符主要有 = 、>、<、> = 、< = 、! = （或<>）等。常见运算是等值运算,称为等值连接。

SQL 还支持可以指定任意连接条件的连接,这里不再赘述。

6.3.5　嵌套子查询

在 SQL 中,一个 SELECT—FROM—WHERE 语句称为一个查询块。将一个查询块嵌套在另一个查询块的 WHERE 子句或 HAVING 短语的条件中的查询称为嵌套查询（nested query）。具体包括以下内容。

（1）IN 谓词的子查询。当关系集合是由 SELECT 子句产生的一组值构成时,连接词 IN 用来判断关系中的元组是否属于集合中的成员。连接词 NOT IN 则测试元组是否不属于集合中的成员。例如,查询选修了课程名为"信息系统"的学生的学号和姓名。

```
SELECT Sno,Sname      /*外层在 S 关系中取出 Sno 和 Sname*/
FROM S
WHERE Sno IN
    (SELECT Sno       /*在 SC 关系中找出选修了 3 号课程的学生学号*/
    FROM SC
    WHERE Cno IN
      (SELECT Cno
/*在 C 关系中找出"信息系统"的课程号,结果为 3 号*/
      FROM C
      WHERE Cname='信息系统'
)
);
```

（2）集合的比较。指在子查询中做比较,如查询"至少比某一个要大",在 WHERE 子句中用>ANY 表示。当然也可以用<ANY,< = ANY,> = ANY,= ANY 和<>ANY 字符比较,以及允许<ALL,< = ALL,> = ALL,= ALL 和<>ALL 的比较。两个比较查询示例如下。

找出每个学生超过他选修课程平均成绩的课程号。

```
SELECT Sno, Cno
FROM SC AS X
WHERE Grade>=(SELECT AVG(Grade)
              FROM SC AS Y
              WHERE Y.Sno=X.Sno);
```

查询其他系中比计算机科学系某一学生年龄小的学生姓名和年龄。

```
SELECT Sname, Sage
FROM S
WHERE Sage<ANY(SELECT Sage
              FROM S
              WHERE Sdept='CS')AND Sdept<>'CS';
```

（3）EXISTS 谓词的子查询。指测试子查询结果是否为空集。EXISTS 子查询结果非空时返回 True 值，否则返回 False 值。例如，查询没有选修 1 号课程的学生姓名。

```
SELECT Sname
FROM S
WHERE NOT EXISTS
    (SELECT*
    FROM SC
    WHERE Sno=S.Sno AND Cno='1');
```

（4）全称量词（FOR ALL）查询。通过 EXIST/NOT EXIST 实现全称量词查询。例如，查询选修了全部课程的学生姓名。

```
SELECT Sname
    FROM S
    WHERE NOT EXISTS
        (SELECT*
        FROM C
        WHERE NOT EXISTS
            (SELECT*
            FROM SC
            WHERE Sno=S.Sno AND Cno=C.Cno));
```

6.4 数据库修改

本节讨论关系数据库的数据增加、删除和修改操作问题。

6.4.1 插入

数据增加指向关系中插入数据。可以插入一条用户指定的元组，或插入通过一条查询语句生成的元组集合。基本语句格式如下。

（1）插入一条元组。

```
INSERT
INTO<表名>[(<属性列 1>[,<属性列 2>…)]
VALUES(<常量 1>[,<常量 2>]…);
```

其中，新元组插入指定表中的属性列 1 的值为常量 1，属性列 2 的值为常量 2，…。

需要注意：①表定义属性时已声明 NOT NULL 不能取空值。②如果 INTO 子句中不声明任何属性列名，则新插入的元组必须在每个属性列上均赋值。③新插入元组的属性值必须在相应属性列的域中。④用 NULL 表示新插入元组在关系部分属性赋值，其属性赋空值。

例如，将一个新学生元组（学号：201612358；姓名：陈晨；性别：M；所在系：IS；年龄：18）插入到 S 表中。

```
INSERT  INTO
S(Sno,Sname,Ssex,Sdept,Sage)
VALUES('201612358','陈晨','M','IS',18);
```

（2）插入查询结果。

```
INSERT
INTO<表名>[(<属性列 1>[,<属性列 2>…)]
子查询;
```

其中，子查询可以使用上文中介绍的各类查询语句。

大部分数据库管理系统会提供批量导入工具，借用此工具可以向关系中插入非常大的数据集合。工具允许从各类格式化文本文件中读出数据，其执行速度比同等目的的插入语句序列要快得多。

6.4.2　删除

数据删除操作只能删除整个元组，而不能单独删除某些属性上的值。

```
DELETE FROM<表名>
[WHERE<条件表达式>];
```

DELETE 语句从要操作的关系中找出所有使条件表达式结果为真的元组，并从中删除。如果省略 WHERE 子句，则关系中所有元组将被删除。

需要注意：DELETE 命令只能作用于一个关系。如果从多个关系中删除元组，必须在每个关系上重复使用 DELETE 命令。

例如，删除学号为 201612358 的学生记录。

```
DELETE
FROM S
WHERE Sno='201612358';
```

6.4.3　更新

数据更新操作（修改操作）用于修改关系中部分属性的值。与使用 INSERT、DELETE 类似，待更新的元组可以用查询语句得到。其语句的一般格式如下：

```
UPDATE<表名>
SET<列名>=<表达式>[,<列名>=<表达式>]…
[WHERE<条件表达式>];
```

如将学号为 201612358 的学生的年龄改为 22 岁。

```
UPDATE S
SET Sage=22
WHERE Sno='201612358';
```

需要注意：数据库管理系统在执行修改语句时会检查修改操作是否破坏表上已定义的完整性规则。

还需要强调的是，在大多数数据库管理系统中基于数据库中事务的性质，除非将操作显式声明为事务，否则上述修改数据的三种命令一旦被运行，结果立刻生效。如想撤销该操作则往往需要借助日志文件或备份文件甚至其他工具，实现复杂。因此在此类操作时需要慎重处理。

6.5 视图

以上各节示例的操作均是在数据库系统逻辑层完成的。在实际应用中，用户不必要了解逻辑模型的具体操作。基于安全考虑，需要对用户"隐藏"。这就是第 5 章提到的数据库三级模式结构中的外模式（视图层）构建问题。

SQL 通过查询定义视图（又称"虚关系"），即视图也是一种查询结果，仅在使用时被计算出来，并不预先存储。

6.5.1 视图定义

用 CREATE VIEW 命令建立视图，一般格式为

CREATE VIEW<视图名>[(列名组)] AS<子查询>

需要注意的是，子查询可以是任意复杂的 SELECT 语句，但通常不允许含有 ORDER BY 子句和 DISTINCT 短语。

例如，建立信息系学生的视图。

```
CREATE VIEW IS_S
AS
SELECT Sno,Sname,Sage,Ssex
FROM  S
WHERE  Sdept='IS';
```

删除视图语句的一般格式为

DROP VIEW<视图名>;

视图删除后，视图的定义将从数据字典中被删除。

6.5.2 视图的操作

（1）查询视图。视图被定义后，就可以用视图名代表该视图生成的虚关系，则可以在这个虚关系上做上述介绍的各种查询。

例如，在所创建的信息系学生视图 IS_S 中，找出所有男学生的学号和姓名。

```
SELECT Sno,Sname
FROM  IS_S
WHERE  Ssex='M';
```

（2）视图更新。对视图做增、删、改的操作可能带来严重问题，需要慎重对待。原因在于，对视图表示的虚关系修改必须被转化为对数据库逻辑模型中实际关系的修改。在视图上更新数据时，数据库管理系统会检查视图定义中的条件，若不满足条件，则拒绝执行更新操作。

由于存在各种潜在的问题（具体参阅相关文献），除了一些有限（如行列子集视图）的情况之外，一般不允许对视图关系进行修改。不同的数据库系统指定允许更新视图关系的不同条件。请参考相应数据库系统手册以获得详细信息。

主要参考文献

杜小勇. 2019. 大数据管理. 北京：高等教育出版社.

王珊，萨师煊. 2014. 数据库系统概论. 5 版. 北京：高等教育出版社.

Connolly T M，Begg C E. 2016. 数据库系统：设计、实现与管理（基础篇）. 宁洪，贾丽丽，张元昭，译. 6 版. 北京：机械工业出版社.

Date C J. 2019. SQL 与关系数据库理论. 马晶慧，译. 3 版. 北京：中国电力出版社.

Silbersch A，Korth H F，Sudarshan S. 2021. 数据库系统概念（原书第 7 版）. 杨冬青，李红燕，张金波，等，译. 北京：机械工业出版社.

第 7 章

数据预处理技术

可信数据分析结论依赖于高质量数据,但所面对的数据并不一定满足高质量数据的要求。例如,数据来自不同数据源;数据表述方式不一、数据结构不同和数据质量参差不齐;数据经常包含缺失值、含噪声和不一致问题。人为参与的数据收集工作容易受到人类主观局限性影响,往往会错误收集数据、遗忘数据等。如果数据含有大量冗余,会降低数据挖掘技术性能,所以数据必须预处理,避免数据冗余。

这里,数据质量具有多方面含义。例如,从数据技术角度,数据质量的含义为有效性、精确性、完整性、一致性、时效性、可信性等。数据有效性是数据满足数据挖掘模型的要求;数据精确性是数据的内容、粒度和精度相对精确,符合需求原则,能够准确表示真实世界的能力;数据完整性是数据的属性、内容、关系的全面性,能够完整描述客观事实,适用于统计模型、数据挖掘模型和数据库等;数据一致性是数据集不包含语义上的错误或概念、内容、格式等矛盾;数据时效性是数据集在预期时段里特定应用的及时程度和可用程度;数据可信性是数据集的可信赖度。针对不同应用目标,数据质量评估标准侧重点并不相同。

根据数据分析目标对数据进行预处理是数据分析过程的重要步骤。例如,数据预处理是数据可视化分析的重要步骤。在为数据仓库准备数据时,数据清理和集成将作为预处理步骤。数据预处理通过插补缺失数据、平滑噪声数据、识别或删除离群点、解决数据不一致性问题等对数据进行处理。数据预处理往往是一个迭代的过程,数据清洗有时采用数据变换,数据变换可能导致数据冗余,需要重新进行数据清理。数据预处理的作用主要体现在两个方面:一是发现数据中的错误并改正,提高数据质量;二是满足数据挖掘模型的数据要求,便于进一步的数据分析。

本章介绍一些常用数据预处理技术。这些数据预处理技术并不一定独立应用,可以根据需要组合应用,也可以在多种场合下应用。7.1 节介绍数据清理技术,剔除缺失数据和平滑噪声数据。7.2 节介绍数据集成技术,将多源数据合并为一个数据集。7.3 节介绍数据归约技术,是数据集简化表示。7.4 节介绍数据变换技术,按照主题进行数据变换。7.5 节介绍数据离散化和概念分层技术。

7.1 数据清理

数据存在缺失、噪声和不一致性是数据采集与生成过程中不可避免的问题。数据清理是按照数据生成规则检测和纠正数据，并提供标准化数据的过程。例如，插补缺失数据、平滑噪声数据、剔除异常数据、纠正错误数据、修正不一致数据等。

7.1.1 缺失数据

缺失数据是经常遇到的情况。造成数据缺失可能有多种原因，分为人为原因和设备原因。人为原因是人的主观失误、历史局限或有意隐瞒造成的数据缺失，如操作人员由于某种原因没有将数据录入系统、由理解错误导致相关数据没有记录等。设备原因是硬件设备导致的数据收集或保存失败造成的数据缺失，如设备故障、存储设备损坏、硬件故障导致某段时间的数据未能收集。注意，在某些情况下，缺失值并不意味数据错误。例如，在申请银行卡时，可能要求申请人提供驾驶证号，没有驾驶证的申请者填写无驾照或不填写该字段，不能提供驾驶证号。

缺失数据处理主要分为删除缺失数据和插补缺失数据。删除法是处理缺失数据的常用方法。如果包含缺失数据的记录规模所占比例不大，则可以简单地将小部分数据缺失的记录删除。如果某个变量的数据缺失较多，一般会将该变量删除。此时，若数据量非常庞大并且变量数值缺失的实例记录数量远小于信息表所包含的记录数，数据缺失的实例记录删除对信息影响微弱甚至无影响。

少量数据缺失而删除实例记录或变量会损失信息，以最似然值代替缺失数据比完全删除实例记录或变量更好。插补法是对缺失数值或实例记录进行估计，赋予缺失数据替代值。观测数据和插补数据构成"拟完全数据集"，便于构建统计模型和数据挖掘模型。插补值越接近缺失数据的实际值越好。常用均方误差（mean-square erro，MSE）或根均方误差（root-mean-square erro，RMSE）描述插补值的准确度。令 y_i 和 $\hat{y}_i$ 分别为缺失数据的实际值和插补值，n_M 为缺失记录个数，MSE 和 RMSE 分别定义为

$$\text{MSE} = \sum_{i=1}^{n_M} \frac{(\hat{y}_i - y_i)^2}{n_M} \tag{7.1}$$

$$\text{RMSE} = \sqrt{\sum_{i=1}^{n_M} \frac{(\hat{y}_i - y_i)^2}{n_M}} \tag{7.2}$$

MSE 或 RMSE 越小，插补值与实际值之间的差异越小，插补法准确度越高。按照选用插补值个数，插补方式可分为单重插补和多重插补。单重插补方式是为每个缺失数据赋予单一数值，该插补方式简单易行，操作性强。多重插补方式是为每个缺失数据赋予多个数值[1][2]。

目前，常用插补法有均值插补法、基于回归模型的插补法、热插补法、冷插补法等（杨贵军等，2000）。

---

① Little R J A，Rubin D B. 1987.Statistical Analysis with Missing Data. New York：John Wiley & Sons.

② Graham J W. 2012. Missing Data：Analysis and Design. New York：Springer.

（1）均值插补法：用非缺失数据的平均值作为缺失数据的插补值。该插补法操作简便，应用广泛。均值插补法只能生成一个插补值。如果多个单元同一项目数据缺失，所有缺失项目都用同一值替代。令 y_i 为单元 i 的实际值，n 为项目数，$\bar{y}_R$ 为非缺失项目数值均值，n_R 为非缺失项目数。若第 j 个项目数值 y_j 缺失，采用均值插补法，用均值 $\bar{y}_R$ 代替 y_j，记为 y_j^M，即

$$y_j^M = \bar{y}_R \tag{7.3}$$

例 7.1　给定含缺失项目的一组数据，见表 7.1。

表 7.1　例 7.1 的数据

序号	1	2	3	4	5	6	7
数值	140	190		100	110	160	

试采用均值插补法计算表中缺失项目。

解　依据题意，采用均值插补法替代缺失项目数值。根据表 7.1 的数据，有

$$\bar{y}_R = \frac{140+190+100+110+160}{5} = 140$$

缺失的第 3 个项目数值替代为

$$y_3^M = \bar{y}_R = 140$$

缺失的第 7 个项目数值替代为

$$y_7^M = \bar{y}_R = 140$$

（2）条件均值插补法：又称类均值插补法或分层均值插补法。该方法先对单元分层，再用每层已观测单元均值代替该层缺失项目数值。相对于均值插补法，条件均值插补法选择层内单元具有更好的同质性，有利于提高插补准确度。

（3）众数插补法。对于离散型数据的缺失，利用非缺失的离散型数据的众数代替缺失数据的过程称为众数插补法。

（4）同类均值插补法。先用层次聚类模型判断缺失数据的类型，利用该类型的非缺失数据均值代替缺失项目数值的过程称为同类均值插补法。

（5）基于回归模型的插补法。该方法利用非缺失实例数据建立缺失变量的回归模型，用回归模型预测值代替缺失数据。基于回归模型的插补法主要有线性回归插补法。例如，考虑 n 个单元的调查项目 $Y_1, Y_2, \cdots, Y_k$，其中第 n 个单元的项目 Y_k 缺失，即 y_{nk} 为缺失的。

令含缺失数据的变量 Y_k 关于变量 $Y_1, Y_2, \cdots, Y_{k-1}$ 的回归模型为

$$Y_k = \beta_0 + \sum_{j=1}^{k-1} \beta_j Y_j + \varepsilon \tag{7.4}$$

其中，β_0 为截距项；$\beta_1, \beta_2, \cdots, \beta_{k-1}$ 为回归系数。利用非缺失数据估计回归模型为

$$\hat{Y}_k = \hat{\beta}_0 + \sum_{j=1}^{k-1} \hat{\beta}_j Y_j \tag{7.5}$$

其中，$\hat{\beta}_0$ 为截距项估计值，$\hat{\beta}_1,\hat{\beta}_2,\cdots,\hat{\beta}_{k-1}$ 为回归系数估计值。如果变量 Y_k 的第 n 个数据缺失，其插补值为

$$y_{nk}^M = \hat{\beta}_0 + \sum_{j=1}^{k-1} \hat{\beta}_j y_{nj} \tag{7.6}$$

其中，$y_{n1},y_{n2},\cdots,y_{n(k-1)}$ 为其他变量的第 n 个数值。均值插补法可以看作线性回归插补法的特殊情况。

（6）基于 Logistic 回归模型的插补法：若含缺失数据的变量 Y_k 是分类变量，基于非缺失实例数据，估计 Logistic 回归模型

$$\mathrm{logit}(p(Y_k = j)) = \mathrm{logit}(\hat{p}_k) = \hat{\beta}_0 + \hat{\beta}_1 Y_1 + \hat{\beta}_2 Y_2 + \cdots + \hat{\beta}_{k-1} Y_{k-1} \tag{7.7}$$

其中，$Y_1,Y_2,\cdots,Y_{k-1}$ 为其他变量，不含缺失数据。$\hat{\beta}_0,\hat{\beta}_1,\cdots,\hat{\beta}_{k-1}$ 为模型参数估计值。如果变量 Y_k 的第 n 个数据缺失，可计算其缺失概率（也称为倾向得分）：

$$\mathrm{logit}(p(y_{nk} = j)) = \mathrm{logit}(\hat{p}_{nk}) = \hat{\beta}_0 + \hat{\beta}_1 y_{n1} + \hat{\beta}_2 y_{n2} + \cdots + \hat{\beta}_{k-1} y_{n(k-1)} \tag{7.8}$$

其中，$y_{nk} = j$ 代表缺失数据为 j 类别的事件。依据在各类别中倾向得分的取值大小，缺失数据代替为相应类别。

（7）热插补法。从非缺失数据实例中随机抽取数据实例代替缺失数值的过程称为热插补法。分层热插补法是先利用辅助变量对实例分层，使层内实例的数量特征差异尽可能小，从含缺失数据所在层中随机抽取非缺失数据的实例构造插补值的过程。

（8）冷插补法。利用数据集外其他来源信息，如前期调查数据、历史数据、同类调查数据或官方数据等构造插补值的过程称为冷插补法。

除了上述插补法外，还有很多其他插补法，这里不一一列举，感兴趣的读者请参考相关著作。目前，插补法主要适用于某些特殊情况下的数据缺失问题，不同插补法各有优点和局限性。由于数据缺失问题的复杂性，并没有一种插补法总是最优的。在实际应用中，多种插补法组合运用也可能得到更好的插补值。

7.1.2 噪声数据

从数据技术角度，噪声数据是指数据集中偏离实际值的错误数据、虚假数据、重复数据或异常数据等。噪声数据不是正确实际值，其产生原因有很多种。例如，数据采集设备出现故障；数据输入人员或计算机产生错误；数据传输过程中发生错误；命名约定或所用数据代码不一致，或输入变量格式不一致等。

噪声数据是无意义数据或损坏数据。一般地，任何不可被原始的源程序读取和运用的数据，不管是已经接收的、存储的还是变换的数据，都被称为噪声数据。噪声数据会影响数据分析结果的可信度。目前，噪声数据的常用处理技术是数据平滑技术，主要有分箱、回归、聚类等。

（1）分箱技术：将收集的数据划分到一些箱中，用每个箱中的数据局部平滑，包括按箱平均值平滑、按箱中值平滑和按箱边界平滑。

例 **7.2** 收集的一组数据见表 7.2。

表 7.2 例 7.2 的数据

序号	1	2	3	4	5	6	7	8	9	10	11	12
数值	14	17	10	12	13	15	19	13	16	15	19	17

试采用分箱技术的按箱平均值平滑法剔除噪声。

解 依据题意，表 7.2 中 12 个数值由小到大依次排列为

10	12	13	13	14	15	15	16	17	17	19	19

采用分箱技术，分为 3 箱，每箱 4 个数值，见表 7.3。

表 7.3 按箱平均值平滑法平滑数据

分箱数据				平滑后数据			
箱1	10	12	13	13	箱1	12	12	12	12
箱2	14	15	15	16	箱2	15	15	15	15
箱3	17	17	19	19	箱3	18	18	18	18

（2）回归平滑法。构建收集数据的适当回归函数，用回归函数预测值平滑数据的过程称为回归平滑法。

（3）聚类平滑技术。将收集数据划分成群或"聚类"，落在聚类集合之外的数值被视为噪声数据，用类均值平滑噪声数据。

在实际应用中，经常遇到异常数据和重复数据也是噪声数据的情况。异常数据也称为孤立点或离群点，不同于其他类型的噪声数据，其产生的原因往往是数据变异性。根据数据类型，采用针对性方法识别和处理异常数据。例如，采取聚类平滑法识别多维异常数据点。

重复数据主要是属性冗余或者属性数据冗余。属性冗余指某属性可以从数据库其他字段中提取。属性数据冗余是属性部分数据足以全面反映属性信息。修改合并属性字段和删除重复属性数据是处理重复数据的常用方法。

7.2 数据集成

数据集成是将分散存储在不同数据集中的数据，逻辑地或物理地集成到统一的数据集中。数据集成的核心任务是将互相关联且分散的异构数据源中的数据集成到一起，使用户能够便捷地访问数据。数据集成包括内容集成和结构集成。

数据集成的数据源包括各类数据库管理系统，以及目前大数据环境下广泛使用的各类 XML（extensible markup language，可扩展标记语言）文档、HTML（hyper text markup language，超文本标记语言）文档、电子邮件、普通文件等结构化数据、半结构化数据。数据源异构性是数据集成难点，主要表现在语法异构和语义异构上。语法异构一般指源数据和目标数据之间命

名规则及数据类型不同。例如，数据库的命名规则是字段到字段、记录到记录的映射，解决了命名冲突和数据类型冲突。语义异构要比语法异构复杂，往往是破坏字段原意，直接处理数据内容。常用的语义异构包括字段拆分、字段合并、字段数据格式变换、记录间字段转移等。

数据清理之后，为了将互相关联且分散的异构数据集成到统一的数据集中，常用的数据集成技术有实体识别、属性冗余识别、数据冲突检测与处理。

（1）实体识别。来源于多个数据源的数据按照等价实例进行"匹配"。如果在多个数据源中用户名字的表示形式不同，数据集成需要先将不同形式的用户名字匹配识别，再整合数据结构。

例 7.3　共有 8 位考生，他们的面试成绩和笔试成绩分别见表 7.4 和表 7.5。

表 7.4　8 位考生的面试成绩

考生赵	考生钱	***	考生李	考生周	考生吴	考生郑	考生王
44	27	30	22	33	15	29	43

表 7.5　8 位考生的笔试成绩

考生郑	***	考生王	考生周	考生李	考生孙	考生钱	考生赵
24	47	25	42	33	44	46	35

试把考生成绩集成到一张数据表中。

解　依据题意，将两个表中的数据集成，表格中姓名相同代表同一人。按照实体识别，表 7.4 中"***"与"考生孙"匹配，表 7.5 中"***"与"考生吴"匹配。数据集成结果见表 7.6。

表 7.6　8 位考生的面试成绩和笔试成绩

姓名	面试成绩	笔试成绩
考生赵	44	35
考生钱	27	46
考生孙	30	44
考生李	22	33
考生周	33	42
考生吴	15	47
考生郑	29	24
考生王	43	25

（2）属性冗余识别。属性冗余是指该属性被包含在其他属性中或者可以由其他属性代替，如成绩表中的"总成绩"属性不需要保留，可以由各门课程成绩求和计算出来。属性冗余有时可以采用相关系数、相关性检验等方法检测。实例冗余是指数据源中的数据实例重复。例如，同一数据集的不同副本，数据更新不一致、不统一产生冗余。

（3）数据冲突检测与处理。来自不同数据源的某种属性或约束存在冲突，导致数据集成无法进行。例如，不同数据源的价格属性、长度属性或属性编码采用不同度量单位，导致无法进行数据集成。

7.3　数据归约

数据归约是依据数据挖掘模型和数据应用目标，寻找数据代表性特征，压缩数据规模，在保持数据原有特征的前提下，最大限度地精简数据量。常用的数据归约技术包括维归约、属性子集选择和数值归约。

（1）维归约。针对属性数量大的数据集，把原始数据变换或投影到较小空间，减少属性个数的过程称为维归约。例如，图像数据集包含大量特征和成千上万的属性，图像数据挖掘需要提取图像的有用信息。维归约是采用代数特征抽取方法等提取图像特征的降维技术。常用的技术包括主成分分析、独立成分分析。主成分分析是搜索最能代表数据集的一组正交向量，正交向量个数小于原始数据维数，使原始数据投影到低维数据集上，实现维归约。主成分分析属于线性代数技术，其主成分是原来属性的线性组合，能够解释数据最大变差，是非常有用的降维技术。独立成分分析是一种降维方法，是将多维属性划分成统计独立的属性组合结构，在属性之间最小化统计依赖的线性变换方法。

（2）属性子集选择。收集的数据集包含大量属性，对数据分析目标有意义的属性只是其中一部分。此时，需要进行属性子集选择。在数据分析过程中遗漏重要属性或保留不相关属性都会影响数据挖掘结果的可信度，导致数据分析结论应用价值低，降低数据挖掘算法效率。在机器学习中，属性子集选择也称为特征子集选择。属性子集选择的目标是找出最小属性子集，尽可能地代表原始属性数据集特征。属性子集选择往往采用压缩搜索空间的启发式算法，通常是贪心算法，即搜索局部最优属性集。在数据挖掘实践中，这种贪心算法可以逼近全局最优属性集。属性子集选择的常用技术包括逐步前向选择、逐步后向剔除、决策树归纳等。

（3）数值归约。数值归约通过数据编码或变换，得到原始数据的归约或"压缩"表示，包括无损压缩和有损压缩。无损压缩指原始数据可以由压缩数据重新构造而不丢失任何信息。有损压缩指压缩数据只能由原始数据"压缩"表示。数值归约往往将连续型特征的数值离散化，即划分为少量区间，每个区间映射到一个离散符号，简化数据描述，易于理解数据和数据挖掘结果。数值归约方法可以是参数方法，也可以是非参数方法。参数方法使用模型评估数据，仅仅需要计算模型参数，不需要预先给定参数值。非参数方法主要包括聚类法、抽样法和直方图法等。

7.4　数据变换

数据变换是采用线性或非线性的数学变换方法，将数据从一种表示形式变为另一种表现形式的过程。数据变换主要是找到数据特征表示，用维变换或转换方法减少有效属性个数或找到数据不变式，包括数据规格化、数据归约、数据切换、数据旋转和数据投影等。数据变换的常用技术包括数据光滑处理、属性构造和数据标准化等。

标准化也称为规范化，数据标准化是将属性数据按比例映射到特定范围中。例如，将工资收入属性数值映射到特定区间[–1.0, 1.0]中。图像数据标准化是将图像数据按比例进行缩放，使之落入标准化后的特定区域，去除图像数据的度量单位限制，转化为无量纲的图像数据，便于图像特征的比较或加权。常用的标准化技术有 z-score 标准化、Min-Max 最大最小标准化和小数定标法。

（1）z-score 标准化是最常用的标准化方法，是用属性数据减去其平均值，再除以标准差的方法。z-score 标准化公式为

$$x_i' = \frac{x_i - \mu}{\sigma} \tag{7.9}$$

其中，x_i 为属性数据；μ 为属性数据的平均值；σ 为属性数据的标准差。

例 7.4　已知属性数据的均值为 1500，标准差为 200。给定数据见表 7.7。

表 7.7　例 7.4 的数据

序号	1	2	3	4	5	6	7
数值	1400	1650	1500	1300	1600	1450	1550

试采用 z-score 标准化变换表 7.7 中数据。

解　依据题意，变化方法采用 z-score 标准化。均值 $\mu = 1500$，标准差 $\sigma = 200$，根据公式（7.9），有

第 1 个数值变换为

$$x_1' = \frac{1400 - 1500}{200} = -0.50$$

第 2 个数值变换为

$$x_2' = \frac{1650 - 1500}{200} = 0.75$$

其他数据变换过程类似，采用 z-score 变换后的数据见表 7.8。

表 7.8　z-score 标准化后的数据

序号	1	2	3	4	5	6	7
标准化数值	–0.50	0.75	0.00	–1.00	0.50	–0.25	0.25

（2）Min-Max 最大最小标准化。Min-Max 最大最小标准化是将原始数据取值统一映射到区间[0, 1]上。将原始数据减去属性最小值，再除以属性最大值与属性最小值之差，即可将原始数据统一映射到区间[0, 1]中。Min-Max 最大最小标准化公式为

$$x_i' = \frac{x_i - \min(x)}{\max(x) - \min(x)} \tag{7.10}$$

其中，x_i 为属性数据；$\max(x)$ 和 $\min(x)$ 分别为属性数据的最大值和最小值。为了将原始数据统一变换到区间 $[\min, \max]$ 中，Min-Max 最大最小标准化公式为

$$x_i' = \frac{x_i - \min(x)}{\max(x) - \min(x)} (\max - \min) + \min \tag{7.11}$$

其中，$\max$ 和 $\min$ 分别为区间上限和区间下限。

例 7.5 给定一组数据，见表 7.9。

表 7.9 例 7.5 的数据

序号	1	2	3	4	5	6	7
数值	1400	1900	1750	1100	1000	1690	2000

试采用 Min-Max 最大最小标准化方法将表 7.9 中的数据标准化到区间 $[-1, 1]$ 上。

解 依据题意，变化方法采用 Min-Max 最大最小标准化，区间上限 $\max = 1$，区间下限 $\min = -1$。表 7.9 中数据的最大值 $\max(x) = 2000$，最小值 $\min(x) = 1000$，根据公式（7.11），有

第 1 个数值变换为

$$\begin{aligned} x_1' &= \frac{1400 - 1000}{2000 - 1000} \times [1 - (-1)] + (-1) \\ &= 0.4 \times 2 + (-1) = -0.20 \end{aligned}$$

第 2 个数值变换为

$$\begin{aligned} x_2' &= \frac{1900 - 1000}{2000 - 1000} \times [1 - (-1)] + (-1) \\ &= 0.9 \times 2 + (-1) = 0.80 \end{aligned}$$

其他数据变换过程类似，采用 Min-Max 最大最小标准化的数据见表 7.10。

表 7.10 Min-Max 最大最小标准化后的数据

序号	1	2	3	4	5	6	7
标准化数值	-0.20	0.80	0.50	-0.80	-1.00	0.38	1.00

（3）小数定标法。小数定标法是移动原始数据小数点位置的数据变换过程。小数点移动多少位取决于属性取值的最大绝对值。小数定标法的计算公式为

$$x' = \frac{x}{10^j}$$

其中，j 通常选择 $\max(|x'|) \leqslant 1$ 的最小整数，将数据的小数点统一向左移动 j 位。

7.5 数据离散化和概念分层

数据离散化是将原始数据划分为多个区间，用区间标号替代属性数值。数据离散化技术可以减少连续属性的取值个数。数据离散化对决策树等分类数据挖掘方法非常重要。数

据挖掘算法大多是递归算法,大量计算时间用于每一步的数据排序。待排序离散数值越少,算法运算速度越快。数据离散化包括等宽离散化和等频离散化。常用的数据离散化技术有分箱离散化、直方图分析离散化、聚类离散化、决策树离散化、相关分析离散化、概念分层、数据泛化等。

概念分层是常用的数据离散化技术。给定连续属性数据,概念分层用较高层概念(以年龄属性为例,如青年、中年和老年三类)代替较低层概念(如年龄数值),减少年龄属性取值个数。概念分层也可以用于数据归约。概念分层虽损失了属性数据的一些精度,但数据更有实际意义、更容易解释,所需存储空间少,数据挖掘算法效率更高、效果更好。概念分层结构有用户或专家模式定义分层结构、数据分组分层结构、部分属性集分层结构等。

数据泛化是用更抽象(更高层次)概念取代具体(低层次)数据,将属性数值用标签或概念标签表示。例如,街道属性可以泛化到更高层次概念,如城市。对于连续型属性,数据泛化主要包括概念分层和数据离散化。

主要参考文献

吴翌琳,房祥忠. 2016. 大数据探索性分析. 北京:中国人民大学出版社.

杨贵军,尹剑,孟杰,等. 2020. 应用抽样技术. 2 版. 北京:中国统计出版社.

Han J W,Kamber M,Pei J. 2012. 数据挖掘:概念与技术(原书第 3 版). 范明,孟小峰,译. 北京:机械工业出版社.

Tan P N,Steinbach M,Karpatne A,et al. 2019. 数据挖掘导论(原书第 2 版). 段磊,张天庆,等,译. 北京:机械工业出版社.

第三篇　数据信息汲取

第 8 章

回归模型

回归模型是研究多个变量之间关系的模型，其用解释变量描述响应变量的特征[1][2]，现已广泛应用于很多领域（Chatterjee and Hadi，2013）。本章主要讲解回归模型的基础知识和简单线性回归模型参数求解算法——最小二乘法。8.1 节介绍回归模型的基础知识，8.2 节介绍参数估计的最小二乘法，8.3 节介绍回归模型参数估计的其他方法。

■ 8.1 回归模型的基础知识

回归模型能够描述响应变量（或称因变量）和一个解释变量（或称自变量）之间的关系，也能描述响应变量和多个解释变量之间的关系，比较不同衡量尺度的变量之间的相互影响，帮助研究者、数据分析人员更深入地分析变量之间的联系。本节主要介绍回归模型及其应用步骤、相关概念，如回归系数、拟合方程、预测误差等。

8.1.1 问题提出

回归模型选择一个或多个解释变量，描述响应变量的特征。例如，表 8.1 给出的生育率水平数据。记 Y 为响应变量，表示生育率水平（女性人均生育数）。为了描述 Y 的特征，选择变量 X_1、X_2 和 X_3 三个变量为解释变量，其中，X_1 表示人均 GDP（美元）的对数；X_2 表示在校学生规模（每千人口的学生人数）；X_3 表示新生儿死亡数。记样本量为 n，变量 Y 的观测值记为 y_i（$i=1,2,\cdots,n$），变量 X_1、X_2 和 X_3 的观测值记为 x_{i1},x_{i2},x_{i3}（$i=1,2,\cdots,n$）。

---

① Galton 在演讲论文中使用"回归"术语，讨论人的身高。

② Fisher R A. 1922. The goodness of fit of regression formulae and the distribution of regression coefficients. Journal of the Royal Statistical Society，85（4）：597-612.

表 8.1　引例分析数据

序号	常数项	变量含义			
		X_1	X_2	X_3	Y
1	1	3	56	36	5
2	1	4	96	7	2
3	1	4	71	18	3
4	1	5	99	2	1
5	1	4	103	19	2
6	1	2	38	29	6
7	1	5	165	2	2
8	1	3	54	33	5
9	1	4	101	6	1
10	1	4	107	2	2

建立的回归模型用三个解释变量 X_1、X_2 和 X_3 描述生育率水平的特征，写为函数的形式：

$$Y = \beta_0 + \beta_1 X_1 + \beta_2 X_2 + \beta_3 X_3 + \varepsilon \qquad (8.1)$$

称其为线性回归模型，β_1、β_2、β_3 称为回归系数，β_0 称为截距项。这些回归参数都是未知的，需要利用观测的数据进行估计。常用最小二乘法估计这些参数，估计值依次记为 $\hat{\beta}_0$、$\hat{\beta}_1$、$\hat{\beta}_2$、$\hat{\beta}_3$。其中，$\hat{\beta}_0$ 为截距项的估计，$\hat{\beta}_j$ 为解释变量 X_j 的回归系数估计。得到的拟合回归模型为

$$\hat{Y} = \hat{\beta}_0 + \hat{\beta}_1 X_1 + \hat{\beta}_2 X_2 + \hat{\beta}_3 X_3 \qquad (8.2)$$

拟合值为

$$\hat{y}_i = \hat{\beta}_0 + \hat{\beta}_1 x_{i1} + \hat{\beta}_2 x_{i2} + \hat{\beta}_3 x_{i3}, \quad i = 1, 2, \cdots, n \qquad (8.3)$$

利用表 8.1 中的前七个观测数据，可得 $\hat{\beta}_0 = 7.211$，$\hat{\beta}_1 = -1.475$，$\hat{\beta}_2 = 0.009$，$\hat{\beta}_3 = 0.040$，估计过程详见 8.2 节。图 8.1 给出了生育率与 $\ln$(人均 GDP)的散点图及拟合回归模型。从图 8.1 可以看出，拟合回归模型表示生育率与 $\ln$(人均 GDP)之间存在负向关系。也就是说，随着 $\ln$(人均 GDP)的增大，生育率逐渐降低。这里，系数估计值 $\hat{\beta}_1 = -1.475$，在其他参数给定的情况下，Y 与 X_1 为负向关系。在理论上，GDP 和生育率之间关系很复杂，与每个国家发展阶段有关。在实际问题研究中，读者需要进一步研究样本数据特征的形成机制。统计上，这种负向关系称为负相关关系。在统计学的教材中，回归模型也被称为研究多个变量之间相关关系或相关性的模型，其将变量之间的相关关系表示为方程或函数的形式，将响应变量与一个或多个解释变量联系起来。

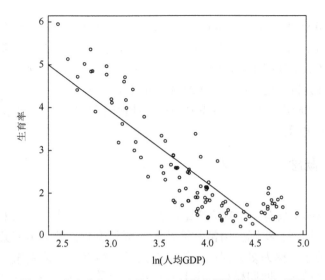

图 8.1　生育率与 ln(人均 GDP)的散点图与拟合回归模型

目前，回归模型已经广泛应用于经济、金融、气象、医学、生物、化学、历史、社会学和心理学等领域（Chatterjee and Hadi，2013）。随着高维数据降维、模型平均等方法不断被提出，回归模型的作用不再局限于一种验证性的数据分析模型，更多是作为一种探索性的数据分析模型，发挥着越来越重要的作用。

回归模型的发现和发展是在 19 世纪，其创新的思想出自弗朗西斯·高尔顿（Francis Galton），使之完善化的则是以卡尔·皮尔逊（Karl Pearson）为代表的一批学者。高尔顿用术语"回归"解释一个重要的遗传现象，高个子的后代平均说来也高些，但不如其亲代那么高，要向平均身高的方向"回归"一些。埃其渥斯（Edgeworth）给出回归在数学上的表达。皮尔逊给出回归的更严谨的数学表达，并将这种方法大量地用于分析生物数据测量，为将这一方法推向更广的应用领域起到了极大作用。

在统计学中，回归模型主要用于验证性的数据分析，建立回归模型的主要步骤如下。

（1）问题陈述。问题陈述是第一步，也是至关重要的步骤。问题陈述不准确，将会导致后续错误的变量选取或者模型设定，以至于得到错误的结论。

（2）变量选择与数据收集。研究问题表达准确后，需要借助实际应用领域的专业学者和从业人员的帮助，或者以相关研究文献资料作为依据，来选择响应变量和解释变量。例如，要考察学生的学习情况，观测变量可以是语文、数学、英语、政治、物理等课程的成绩。确定响应变量和解释变量后，接下来是收集相关数据。有些情况下，数据容易得到，譬如可以从相关数据库中得到，如中国财经报刊数据库、统计年鉴等；更多时候，需要根据实际研究问题进行社会调查或市场调查，以获取数据。

（3）确定模型函数形式。一般情况下，需要根据对问题的研究经验或者主观判断来初步确定模型的具体形式，如线性函数 $Y = \beta_0 + \beta_1 X_1 + \varepsilon$。该模型函数形式是含有未知参数的，需要对参数进行估计。

（4）估计方法选择和参数估计。回归分析模型参数估计方法较多，如最小二乘法、广义最小二乘法、LASSO（least absolute shrinkage and selection operator）等。针对不同的模型假定，选择不同的估计方法。最小二乘法的基本假定为响应变量与参数之间存在线性关系，广义最小二乘法主要用来解决方差不等的情况（王松桂等，1999）。当解释变量之间出现共线性时，可尝试采用岭回归或 LASSO 回归等方法。

（5）模型评价和应用。拟合模型需要进行统计检验和实际应用检验，通过检验的拟合回归模型可以用于实际。

8.1.2 相关概念

1. 回归模型

简单线性回归模型仅有一个响应变量，考察一个响应变量与一个解释变量的关系的模型，称为一元回归模型。实际应用常常涉及多个解释变量。若只考察某一个响应变量与多个解释变量的关系，称为多元回归模型。若同时考察多个响应变量与多个解释变量的关系，称为多因变量多元回归模型。用 Y 表示响应变量，用 $X_1, X_2, \cdots, X_p$ 表示解释变量，p 为解释变量的个数。Y 和 $X_1, X_2, \cdots, X_p$ 之间的关系可用下述回归模型刻画：

$$Y = f(X_1, X_2, \cdots, X_p) + \varepsilon \tag{8.4}$$

其中，ε 为随机误差，表示模型 $f(X_1, X_2, \cdots, X_p)$ 近似真实值 Y 的误差，是模型不能拟合的部分。函数 $f(X_1, X_2, \cdots, X_p)$ 刻画了 Y 和 $X_1, X_2, \cdots, X_p$ 之间的关系，最常用的是线性回归模型：

$$Y = \beta_0 + \beta_1 X_1 + \beta_2 X_2 + \cdots + \beta_p X_p + \varepsilon \tag{8.5}$$

其中，$\beta_1, \beta_2, \cdots, \beta_p$ 称为回归系数，β_0 称为截距项或常数项。其都是未知的，称为回归参数。这些未知回归参数需要用数据确定（估计）。安斯库姆（Anscombe）构造了四个数据集[①]。这些数据集具有相同的回归系数，但散点图展现出变量之间的函数关系并不完全相同，相关细节请参阅脚注中的文献。

2. 估计算法

当得到观测数据后，就可以对参数进行训练学习。常用的训练学习算法是最小二乘法。每个观测值的误差如图 8.2 所示。图 8.2 中标注了 8 个点。带箭头线段标注了回归直线上的拟合值与实际观测值的残差。基于线性回归模型（8.5），误差 ε 可写为

$$\varepsilon_i = y_i - (\beta_0 + \beta_1 x_{i1} + \beta_2 x_{i2} + \cdots + \beta_p x_{ip}) \tag{8.6}$$

其中，$i = 1, 2, \cdots, n$。$x_{i1}, x_{i2}, \cdots, x_{ip}$ 为第 i 次观测时 p 个解释变量的观测值。误差平方和为

$$S(\beta_0, \beta_1, \cdots, \beta_p) = \sum_{i=1}^{n} \varepsilon_i^2 = \sum_{i=1}^{n} (y_i - \beta_0 - \beta_1 x_{i1} - \beta_2 x_{i2} - \cdots - \beta_p x_{ip})^2 \tag{8.7}$$

最小化误差平方和 $S(\beta_0, \beta_1, \cdots, \beta_p)$ 的参数值为回归参数的最小二乘解，记为 $\hat{\beta}_0, \hat{\beta}_1, \cdots, \hat{\beta}_p$。其中，$\hat{\beta}_0$ 为截距项的估计，$\hat{\beta}_j$ 为解释变量 X_j 的回归系数估计。

---

① Anscombe F J.1973. Graphs in statistical analysis. The American Statistician，27（1）：17-21.

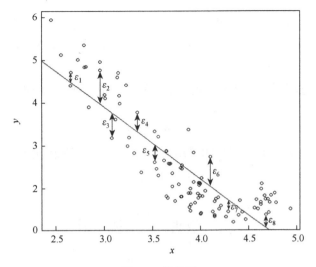

图 8.2 残差图

利用最小二乘解 $\hat{\beta}_0, \hat{\beta}_1, \cdots, \hat{\beta}_p$，得到拟合回归模型为

$$\hat{Y} = \hat{\beta}_0 + \hat{\beta}_1 X_1 + \hat{\beta}_2 X_2 + \cdots + \hat{\beta}_p X_p \tag{8.8}$$

其中，$\hat{Y}$ 为响应变量的拟合值。可以计算每个观测项的拟合值

$$\hat{y}_i = \hat{\beta}_0 + \hat{\beta}_1 x_{i1} + \hat{\beta}_2 x_{i2} + \cdots + \hat{\beta}_p x_{ip}, \; i = 1, 2, \cdots, n \tag{8.9}$$

拟合值的最小二乘残差为

$$e_i = y_i - \hat{y}_i, \; i = 1, 2, \cdots, n \tag{8.10}$$

残差平方和（sum of squares of error，SSE）为

$$\text{SSE} = \sum_{i=1}^{n} (y_i - \hat{y}_i)^2 \tag{8.11}$$

总离差平方和（sum of squares of total，SST）为

$$\text{SST} = \sum_{i=1}^{n} (y_i - \bar{y})^2 \tag{8.12}$$

其中，

$$\bar{y} = \frac{1}{n} \sum_{i=1}^{n} y_i \tag{8.13}$$

回归平方和（sum of squares of regression，SSR）为总离差平方和减去残差平方和，即

$$\text{SSR} = \text{SST} - \text{SSE} = \sum_{i=1}^{n} (y_i - \bar{y})^2 - \sum_{i=1}^{n} (y_i - \hat{y}_i)^2 = \sum_{i=1}^{n} (\hat{y}_i - \bar{y})^2 \tag{8.14}$$

决定系数为

$$R^2 = \frac{\text{SSR}}{\text{SST}} \tag{8.15}$$

其中，$R = \sqrt{R^2}$ 称为负相关系数，用于描述 Y 与 $X_1, X_2, \cdots, X_p$ 之间线性关系的强弱。当回

归模型能较好拟合数据时，R^2 接近于 1，观测值与预测值很接近。反之，Y 与解释变量 $X_1, X_2, \cdots, X_p$ 之间不存在显著的线性关系，回归模型不能很好拟合数据。

3. 模型预测

得到拟合回归方程后，可以预测响应变量的平均值。例如，假设一元回归模型的拟合模型为

$$\hat{Y} = \hat{\beta}_0 + \hat{\beta}_1 X_1 \tag{8.16}$$

当解释变量值为 x_0，响应变量的平均值为 μ_0 时，其预测值 $\hat{\mu}_0$ 为

$$\hat{\mu}_0 = \hat{\beta}_0 + \hat{\beta}_1 x_0 \tag{8.17}$$

标准误为

$$\mathrm{se}(\hat{\mu}_0) = \sqrt{\frac{\mathrm{SSE}}{n-2}} \sqrt{\frac{1}{n} + \frac{(x_0 - \bar{x}_1)}{\sum_{i=1}^{n}(x_{i1} - \bar{x}_1)^2}} \tag{8.18}$$

其中，$\bar{x}_1 = \dfrac{1}{n} \sum_{i=1}^{n} x_{i1}$。

统计上，给出估计值或预测值的同时要给出其误差估计。

■ 8.2 最小二乘法

本节介绍最基本的回归模型算法——最小二乘法和最小二乘法的计算机实现，注重演示求解最小值的过程。

8.2.1 最小二乘法解读

给定变量 Y 和 $X_1, X_2, \cdots, X_p$ 的 n 组观测数据，将表 8.1 的数据集划分为两个集合，序号 1～7 的观测数据构成训练集，序号 8～10 的观测数据为测试集。通过拟合模型的预测值与实际值的比较，验证模型拟合效果，评价模型的优良性。训练集的观测值满足

$$y_i = \beta_0 + \beta_1 x_{i1} + \beta_2 x_{i2} + \cdots + \beta_p x_{ip} + e_i \tag{8.19}$$

其中，$i = 1, 2, \cdots, n$。y_i 为响应变量 Y 的第 i 个观测值；$x_{i1}, x_{i2}, \cdots, x_{ip}$ 为解释变量的第 i 个观测值；e_i 为第 i 个观测值 y_i 的残差。最小二乘法的目标是使得残差平方和达到最小。残差平方和为

$$\sum_{i=1}^{n} e_i^2 = \sum_{i=1}^{n} (y_i - (\beta_0 + \beta_1 x_{i1} + \beta_2 x_{i2} + \cdots + \beta_p x_{ip}))^2$$

为了方便，残差平方和用矩阵表示。x 为设计矩阵，e 为残差列向量，β 为回归系数的列表示，则残差平方和的矩阵表示为

$$e^{\mathrm{T}} e = (y - x\beta)^{\mathrm{T}} (y - x\beta) \tag{8.20}$$

残差平方和最小的条件为

$$\frac{\partial(e^{\mathrm{T}} e)}{\partial \beta} = -2x^{\mathrm{T}} y + 2x^{\mathrm{T}} x\beta = 0 \tag{8.21}$$

即 $\hat{\beta} = (x^{\mathrm{T}} x)^{-1} x^{\mathrm{T}} y$。

将训练集的观测值表示为矩阵形式

$$x = \begin{bmatrix} 1 & 3 & 56 & 36 \\ 1 & 4 & 96 & 7 \\ 1 & 4 & 71 & 18 \\ 1 & 5 & 99 & 2 \\ 1 & 4 & 103 & 19 \\ 1 & 2 & 38 & 29 \\ 1 & 5 & 165 & 2 \end{bmatrix}$$

经过矩阵乘法运算 $x^T x$，得到的矩阵为对称矩阵：

$$x^T x = \begin{bmatrix} 7 & 27 & 628 & 113 \\ 27 & 111 & 2\,644 & 362 \\ 628 & 2\,644 & 66\,472 & 7\,553 \\ 113 & 362 & 7\,553 & 2\,879 \end{bmatrix}$$

最小二乘法的算法步骤如下。

（1）计算行列式，判断矩阵 $x^T x$ 满秩。矩阵行列式 $|x^T x| = 35\,025\,704$，不为零，说明矩阵满秩。

（2）求 $x^T x$ 的逆矩阵。将扩展矩阵 $[x^T x \quad I]$ 经过初等变换，变为形式为 $[I \quad (x^T x)^{-1}]$ 的矩阵，计算过程如下。

$$[x^T x \ I] = \begin{bmatrix} 7 & 27 & 628 & 113 & 1 & & & \\ 27 & 111 & 2\,644 & 362 & & 1 & & \\ 628 & 2\,644 & 66\,472 & 7\,553 & & & 1 & \\ 113 & 362 & 7\,553 & 2\,879 & & & & 1 \end{bmatrix}$$

先将第一行元素全部除以 7，得到[①]

$$\begin{bmatrix} 1 & 3.857 & 89.714 & 16.143 & 0.143 & & & \\ 27 & 111 & 2\,644 & 362 & 0 & 1 & & \\ 628 & 2\,644 & 66\,472 & 7\,553 & 0 & & 1 & \\ 113 & 362 & 7\,553 & 2\,879 & 0 & & & 1 \end{bmatrix}$$

将第一行元素分别乘以–27、–628、–113，并分别加到第二行到第四行，得到

$$\begin{bmatrix} 1 & 3.857 & 89.714 & 16.143 & 0.143 & & & \\ 0 & 6.857 & 221.714 & -73.857 & -3.857 & 1 & & \\ 0 & 221.714 & 10\,131.429 & -2\,584.714 & -89.714 & & 1 & \\ 0 & -73.857 & -2\,584.714 & 1\,054.857 & -16.143 & & & 1 \end{bmatrix}$$

依次将矩阵的对角元素 a_{ii}（$i = 2,3,4$）替换为 1，非对角元素变换为 0，得到

---

① 电脑计算的结果数据保留位数较多，方便起见，文中直接给出经过四舍五入后的过程数据和结果数据，可能会出现与运用文中经过四舍五入后的数据运算的结果存在误差。如出现类似情况，因误差差极小，不影响对内容的理解和掌握。

$$\begin{bmatrix} 1 & 15.171 & -2.883 & -0.003 & -0.225 \\ 1 & -2.883 & 0.801 & -0.009 & 0.035 \\ 1 & -0.003 & -0.009 & 0 & 0 \\ 1 & -0.225 & 0.035 & 0 & 0.004 \end{bmatrix}$$

（3）计算回归系数。将 $(x^{\mathrm{T}}x)^{-1}$、x^{T}、y 代入最小二乘法公式中，有

$$\hat{\beta} = (x^{\mathrm{T}}x)^{-1}x^{\mathrm{T}}y = (7.211, -1.475, 0.009, 0.040)^{\mathrm{T}}$$

可得到拟合模型为

$$\hat{Y} = 7.211 - 1.475X_1 + 0.009X_2 + 0.040X_3$$

（4）模型预测的评价[①]。选取训练集的观测数据，进行模型预测效果评价。计算得到观测值与预测值的差值，分别为 0.435、1.489、0.386，差值较小。整体而言，观测值与预测值比较接近。

利用拟合模型进行预测，给定观测数据 $x_{01} = (1, 4, 80, 9)^{\mathrm{T}}$、$x_{02} = (1, 4, 109, 8)^{\mathrm{T}}$，响应变量预测值分别为 2.414、2.614。关于估计量的误差估计，请读者自己完成。

8.2.2　最小二乘法的有效性边界

最小二乘法被广泛用于回归分析中。在使用最小二乘法时，需要满足一些基本假定，包括模型形式假定、误差假定、观测值假定。

（1）模型形式假定：响应变量 Y 与解释变量 $X_1, X_2, \cdots, X_p$ 之间关系的模型关于回归参数是线性的。若线性假定不满足，有时通过数据变换将其变换为线性的。

（2）误差假定：误差 ε_i（$i = 1, 2, \cdots, n$）的均值为 0，方差为 σ^2。

（3）观测值假定：所有观测都是同样可靠的，对回归结果的计算和对结论的影响有基本相同的作用。

轻微违背基本假定不会对模型拟合产生重大的影响，这是最小二乘法的一个特点。如果违背了重要假定条件，采用最小二乘法估计模型参数往往失效，需要用一些方法进行修正或者用其他方法来估计参数。

■ 8.3　其他常用回归模型

针对不同特征的数据，回归模型参数估计方法并不一样。在实际应用中，最小二乘法并不总是适用的。加权最小二乘法和广义最小二乘法也是常用的回归模型参数估计方法。

8.3.1　最小二乘法的改进技术

1）加权最小二乘法

当每个观测数据的重要性不同时，需要采用加权最小二乘法进行估计。

假定回归模型的形式为

---

① 统计学提供了比较严格的检验方法，可查阅相关文献。

$$y_i = \beta_0 + \beta_1 x_{i1} + \beta_2 x_{i2} + \cdots + \beta_p x_{ip} + \varepsilon_i \qquad (8.22)$$

其中，ε_i（$i=1,2,\cdots,n$）为随机误差项。当这些随机误差项同等重要时，采用最小二乘法估计回归模型参数。权重代表重要性，有时用方差描述，有时由调查数据决定。设权重为 w_i（$i=1,2,\cdots,n$）。加权最小二乘法是最小化加权误差平方和：

$$\sum_{i=1}^{n} w_i \varepsilon_i^2 = \sum_{i=1}^{n} w_i (y_i - \beta_0 - \beta_1 x_{i1} - \beta_2 x_{i2} - \cdots - \beta_p x_{ip})^2 \qquad (8.23)$$

当观测值的权重都相等，即 $w_1 = w_2 = \cdots = w_n$ 时，加权最小二乘法的估计结果即为最小二乘法的估计结果。

2）广义最小二乘法

采用最小二乘法估计模型系数时，需要随机误差的方差相等。当随机误差的方差不等时，常常使用广义最小二乘法[1]。有时利用最小二乘法先计算得到残差的估计值，在最小二乘法估计参数的基础上对参数进行加权，依据残差估计值确定权重，使之成为一个不存在异方差性的模型，再采用加权最小二乘法估计其参数。加权最小二乘法是广义最小二乘法的特殊情况，加权最小二乘法中的权重矩阵是对角阵。

8.3.2　几类常用回归模型

目前常用的回归模型主要有以下几种。

1）异方差模型

异方差模型（heteroscedastic model）是指模型误差方差不等的回归模型。在前文中，假定误差 ε 的方差 σ^2 相等，并采用最小二乘法估计回归系数。然而，当误差方差不等时，常采用加权最小二乘法。

2）广义线性模型

广义线性模型[2]适用于有界的或离散的响应变量。

（1）当对变化范围较大且取值为正的变量建模时，如价格或者人口等，使用偏态分布，如对数正态分布或泊松分布更合适。这里，线性模型不适用于对数正态数据建模，而是对响应变量进行对数正态的简单变化。这种情况下的回归分析往往称为泊松回归。

（2）当对分类数据建模时，如性别，使用二元选择的伯努利分布和二项分布，或者多元选择的分类分布和多项分布更合适。常用的模型是 Logistic 回归和 Probit 回归，以及多项 Logistic 回归和多项 Probit 回归。

（3）当对有序变量建模时，如对商品的评价等级，使用数字从 0 到 5 表示等级，不同的等级是有序的，但是等级表示并没有绝对的意义。等级为 4 的商品并不表示比等级为 2 的商品好两倍，仅表示前者比后者好。此时常用的是有序 Probit 回归模型。

3）分层线性模型

分层线性模型（hierarchical linear model）[或多层回归模型（multilevel regression model）]是将数据组织成回归分层结构。例如，A 在 B 上回归，B 在 C 上回归。其常用

---

[1] Aitken A C. 1935. On least square and linear combinations of observations. Proceedings of the Royal Society of Edinburgh, 55：42-48.

[2] Dunteman G H，Ho M-H R. 2012. 广义线性模型导论. 林毓玲，译. 上海：格致出版社.

于对具有自然层次结构的变量进行建模，如教育统计中，学生嵌套在班级里，班级嵌套在学校里，学校嵌套在一些行政组织里，如学区等。响应变量可以是学生成绩的度量，如测试分数。随后可以在教室、学校和学区等层次中收集不同的变量作为协变量对模型加以控制。

4）LASSO 回归模型

LASSO 方法是一种压缩估计，主要用来处理共线性数据[1]。在最小二乘法的基础上，通过罚函数压缩一些系数，设定其系数为零。在估计参数的同时，也实现了变量的选择。LASSO 是一种有偏估计[2]，给出回归系数的有偏估计量。

5）分位数回归模型

分位数回归（quantile regression）模型[3]是利用解释变量的多个分位数（如四分位、十分位、百分位等）得到响应变量的条件分布、相应的分位数方程。其基本思想是设法使所构建的方程与样本之间的距离最短。分位数回归对总体没有正态分布的要求，放宽了随机误差项的正态要求，兼顾整个分布的信息以及分位点的影响。

主要参考文献

陈希孺，王松桂. 1987. 近代回归分析. 合肥：安徽教育出版社.

王松桂，陈敏，陈立萍. 1999. 线性统计模型：线性回归与方差分析. 北京：高等教育出版社.

吴喜之. 2016. 应用回归及分类——基于 R. 北京：中国人民大学出版社.

杨贵军，杨雪，周琦，等. 2021. 数理统计学. 2 版. 北京：科学出版社.

Chatterjee S，Hadi A S. 2013. 例解回归分析（原书第 5 版）. 郑忠国，许静，译. 北京：机械工业出版社.

Weisberg S. 2005. Applied Linear Regression. Hoboken：Wiley.

---

① Tibshirani R. 1996. Regression shrinkage and selection via the lasso. Journal of the Royal Statistical Society：Series B（Methodological），58（1）：267-288.

② Tibshirani R. 1997. The lasso method for variable selection in the cox model. Statistics in Medicine，16：385-395.

③ Hao L X，Naiman D Q. 2017. 分位数回归模型. 肖东亮，译. 上海：格致出版社.

第 9 章

Logistic 建模技术

离散型数据在实际应用中经常遇到。例如，商品好坏、保险索赔次数、社会经济运行稳定与否等都用离散型数据描述。本章主要介绍 Logistic 建模技术。9.1 节介绍 Logistic 建模技术的基础知识，9.2 节介绍梯度上升算法，9.3 节介绍 Logistic 建模技术的其他算法。

■ 9.1 Logistic 建模技术的基础知识

离散型数据是一类重要数据。Logistic 建模技术是分析离散型数据的常用方法之一。本节介绍 Logistic 建模技术的发展简况、类型和应用。

9.1.1 问题提出

Logistic 建模技术常用于分析二分类数据。例如，表 9.1 给出了流动人口居留意愿的调查数据。表 9.1 中，居留意愿的取值为 0 或 1，1 代表有长期居留意愿，0 代表没有长期居留意愿。居留意愿的观测数据就是二分类数据。为了描述居留意愿的变化特征，需要考虑与居留意愿相关的因素。例如，家庭随迁人数是影响居留意愿的因素之一。记响应变量 Y 为是否愿意长期居留，$Y=1$ 代表有长期居留意愿，$Y=0$ 代表没有长期居留意愿。记解释变量 X 为家庭随迁人数。预测流动人口居留意愿的 Logistic 模型为

$$\text{logit}[\pi(x)] = \beta_0 + \beta_1 X + \varepsilon \tag{9.1}$$

其中，β_0、β_1 为 Logistic 模型的回归系数；ε 为随机误差项。$\pi(x) = P(Y=1)$，表示在解释变量 X 取值为 x 时的 "成功" 概率，也就是当流动人口的家庭随迁人数为 x 时，其有长期居留意愿的概率。$\text{logit}[\pi(x)] = \log(P(Y=1)/P(Y=0))$ 表示当流动人口的家庭随迁人数为 x 时，其有长期居留意愿的概率与无长期居留意愿的概率之比，称之为优势比。模型 (9.1) 描述了家庭随迁人数 X 对长期居留意愿的影响。若 $\beta_1 > 0$，随着家庭随迁人数 X 的增加，有长期居留意愿的概率 $P(Y=1)$ 越大，长期居留意愿越强。

表 9.1   流动人口居留意愿的调查数据

序号	家庭随迁人数/人	居留意愿	序号	家庭随迁人数/人	居留意愿
1	2	1	14	1	0
2	2	0	15	2	1
3	3	1	16	1	1
4	1	0	17	1	0
5	3	1	18	1	1
6	1	1	19	1	1
7	1	0	20	3	1
8	1	0	21	2	1
9	1	0	22	1	0
10	1	0	23	1	0
11	2	1	24	1	1
12	2	1	25	3	1
13	2	1	26	2	0

二分类数据是常见的离散型数据之一。离散型数据在科学研究和生产实践中非常普遍。例如，男性表示为 1，女性表示为 2，则人口性别数据由 1 和 2 组成。这类数据是离散型数据，相应的数字代表不同类别；这类数据也叫名义数据、类别数据、定类数据。还有一类数据，如奥运会游泳比赛，将产生冠军、亚军和季军，可以依次用 1、2、3 表示；成年人体重有偏轻、正常、偏重、超重，可以依次表示为 1、2、3、4。这些数据也是离散型数据，特别地，它们不仅能够描述不同类别，还能够描述类别的差异，被称为有序数据。不论是名义数据还是有序数据，都是将所研究的客观现象按照某一标准划分为不同的类别，相应的类别用数字表示为离散型数据。另外还有一类数据，如人口数、信用违约数、商品数量、航班数等都是定量数据，也是离散型数据，能够描述客观现象出现的频繁程度。离散型数据有时简称为离散数据，是指自然数或者整数单位计量的数据。一般来说，连续型数据的分析方法并不总适用于分析离散型数据。常见的离散型数据是类别数据，对于只有两个类别的情形，观测值只有两个，就是二分类数据，如"成功"和"失败"、"发生"和"不发生"、"合格"和"不合格"等。

人们很早就开始研究离散型数据的建模技术。20 世纪早期，皮尔逊引入了列联表 χ^2 检验用于检验双向列联表的统计独立性。之后，费雪完善了列联表 χ^2 检验。尤尔（Yule）定义了优势比度量列联表的关联性。20 世纪 30 年代，针对离散型数据的分析模型开始出现，费雪和耶茨（Yates）提出了针对二分类数据的二项参数变换 $\log[\pi/(1-\pi)]$。伯克森（Berkson）将这个变换称为 logit，即对数优势比。之后，Logistic 回归模型获得广泛应用。拉什（Rasch）提出了具有个体和项目参数的 logit 模型，现在称为 Rasch 模型，该模型在心理学和教育学中获得了广泛应用。麦克法登（McFadden）发展了离散选择模型，并获得 2000 年诺贝尔经济学奖。麦克莱（McCullagh）给出了 Fisher 得分算法，累积 logit 模型开始受到关注。内尔德（Nelder）和韦德伯恩（Wedderburn）引入广义线性模型的概念，并将二项响应的 Logistic 模型和 Probit 模型、针对泊松分布和负二项分布的对数线性模型，以及针对正态响应的回归模型和方差分析模型都归纳为广义线性模型。近年来，针对聚簇数据的关联拟合 Logistic 模型和广义线性混合模型受到更多关注。另外，科克伦（Cochran）于 20 世纪中期给出了比较多个配对样本比例的一般性检验方法，提出了 $2 \times 2 \times K$ 列联表条件独立性的检验。古德曼（Goodman）将对数线性模型和 logit 模型应用于社会科学领域中来分析多维离散数据。有关离散数据的细节，请参见 Agresti（2008）。2000 年后，由于计算机技术的发展和普及，Bayesian 方法重新受到关注，促使离散数据分析方法获得较大发展。海量数据集给离散数据分析带来了新的挑战和发展机遇，推动了数据挖掘模型不断出现。新引入模型主要针对的是文本数据和图像数据，用于非结构化数据建模（Agresti，2008；陈希孺，2002）。

Logistic 回归模型的研究领域十分广泛，包括社会科学、行为科学、生物医学、公共卫生、市场营销、教育和农业科学等许多领域。诸如保险领域对事故发生率的预测，有助于保险公司制定更加合理的保费标准。在市场营销领域中通过市场调查收集有关消费者偏好的数据，帮助商家更好地进行针对性营销，提高销量。在社会科学、行为科学领域，对诸如流动人口居留意愿等个体选择问题的研究，可以增加对社会问题的了解。

虽然 Logistic 回归模型在研究分类响应变量问题时具有广泛的应用，但是使用 Logistic 回归模型有几点问题需要注意。①不是所有的 S 形曲线关系都是 Logistic 回归形式，还有其他的 S 形曲线方程可供选择，如 Probit 曲线也是 S 形曲线；②Logistic 回归模型假定响应变量与解释变量的 logit 函数值呈线性关系，属于广义线性模型的一种；③Logistic 回归模型针对类别"选择"问题进行建模时，假设已有方案之间的相对概率与是否存在其他替代方案无关。当这一假设不能满足的时候，需要使用类似于嵌套 logit 模型等其他模型。在获得数据以后首先需要认真分析数据的特征，然后选择合适的、符合数据特征的模型进行估计。

9.1.2　相关概念

1. Logistic 模型

在 9.1.1 节的预测流动人口居留意愿的例子中，选择流动人口居留意愿作为响应变量，响应变量的取值对应于问卷中"您是否考虑长期在本地居留？"的回答。从人口社会学特征角度分析，影响流动人口长期居留意愿的主要因素有性别、年龄、受教育程度、收入、家庭随迁人数等几个方面。针对某市流动人口进行调查，共获得有效调查问卷 2476 份。为了案例演示，从全部样本中选取前 26 个样本，建立长期居留意愿影响因素的 Logistic 模型，数据见表 9.2。响应变量 Y 为是否愿意长期居留，两个解释变量分别为家庭月总收入和家庭随迁人数。其中，家庭月总收入是连续变量，记为 X_1；家庭随迁人数是离散变量，记为 X_2。建立的 Logistic 模型为

$$\text{logit}[\pi(x)] = \beta_0 + \beta_1 X_1 + \beta_2 X_2 + \varepsilon \tag{9.2}$$

表 9.2   流动人口居留意愿及影响因素的调查数据

序号	家庭月总收入/万元	家庭随迁人数/人	居留意愿	序号	家庭月总收入/万元	家庭随迁人数/人	居留意愿
1	1.0	2	1	14	0.4	1	0
2	0.6	2	0	15	0.8	2	1
3	1.0	3	1	16	0.1	1	1
4	0.8	1	0	17	0.2	1	0
5	1.1	3	1	18	0.2	1	0
6	1.2	1	1	19	1.6	1	1
7	0.6	1	0	20	1.7	3	1
8	0.7	1	0	21	0.6	2	1
9	0.9	1	0	22	0.5	1	0
10	0.5	1	0	23	0.3	1	0
11	1.3	2	1	24	1.1	1	1
12	1.3	2	1	25	1.7	3	1
13	1.4	2	1	26	0.4	2	0

在建立 Logistic 回归模型之前，需要确定分类数据的概率分布。具体来说，对于二分类数据，用"成功"指代两个类别中的一个，另一个类别就是"失败"。采用离散型随机变量，观测值为"成功"的概率为 π，连续进行 n 次独立的重复试验，试验结果出现 Y 次"成功"的概率分布为二项分布，即

$$P(Y=y)=\frac{n!}{y!(n-y)!}\pi^y(1-\pi)^{n-y} \qquad (9.3)$$

其中，$y=0,1,2,\cdots,n$，记为 $Y \sim B(n,p)$。

二分类响应变量 Y 服从二项分布。考虑只有一个解释变量 X 的情形，$\pi(x)$ 表示在解释变量 X 取值为 x 时的"成功"概率。相应的 Logistic 回归模型为

$$\text{logit}[P(Y=1)]=\text{logit}[\pi(x)]=\log\left(\frac{\pi(x)}{1-\pi(x)}\right)=\beta_0+\beta_1 x+\varepsilon \qquad (9.4)$$

其中，β_0 为截距项；β_1 为回归系数；ε 为随机误差项。Logistic 回归模型系数的常用估计方法是最大似然估计法。将"成功"的概率与"失败"的概率作比，称之为优势比，即优势比等于 $\pi(x)/[1-\pi(x)]$。参数 β_1 反映了解释变量 X 变动对优势比的影响。由式（9.4）可得

$$\frac{\pi(x)}{1-\pi(x)}=\exp(\beta_0+\beta_1 x)=e^{\beta_0}(e^{\beta_1})^x \qquad (9.5)$$

当 $\beta_1=0$ 时，$e^{\beta_1}=1$，优势比不随 x 改变；反之，当 $\beta_1 \neq 0$ 时，$e^{\beta_1} \neq 1$，解释变量 X 每增加一个单位，优势比扩大为原来的 e^{β_1} 倍。

概率 $\pi(x)$ 的公式为

$$\pi(x)=\frac{\exp(\beta_0+\beta_1 x)}{1+\exp(\beta_0+\beta_1 x)} \qquad (9.6)$$

通常，$\pi(x)$ 随着 x 连续增长或者连续下降，二者之间的关系呈 S 形曲线。与 x 在边界

附近相比，x 在中间附近时，$\pi(x)$ 随 x 变化而变化得更明显。图 9.1 给出了 $\pi(x)$ 和 x 之间的 Logistic 函数关系。当 $\beta_1 = 1$ 时，Logistic 函数是 x 的增函数，随着 x 增加而逐渐增大，但始终不超过 1；当 $\beta_1 = -1$ 时，Logistic 函数是 x 的减函数，随着 x 增加而逐渐减小，但始终不小于 0。

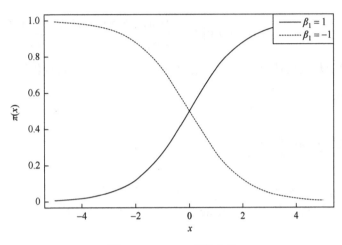

图 9.1　Logistic 函数曲线

当存在多个解释变量时，分别记解释变量为 $x_1, x_2, \cdots, x_p$，令 $x = (x_1, x_2, \cdots, x_p)$，则 Logistic 回归模型为

$$\text{logit}[P(Y=1)] = \text{logit}[\pi(x)] = \log\left(\frac{\pi(x)}{1 - \pi(x)}\right) = \beta_0 + \beta_1 x_1 + \beta_2 x_2 + \cdots + \beta_p x_p + \varepsilon \quad (9.7)$$

如式（9.7）所示的模型被称为多元 Logistic 回归模型。

2. 对 Logistic 回归模型的参数估计

假设有 m 个观测样本，响应变量 Y_i 服从二项分布 $Y_i \sim B(n, p)$，响应变量的样本观测值分别记为 $y_1, y_2, \cdots, y_m$。给定 $X_{i1} = x_{i1}, X_{i2} = x_{i2}, \cdots, X_{ip} = x_{ip}$ 条件下，Y_i 的样本观测值等于 y_i 的条件概率为

$$P(Y_i = y_i \mid X_{i1} = x_{i1}, X_{i2} = x_{i2}, \cdots, X_{ip} = x_{ip}) = \pi_i^{y_i}(1 - \pi_i)^{1 - y_i}$$

其中，$y_i = 0$ 或 1。假定样本观测值之间是相互独立的，样本的联合分布等于边缘分布的乘积：

$$P(Y_1 = y_1, Y_2 = y_2, \cdots, Y_m = y_m) = \prod_{i=1}^{m} (\pi(x_{i1}, x_{i2}, \cdots, x_{ip}))^{y_i} (1 - \pi(x_{i1}, x_{i2}, \cdots, x_{ip}))^{1 - y_i}$$

由式（9.6），似然函数可以写为

$$L(\beta_0, \beta_1, \beta_2, \cdots, \beta_p)$$

$$= \prod_{i=1}^{m} \left(\frac{\exp(\beta_0 + \beta_1 x_{i1} + \beta_2 x_{i2} + \cdots + \beta_p x_{ip})}{1 + \exp(\beta_0 + \beta_1 x_{i1} + \beta_2 x_{i2} + \cdots + \beta_p x_{ip})} \right)^{y_i} \times \left(1 - \frac{\exp(\beta_0 + \beta_1 x_{i1} + \beta_2 x_{i2} + \cdots + \beta_p x_{ip})}{1 + \exp(\beta_0 + \beta_1 x_{i1} + \beta_2 x_{i2} + \cdots + \beta_p x_{ip})} \right)^{1 - y_i}$$

Logistic 回归模型系数的最大似然估计的目标是求解似然函数取值达到最大的参数 $\beta_0, \beta_1, \beta_2, \cdots, \beta_p$。此时，似然函数与对数似然函数都达到最大值。对数似然函数为

$$l(\beta_0, \beta_1, \beta_2, \cdots, \beta_p) = \sum_{i=1}^{m} \left[y_i \ln\left(\frac{\exp(\beta_0 + \beta_1 x_{i1} + \beta_2 x_{i2} + \cdots + \beta_p x_{ip})}{1 + \exp(\beta_0 + \beta_1 x_{i1} + \beta_2 x_{i2} + \cdots + \beta_p x_{ip})} \right) \right.$$
$$\left. + (1 - y_i) \ln\left(1 - \frac{\exp(\beta_0 + \beta_1 x_{i1} + \beta_2 x_{i2} + \cdots + \beta_p x_{ip})}{1 + \exp(\beta_0 + \beta_1 x_{i1} + \beta_2 x_{i2} + \cdots + \beta_p x_{ip})} \right) \right]$$

使对数似然函数取值达到最大的参数值 $\beta_0, \beta_1, \beta_2, \cdots, \beta_p$ 即为参数的最大似然估计，记为 $\hat{\beta}_0, \hat{\beta}_1, \hat{\beta}_2, \cdots, \hat{\beta}_p$。

9.2 梯度上升算法

为了估计 Logistic 回归模型的参数，选用最优化算法寻找最佳拟合参数，这一过程属于最优化问题求解过程。其中，Logistic 回归模型最大似然函数方程求解常采用梯度上升算法。

9.2.1 梯度上升算法解读

为了估计 Logistic 回归模型系数，先构造似然函数或对数似然函数，然后最大化似然函数或对数似然函数，使用梯度上升算法求解未知参数。

梯度上升算法的基本思想是，为了找到对数似然函数 $l(\beta_0, \beta_1, \beta_2, \cdots, \beta_p)$ 的最大值，需要沿着对数似然函数的梯度方向寻找。记梯度算子为 ∇，则连续可微的对数似然函数 $l(\beta_0, \beta_1, \beta_2, \cdots, \beta_p)$ 的梯度定义为

$$\nabla l(\beta_0, \beta_1, \beta_2, \cdots, \beta_p) = \begin{pmatrix} \dfrac{\partial l(\beta_0, \beta_1, \beta_2, \cdots, \beta_p)}{\partial \beta_0} \\ \dfrac{\partial l(\beta_0, \beta_1, \beta_2, \cdots, \beta_p)}{\partial \beta_1} \\ \vdots \\ \dfrac{\partial l(\beta_0, \beta_1, \beta_2, \cdots, \beta_p)}{\partial \beta_p} \end{pmatrix} \tag{9.8}$$

参数 β_0 的梯度方向为 $\partial l(\beta_0, \beta_1, \beta_2, \cdots, \beta_p) / \partial \beta_0$，$\beta_i$ 的梯度方向为 $\partial l(\beta_0, \beta_1, \beta_2, \cdots, \beta_p) / \partial \beta_i$。梯度算子指向的方向是对数似然函数增长最快的方向。

梯度上升算法从初始点 $P^0 = (\beta_0^0, \beta_1^0, \beta_2^0, \cdots, \beta_p^0)$ 开始，计算该点的梯度，参数沿着梯度方向移动到点 $P^1 = (\beta_0^1, \beta_1^1, \beta_2^1, \cdots, \beta_p^1)$。在点 $P^1 = (\beta_0^1, \beta_1^1, \beta_2^1, \cdots, \beta_p^1)$，重新计算梯度，沿着新梯度方向移动到下一点 $P^2 = (\beta_0^2, \beta_1^2, \beta_2^2, \cdots, \beta_p^2)$。如此循环迭代，直到满足终止条件。终止条件可以设为迭代次数达到预定值或者参数误差达到预定误差范围。在迭代过程中，梯度算子保证选取最佳移动方向。梯度算法的迭代公式如下：

$$\beta_0^{i+1} = \beta_0^i + a \frac{\partial l(\beta_0^i, \beta_1^i, \beta_2^i, \cdots, \beta_p^i)}{\partial \beta_0}$$

$$\beta_1^{i+1} = \beta_1^i + a \frac{\partial l(\beta_0^i, \beta_1^i, \beta_2^i, \cdots, \beta_p^i)}{\partial \beta_1} \tag{9.9}$$

$$\vdots$$

$$\beta_p^{i+1} = \beta_p^i + a \frac{\partial l(\beta_0^i, \beta_1^i, \beta_2^i, \cdots, \beta_p^i)}{\partial \beta_p}$$

其中，a 为步长，表示移动的长度。将表 9.2 中的 26 个样本数据分为容量为 20 的训练集和容量为 6 的测试集，变量个数为 2。利用梯度上升算法，基于训练集求解 Logistic 回归参数，用测试集测试模型。

1）第一次迭代

对数似然函数解 β_0^0、β_1^0、β_2^0 的初始值均设为 1。经过第一次迭代的最优解为 β_0^1、β_1^1、β_2^1。Logistic 函数的输入 $z = \beta_0 + \beta_1 x_1 + \beta_2 x_2 + \cdots + \beta_p x_p$，其中 $\beta_0, \beta_1, \beta_2, \cdots, \beta_p$ 为参数，是未知的。令 $z^0 = \beta_0^0 + \beta_1^0 x_{i1} + \beta_2^0 x_{i2}$，Logistic 函数值为

$$\text{logistic}(z^0) = \frac{\exp(\beta_0^0 + \beta_1^0 x_{i1} + \beta_2^0 x_{i2})}{1 + \exp(\beta_0^0 + \beta_1^0 x_{i1} + \beta_2^0 x_{i2})}$$

代入初始值 β_0^0、β_1^0、β_2^0，计算 z^0 和 $\text{logistic}(z^0)$，结果如表 9.3 所示[①]。

表 9.3 参数值为 β_0^0、β_1^0、β_2^0 的计算结果

序号	z^0	$\text{logistic}(z^0)$	序号	z^0	$\text{logistic}(z^0)$
1	4.0	0.98	11	4.3	0.99
2	3.6	0.97	12	4.3	0.99
3	5.0	0.99	13	4.4	0.99
4	2.8	0.94	14	2.4	0.92
5	5.1	0.99	15	3.8	0.98
6	3.2	0.96	16	2.1	0.89
7	2.6	0.93	17	2.2	0.90
8	2.7	0.94	18	2.2	0.90
9	2.9	0.95	19	3.6	0.97
10	2.5	0.92	20	5.7	1.00

计算 P^0 点的梯度

$$\frac{\partial l(\beta_0^0, \beta_1^0, \beta_2^0)}{\partial \beta_0} = \sum_{i=1}^{20}\left[y_i \frac{1}{\sigma(z^0)} \frac{\partial \sigma(z^0)}{\partial \beta_0} - (1 - y_i) \frac{1}{1 - \sigma(z^0)} \frac{\partial \sigma(z^0)}{\partial \beta_0} \right] = -8.10$$

$$\frac{\partial l(\beta_0^0, \beta_1^0, \beta_2^0)}{\partial \beta_1} = \sum_{i=1}^{20}\left[y_i \frac{1}{\sigma(z^0)} \frac{\partial \sigma(z^0)}{\partial \beta_1} - (1 - y_i) \frac{1}{1 - \sigma(z^0)} \frac{\partial \sigma(z^0)}{\partial \beta_1} \right] = -4.39$$

---

① 电脑计算的结果数据保留位数较多，方便起见，文中直接给出经过四舍五入后的过程数据和结果数据，可能会导致等式两边数值不一致的情况。如出现类似情况，因误差极小，不影响对内容的理解和掌握。

$$\frac{\partial l(\beta_0^0,\beta_1^0,\beta_2^0)}{\partial \beta_2} = \sum_{i=1}^{20}\left[y_i \frac{1}{\sigma(z^0)}\frac{\partial\sigma(z^0)}{\partial\beta_2} - (1-y_i)\frac{1}{1-\sigma(z^0)}\frac{\partial\sigma(z^0)}{\partial\beta_2}\right] = -8.97$$

更新最优解，参数移动到下一个点 P^1。步长设为 0.05，根据迭代公式有

$$\beta_0^1 = \beta_0^0 + 0.05 \times \frac{\partial l(\beta_0^0,\beta_1^0,\beta_2^0)}{\partial\beta_0} = 0.5948$$

$$\beta_1^1 = \beta_1^0 + 0.05 \times \frac{\partial l(\beta_0^0,\beta_1^0,\beta_2^0)}{\partial\beta_1} = 0.7806$$

$$\beta_2^1 = \beta_2^0 + 0.05 \times \frac{\partial l(\beta_0^0,\beta_1^0,\beta_2^0)}{\partial\beta_2} = 0.5517$$

2）第二次迭代

经过第二次迭代的最优解记为 β_0^2、β_1^2、β_2^2。代入迭代值 β_0^1、β_1^1、β_2^1，计算 $z^1 = \beta_0^1 + \beta_1^1 x_{i1} + \beta_2^1 x_{i2}$ 和 $\mathrm{logistic}(z^1)$，结果如表 9.4 所示。

表 9.4　参数值为 β_0^1、β_1^1、β_2^1 的计算结果

序号	z^1	logistic(z^1)	序号	z^1	logistic(z^1)
1	2.48	0.92	11	2.71	0.94
2	2.17	0.90	12	2.71	0.94
3	3.03	0.95	13	2.79	0.94
4	1.77	0.85	14	1.46	0.81
5	3.11	0.96	15	2.32	0.91
6	2.08	0.89	16	1.22	0.77
7	1.61	0.83	17	1.30	0.79
8	1.69	0.84	18	1.30	0.79
9	1.85	0.86	19	2.40	0.92
10	1.54	0.82	20	3.58	0.97

计算 P^1 点的梯度：

$$\frac{\partial l(\beta_0^1,\beta_1^1,\beta_2^1)}{\partial\beta_0} = \sum_{i=1}^{20}\left[y_i \frac{1}{\sigma(z^1)}\frac{\partial\sigma(z^1)}{\partial\beta_0} - (1-y_i)\frac{1}{1-\sigma(z^1)}\frac{\partial\sigma(z^1)}{\partial\beta_0}\right] = -6.62$$

$$\frac{\partial l(\beta_0^1,\beta_1^1,\beta_2^1)}{\partial\beta_1} = \sum_{i=1}^{20}\left[y_i \frac{1}{\sigma(z^1)}\frac{\partial\sigma(z^1)}{\partial\beta_1} - (1-y_i)\frac{1}{1-\sigma(z^1)}\frac{\partial\sigma(z^1)}{\partial\beta_1}\right] = -3.32$$

$$\frac{\partial l(\beta_0^1,\beta_1^1,\beta_2^1)}{\partial\beta_2} = \sum_{i=1}^{20}\left[y_i \frac{1}{\sigma(z^1)}\frac{\partial\sigma(z^1)}{\partial\beta_2} - (1-y_i)\frac{1}{1-\sigma(z^1)}\frac{\partial\sigma(z^1)}{\partial\beta_2}\right] = -6.93$$

更新最优解，参数移动到下一个点 P^2。步长设为 0.05，根据迭代公式有

$$\beta_0^2 = \beta_0^1 + 0.05 \times \frac{\partial l(\beta_0^1,\beta_1^1,\beta_2^1)}{\partial\beta_0} = 0.2641$$

$$\beta_1^2 = \beta_1^1 + 0.05 \times \frac{\partial l(\beta_0^1, \beta_1^1, \beta_2^1)}{\partial \beta_1} = 0.6145$$

$$\beta_2^2 = \beta_2^1 + 0.05 \times \frac{\partial l(\beta_0^1, \beta_1^1, \beta_2^1)}{\partial \beta_2} = 0.2051$$

重复上面的步骤继续进行迭代，直至参数最优值 β_0、β_1、β_2 不再变化，或者达到最大迭代次数。图 9.2 给出了迭代过程中第 1 次迭代、第 20 次迭代、第 100 次迭代、第 1000 次迭代时的样本分割，其中，横轴代表家庭月总收入变量（X_1），纵轴代表家庭随迁人数变量（X_2）。

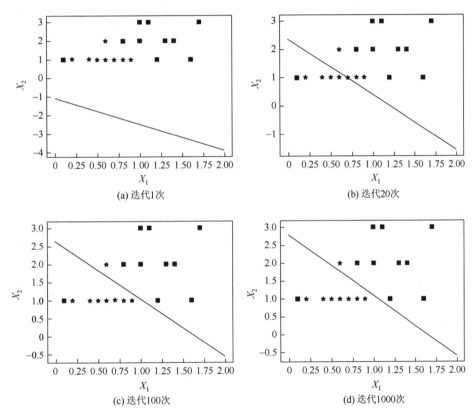

图 9.2　迭代过程的样本分割

图中■代表 $Y=1$，表示有长期居留意愿；★代表 $Y=0$，表示没有长期居留意愿

表 9.5 给出了在迭代过程中第 1 次迭代到第 20 次迭代、第 100 次迭代、第 1000 次迭代的最优参数计算结果。

表 9.5　最优参数计算结果

迭代次数	β_0	β_1	β_2
1	0.5948	0.7806	0.5517
2	0.2641	0.6145	0.2051
3	0.0655	0.5584	0.0683
4	0.0411	0.5841	0.0876

续表

迭代次数	β_0	β_1	β_2
5	0.1354	0.6180	0.1229
6	0.2271	0.6512	0.1567
7	0.3161	0.6839	0.1896
8	0.4026	0.7159	0.2216
9	0.4866	0.7475	0.2527
10	0.5682	0.7785	0.2828
11	0.6476	0.8090	0.3122
12	0.7247	0.8389	0.3407
13	0.7997	0.8684	0.3684
14	0.8726	0.8973	0.3953
15	0.9436	0.9257	0.4215
16	1.0127	0.9537	0.4471
17	1.0800	0.9811	0.4719
18	1.1455	1.0081	0.4960
19	1.2093	1.0346	0.5196
20	1.2715	1.0607	0.5425
100	−3.7399	2.2763	1.4213
1000	−5.5101	3.3514	1.9850

这里，设定终止条件为迭代次数达到 1000 次。算法终止时，参数 β_0、β_1、β_2 的最优值分别为−5.5101、3.3514、1.9850。接着，使用测试集中的 6 个样本进行测试。将 X_1、X_2 的观测值代入回归模型，预测分类结果，结果见表 9.6。表 9.6 显示，样本预测结果与真实值一致。

表 9.6　测试集运算结果

样本编号	真实分类	预测分类
21	1	1
22	0	0
23	0	0
24	1	1
25	1	1
26	0	0

9.2.2　梯度上升算法有效边界

梯度上升算法的应用条件是梯度存在。梯度上升算法在更新回归系数时都需要遍历整个样本数据集。遍历算法主要适用于容量较小的样本数据，如果样本量很大或者预测变量个数很多，这种算法的计算复杂度将非常高。

9.3 其他常用的 Logistic 模型

在实际应用中，为了克服梯度上升算法的不足，引入了梯度上升算法的改进技术，求解 Logistic 模型的最大似然函数。本节还介绍了其他常用的 Logistic 模型。

9.3.1 梯度上升算法改进技术

梯度上升算法的改进是一次仅使用一个样本点来更新回归系数，称这种方法为随机梯度上升算法。这种算法可以在增加新样本时对参数进行增量式更新，属于"在线学习"的算法。

另一种求解 Logistic 模型最大似然函数的最优化算法是 Newton-Raphson 算法。Logistic 模型的对数似然函数为

$$l(\beta_0,\beta_1,\beta_2,\cdots,\beta_p) = \sum_{i=1}^{m}[y_i \ln(\pi(x_{i1},x_{i2},\cdots,x_{ip})) + (1-y_i)\ln(1-\pi(x_{i1},x_{i2},\cdots,x_{ip}))]$$

(9.10)

其中，

$$\pi(x_{i1},x_{i2},\cdots,x_{ip}) = \frac{\exp(\beta_0+\beta_1 x_{i1}+\beta_2 x_{i2}+\cdots+\beta_p x_{ip})}{1+\exp(\beta_0+\beta_1 x_{i1}+\beta_2 x_{i2}+\cdots+\beta_p x_{ip})}$$

(9.11)

对参数 $\beta_0,\beta_1,\beta_2,\cdots,\beta_p$ 求导，可得

$$\frac{\partial l(\beta_0,\beta_1,\beta_2,\cdots,\beta_p)}{\partial \beta_0} = \sum_{i=1}^{m}[y_i-\pi(x_{i1},x_{i2},\cdots,x_{ip})]$$

$$\frac{\partial l(\beta_0,\beta_1,\beta_2,\cdots,\beta_p)}{\partial \beta_1} = \sum_{i=1}^{m}x_{i1}[y_i-\pi(x_{i1},x_{i2},\cdots,x_{ip})]$$

$$\vdots$$

$$\frac{\partial l(\beta_0,\beta_1,\beta_2,\cdots,\beta_p)}{\partial \beta_p} = \sum_{i=1}^{m}x_{ip}[y_i-\pi(x_{i1},x_{i2},\cdots,x_{ip})]$$

令上述的 $p+1$ 个导数为 0，得到 $p+1$ 个方程构成的方程组。对该复杂方程组求解，选用在数值分析中以 Newton 和 Raphson 命名的 Newton-Raphson 算法。Newton-Raphson 算法也称为牛顿算法，是一种用于连续更好地逼近方程的实值根的求解方法，是广泛应用的算法之一。该算法的基本思想如下。

例如，对于单变量函数 $f(x)$，令其一阶导数为 0，得到方程 $f'(x)=0$，函数 $f(x)$ 是二阶可微的。Newton-Raphson 算法假设方程 $f'(x)=0$ 的根初始值为 x^0。经过一次迭代，更优的近似值记为 x^1，并且

$$x^1 = x^0 - \frac{f'(x^0)}{f''(x^0)}$$

(9.12)

按照迭代公式重复上述过程，

$$x^{i+1} = x^i - \frac{f'(x^i)}{f''(x^i)} \qquad (9.13)$$

直到满足终止条件，相应地得到方程 $f'(x)=0$ 的解。

与单变量方程求解的迭代公式相比，多变量方程组求解的迭代公式使用了梯度 $\nabla f(x)$ 代替单变量的一阶导数，并使用了海塞矩阵 $H_f(x)$ 的逆矩阵代替单变量的二阶导数，选择的步长 $\gamma \in (0,1)$，迭代公式为

$$x_{n+1} = x_n - \gamma [H_f(x_n)]^{-1} \nabla f(x_n) \qquad (9.14)$$

在局部最小值的邻域内，如果海塞矩阵 $H_f(x)$ 是可逆的，函数为 Lipschitz 连续函数，则 Newton-Raphson 迭代算法是二阶收敛的。由于梯度上升算法是一阶收敛的，Newton-Raphson 迭代算法的收敛速度要比梯度上升算法快。

9.3.2 几类常用 Logistic 模型

多类别 Logistic 模型和有序 logit 模型也是常用的 Logistic 模型。

1. 多类别 Logistic 模型

Logistic 回归模型按照响应变量的类型可以分为二项 Logistic 回归、多项无序 Logistic 回归、多项有序 Logistic 回归。属性响应有时是多个类别的，有时是有序的，可以将二项 Logistic 回归拓展到多项 Logistic 回归和有序 Logistic 回归的情形。多类别 Logistic 模型是针对多于两个类别的属性响应变量进行建模。例如，对于最近购买汽车的调查，Logistic 模型可以对购买者的购车品牌受年收入、家庭规模、受教育水平及生活环境等的影响进行分析。在多类别 Logistic 模型的响应变量的每个分组中，假设响应变量 Y 为"成功"落入每个类别的次数，Y 服从多项分布。令 J 表示 Y 的类别个数，$\{\pi_1, \pi_2, \cdots, \pi_J\}$ 表示响应概率，满足 $\sum_j \pi_j = 1$。进行 n 次独立观测，观测落入 J 个类别的频数分布是多项分布。

针对响应变量是名义变量的情况，多类别 Logistic 模型分析所有类别对的优势。一种分析思路是构造基线-类别 Logistic 模型，把每个类别都与一个固定的基线类别进行成对比较。例如，选择第 J 个类别为基线，则包含一个解释变量 X 的基线-类别 Logistic 模型为

$$\log\left(\frac{\pi_j}{\pi_J}\right) = \beta_0^{(j)} + \beta_1^{(j)} x \qquad (9.15)$$

其中，$j=1,2,\cdots,J-1$。模型有 $J-1$ 个方程，每个方程的参数可能相同，也可能不同。这些参数依据与基线配对的类别而变化。例如，当 $J=3$ 时，模型分别为 $\log(\pi_1/\pi_3) = \beta_0^{(1)} + \beta_1^{(1)} x$ 和 $\log(\pi_2/\pi_3) = \beta_0^{(2)} + \beta_1^{(2)} x$。特别地，当 $J=2$ 时，$\log(\pi_1/\pi_2) = \text{logit}(\pi_1)$，模型简化为二分类响应变量的普通 Logistic 回归模型。式（9.15）决定了所有类别对的对数优势。例如，对于任意一对类别，记为类别 j 和 k，则有

$$\log\left(\frac{\pi_j}{\pi_k}\right) = \log\left(\frac{\pi_j/\pi_J}{\pi_k/\pi_J}\right) = \log\left(\frac{\pi_j}{\pi_J}\right) - \log\left(\frac{\pi_k}{\pi_J}\right)$$
$$= (\beta_0^{(j)} - \beta_0^{(k)}) + (\beta_1^{(j)} - \beta_1^{(k)})x \qquad (9.16)$$

关于 j 和 k 类别对的模型形式为 $\beta_0 + \beta_1 x$，截距为 $\beta_0 = \beta_0^{(j)} - \beta_0^{(k)}$，斜率为 $\beta_1 = \beta_1^{(j)} - \beta_1^{(k)}$。

基线类别的选择是任意的。在式（9.15）中所有模型参数同时估计的情形下，无论哪个类别作为基线，对于同一类别对的对数优势都有相同的参数估计。进一步地，响应变量属于类别 j 的概率为

$$\pi_j = \frac{e^{(\beta_0^{(j)} + \beta_1^{(j)} x)}}{\sum\limits_h e^{(\beta_0^{(h)} + \beta_1^{(h)} x)}} \tag{9.17}$$

其中，$j = 1, 2, \cdots, J$，基线类别的参数等于零。可以验证，$\sum\limits_j \pi_j = 1$。

2. 有序 logit 模型

当响应变量的类别有序时，相应的模型为累积 logit 模型。Y 的累积概率是指 Y 落在某类别或更低类别的概率。对于类别 j 的累积概率为

$$P(Y \leq j) = \pi_1 + \pi_2 + \cdots + \pi_j, j = 1, 2, \cdots, J \tag{9.18}$$

累积概率满足 $P(Y \leq 1) \leq P(Y \leq 2) \leq \cdots \leq P(Y \leq J) = 1$。累积概率的模型并不利用最后概率 $P(Y \leq J)$，因为它必然等于 1。累积概率的 logit 为

$$\text{logit}[P(Y \leq j)] = \log\left(\frac{P(Y \leq j)}{1 - P(Y \leq j)}\right) = \log\left(\frac{\pi_1 + \pi_2 + \cdots + \pi_j}{\pi_{j+1} + \pi_{j+2} + \cdots + \pi_J}\right) \tag{9.19}$$

其中，$j = 1, 2, \cdots, J - 1$。例如，$J = 3$ 时，模型利用 $\text{logit}[P(Y \leq 1)] = \log(\pi_1 / (\pi_2 + \pi_3))$ 和 $\text{logit}[P(Y \leq 2)] = \log((\pi_1 + \pi_2) / \pi_3)$。每个累积 logit 模型均利用了所有的响应类别。

累积 logit 模型具有比例优势特性。第 j 个累积 logit 模型看起来像一个二分 Logistic 回归模型，其中类别 1 到 j 合起来形成一个单独的类别，类别 $j+1$ 到 J 形成第二个类别。当有一个解释变量 X 时，模型为

$$\text{logit}[P(Y \leq j)] = \beta_0 + \beta_1 x \tag{9.20}$$

其中，$j = 1, 2, \cdots, J - 1$。参数 β_1 描述了 x 对响应变量落在类别 j 或更低类别的对数优势。在这个表达式中，β_1 没有上角标 j，模型假设解释变量 X 的效应对所有 $J - 1$ 个累积 logit 都是相等的。当颠倒类别顺序时，会得到相同的拟合，但最大似然估计 $\hat{\beta}_1$ 的符号相反。

主要参考文献

陈希孺. 2002. 数理统计学简史. 长沙：湖南教育出版社.

金浩. 2013. 社会经济定量研究方法与应用. 天津：南开大学出版社.

史希来. 2006. 属性数据分析引论. 北京：北京大学出版社.

王济川，郭志刚. 2001. Logistic 回归模型：方法与应用. 北京：高等教育出版社.

杨贵军，孙玲莉，孟杰. 2021. 统计建模技术 II：离散型数据建模与非参数建模. 北京：科学出版社.

Agresti A. 2008. 属性数据分析引论. 张淑梅，王睿，曾莉，译. 北京：高等教育出版社.

第 *10* 章

关联规则挖掘

关联规则挖掘以发现事务之间的关联性，探索相应的关联规则为目标，其可以测度两个事务之间或一组事务之间的关联性并得到相应规则。实践中，关联规则挖掘经常用于发现通常没有显著直观联系的事务，其应用范围更加多样化。本章主要介绍关联规则挖掘的相关知识。10.1 节介绍基本概念、界定关联规则，给出规则挖掘的技术路径与评价标准。10.2 节介绍经典关联规则算法，以经典的 Apriori 算法为例，给出关联规则挖掘的操作。10.3 节简要介绍关联规则挖掘的其他一些常用算法。

■ 10.1 关联规则挖掘的基础知识

从事务数据关系看，关联性可用来测度事务之间的联系程度，更关注事务之间是否出现一定的关联作用关系。本节介绍关联规则挖掘的基本概念，包括测度事务之间关联作用的支持度和相关置信度的概念，并界定关联规则。通过规则分类，给出规则挖掘的技术路径与评价标准。

10.1.1 问题提出

关联规则的经典案例是基于大型超市数据，通过挖掘消费者选择不同商品之间的关联信息，分析促进商品销售的规则。通过关联规则算法得到的有关的强关联规则结论，可以用于辅助用户决策行为。先看一个例子，基于超市商品数据库运算，可形成示意表 10.1。

表 10.1 超市商品示意表

T 事务标识	项目	*T* 事务标识	项目
100	A B C D F	600	A C F
200	B C E F	700	A B C D E F
300	B C E	800	A B C E
400	B E	900	B C
500	A B C	1000	E F

在表 10.1 中，事务标识栏表示单次购买行为 T 的记录标志，项目表示单次购买行为 T 的商品集合。例如，购买事务 T100 对应的商品为 A、B、C、D、F，其余购买事务可以依次类推。由表 10.1 的数据集，可以计算出很多关联规则，下面给出其中几个关联规则的例子。

（1）"关联规则 A $\Rightarrow$ B"，购买商品 A 的事务有 5 个，分别为 T100、T500、T600、T700、T800，其中同时购买商品 B 的事务有 4 个，分别为 T100、T500、T700、T800，置信度为 $4/5 = 80\%$。购买商品 A 的事务中有 80% 的事务也购买了商品 B。

（2）"关联规则 A $\Rightarrow$ C"，购买商品 A 的事务有 5 个，其中同时购买商品 C 的事务有 5 个，置信度为 $5/5 = 100\%$。购买商品 A 的事务中有 100% 的事务也购买了商品 C。

（3）"关联规则 E,C $\Rightarrow$ B"，购买商品 E 和商品 C 的事务有 4 个，其中同时购买商品 B 的事务有 4 个，置信度为 $4/4 = 100\%$。同时购买商品 E 和商品 C 的事务中有 100% 的事务也购买了商品 B。

上述的"关联规则 A $\Rightarrow$ B""关联规则 A $\Rightarrow$ C""关联规则 E,C $\Rightarrow$ B"，揭示出消费者选择不同商品之间的关联信息，为超市促进商品的销售提供了规则和指导。应该指出，并不是所有规则都有意义，还需要用户基于分析目标，通过技术和主观两个层面判定规则的价值。

在技术层面上，基于"支持度-置信度"判定关联规则算法，有时也会产生一些无意义的结论。例如，调查 4000 名学生晨练情况，得到 2200 名学生打篮球，2750 名学生晨跑，1800 名学生打篮球、晨跑的数据。如果设最小支持为 40%，最小置信度为 60%，可以得到（打篮球）$\Rightarrow$（晨跑）（$1800/4000 = 45\%$，$1800/2200 = 82\%$）的关联规则。但这条规则其实并没有意义，因为单纯晨跑学生的比例已高达 69%，而考虑（打篮球）$\Rightarrow$（不晨跑）（$400/4000 = 10\%$，$400/1800 = 22\%$）的关联规则时，虽然该规则支持度和置信度比较低，但是对分析学生晨练更有意义。

一般而言，支持度和置信度的高低组合设定是技术层面的关键因素，其决定了关联规则的合理性和应用价值。当支持度和置信度设定得足够低时，可能得到两条矛盾的强关联规则；但把支持度和置信度设定得足够高，则只能得到不精确的规则。总之，没有一对支持度和置信度的组合可以产生充分合理的关联规则。因此，在实际应用中，最小支持度和最小置信度的设定面临如下选择问题：要么是把最小支持度设定得足够低，避免丢失任何有意义的规则；要么提高最小支持度，但可能面临丢失一些重要规则的风险。前一种情形存在计算效率问题，后一种情形则存在有可能丢失对用户有意义的规则的问题。

为了解决上述支持度和置信度设定选择问题，相关专家提出了很多改进的方法，大体分为三类：一类是设法寻找置信度的替代物（如兴趣度、有效度、匹配度等）；一类是改进原有固定支持度阈值限制的客观评价方法；一类是 Liu 等提出的多支持度阈值关联规则挖掘算法[①]，如使用随着项集长度增加而减少的可变支持度阈值技术等。

在主观层面上，一个规则的价值最终取决于用户的感觉判断。只有用户可以决定规则的有效性、可行性，所以可以将用户的需求和挖掘分析更加紧密地结合起来。例如，可以

---

① Liu B，Hsu W，Ma Y M. 1999. Pruning and summarizing the discovered associations. ACM SIGKDD International Conference on Knowledge Discovery and Data Mining.

采用用户对挖掘数据的附加约束条件,常见的约束内容有:数据约束,即由用户指定对哪些数据进行挖掘;维度和层次约束,即由用户指定进行数据挖掘的维度及在这些维度的层次;规则约束,即由用户指定所需的规则类型等。

回顾购物篮分析的例子。设全域为商店的所有商品(即项目全集),消费者一次购买(即事务)的商品为项目全集的子集。购物篮可用布尔向量表示,布尔变量取值分别代表商品有和无两种状态。通过对购物篮布尔向量的分析,得到反映商品被消费者同时购买的关联规则,可以知道,"什么商品组或集合,顾客会在一次购物中同时购买"。

关联规则挖掘是早期数据挖掘技术形成的重要推动力。1993 年 Agrawal 等提出关联规则概念和初步的 AIS(Agrawal-Imieliński-Swami)挖掘算法[①]。1994 年其又提出项集格空间理论及 Apriori 算法。此后,Agrawal 等进一步提出 AprioriTid 算法,以及 Apriori 和 AprioriTid 算法相结合的 AprioriHybird 算法[②]。1999 年,Hidber 提出在线挖掘关联规则算法(online association rule mining algorithm,CARMA)[③]。2000 年,Han 等提出基于频繁模式树(frequent pattern tree,FP-Tree)发现频繁项集的 FP-growth 算法[④];Zaki 提出挖掘效率提高的 Eclat 算法等[⑤]。目前,关联规则挖掘仍是数据挖掘分析中最常用的方法之一。其中,Apriori 作为关联规则挖掘算法的经典,目前仍然作为关联规则挖掘的基础被广泛讨论。

10.1.2　关联规则挖掘的相关概念

1)关联规则

针对引例问题,设商品项目全集 $I = \{I_1, I_2, \cdots, I_P\}$ 中,消费者购物行为事务的全集为 D,消费者将商品放入购物篮的事务 $T \subseteq I$,商品项集 $X \subseteq I$ 和商品项集 $Y \subseteq I$,且 $X \cap Y = \varnothing$。如果蕴含 $X \Rightarrow Y$ 的关联关系,X 称为关联规则的条件,Y 称为关联规则的结果。

2)关联支持度

将事务全集 D 中同时包含商品 X 和 Y 事务 T 的比率,称为关联规则 $X \Rightarrow Y$ 对事务全集 D 的支持度(support),即

$$s(X \Rightarrow Y) = P(X \cup Y) = \text{count}(同时包含商品 X 和 Y 事务)/\text{count}(事务全集 D)$$

其中,$P(\cdot)$ 表示概率,即事务全集 D 中同时包含商品 X 和 Y 事务 T 的百分比。$\text{count}(\cdot)$ 称为项集的频率、支持计数或者支持度计数。$\text{count}(同时包含商品 X 和 Y 事务)$ 表示事务全集 D 中同时包含商品 X 和 Y 事务 T 的项目数,$\text{count}(事务全集 D)$ 表示事务全集 D 的事务数。$s(X \Rightarrow Y)$ 表示关联规则 $X \Rightarrow Y$ 的支持度。

---

① Agrawal R,Imieliński T,Swami A. 1993. Mining association rules between sets of items in large databases. The 1993 ACM SIGMOD International Conference on Management of Data.

② Agrawal R,Srikant R. 1994. Fast algorithms for mining association rules in large databases. The 20th International Conference on Very Large Data Bases.

③ Hidber C. 1999. Online association rule mining. The 1999 ACM SIGMOD International Conference on Management of Data.

④ Han J W,Pei J,Yin Y W. 2000. Mining frequent patterns without candidate generation. The 2000 ACM SIGMOD International Conference on Management of Data.

⑤ Zaki M J. 2000. Scalable algorithms for association mining. IEEE Transactions on Knowledge and Data Engineering,12(3):372-390.

3）关联置信度

将包含 X 同时包含 Y 的事务数与包含 X 事务数的比率，称为关联规则 $X \Rightarrow Y$ 对事务全集 D 的置信度（confidence），即

$$c(X \Rightarrow Y) = P(Y \mid X) = \text{count}(\text{同时包含商品 } X \text{ 和 } Y \text{ 事务})/\text{count}(\text{包含 } X \text{ 事务})$$

其中，$c(X \Rightarrow Y)$ 表示关联规则 $X \Rightarrow Y$ 的置信度。在上述引例中，假设购买计算机（X）与购买财务管理软件（Y），如果得到相应关联规则为 Computer $\Rightarrow$ financial_management_software$[s=2\%, c=60\%]$，其表示在大型超市全部购买事务中，同时购买计算机和财务管理软件事务仅得到 2%的支持；而在购买计算机事务中，购买财务管理软件的置信度高达 60%。

4）强关联规则

如果关联规则 $X \Rightarrow Y$ 的支持度和置信度均大于或等于给定的最小支持度阈值 $\text{min\_}c$ 和最小置信度阈值 $\text{min\_}s$，即

$$s(X \Rightarrow Y) \geqslant \text{min\_}s$$
$$c(X \Rightarrow Y) \geqslant \text{min\_}c$$

则称该关联规则为强关联规则；否则，为弱关联规则。关联规则挖掘主要是对强关联规则的挖掘，力图得到基于最小支持度和最小置信度的事项之间的关联规则。

5）布尔型关联规则和量化型关联规则

基于事项变量类别，关联规则可划分为布尔型关联规则和量化型关联规则。

（1）布尔型关联规则：如果关联事项是以"肯定"或"否定"存在的，则关联规则是布尔型的，如上述购物篮分析引例得出的关联规则。

（2）量化型关联规则：如果关联事项是以数量及属性关系存在的，则该关联规则是量化型的。例如，分析不同消费者购买高清电视的可能性。设 X 表示消费者，且 X 的年龄（age）和收入（income）属性以离散化数值表示，于是可有如下量化型关联规则：

$$\text{age}(X, "30, \cdots, 39") \wedge \text{income}(X, "42K, \cdots, 48K") \Rightarrow \text{buys}(X, "high\_resolution\_TV")$$

其中，关联规则也可以由布尔型和量化型混合构成。例如，分析性别、职业、收入的关联关系：①（性别＝"女"）$\Rightarrow$（职业＝"秘书"）的布尔型关联规则；②（性别＝"女"）$\Rightarrow$（avg(月收入)＝2300）的量化型关联规则。

6）单层关联规则和多层关联规则

基于事项分层，关联规则可以划分为单层关联规则和多层关联规则。

（1）单层关联规则：所有事项均不涉及不同层次或属性。例如，消费者 X 购买计算机（computer）和打印机（printer）时，存在关联规则：

$$\text{buys}(X, "computer") \Rightarrow \text{buys}(X, "printer")$$

其中，商品 computer 与 printer 之间没有层次从属关系，其关联规则是单层的。

（2）多层关联规则：事项或属性存在不同层次关系。例如，不同年龄属性消费者购买计算机（computer）和笔记本电脑（laptop computer）的关联规则：

$$\text{age}(X, "30, \cdots, 39") \Rightarrow \text{buys}(X, "laptop\_computer")$$
$$\text{age}(X, "30, \cdots, 39") \Rightarrow \text{buys}(X, "computer")$$

其中，存在 computer 包含 laptop computer 的层次关系，其关联规则是多层的。

7）单维关联规则和多维关联规则

基于事项属性维数，关联规则可以划分为单维关联规则和多维关联规则。

（1）单维关联规则：处理事务单个属性间关系，称为单维关联规则。例如，消费者购买物品（咖啡）⇒（砂糖）的关联规则。

（2）多维关联规则：处理事务多个属性间关系，称为多维关联规则。例如，分析任职人员性别和秘书职业的关联性时的（性别＝"女"）⇒（职业＝"秘书"）的规则。其中，该事项涉及人员及其任职的两维属性，是两个维度的一条关联规则。

8）基于频繁项集概念的关联规则分类

在关联规则挖掘实践中，为了提高效率，节约计算机资源，定义强规则 $X \Rightarrow Y$ 对应的项集（$X \cup Y$）为频繁项集，从而把关联规则挖掘划分为以下两个子问题：一是根据最小支持度找出事务集 D 中的所有频繁项集；二是根据频繁项集和最小置信度产生关联规则。

10.2　Apriori 算法

Apriori 算法是经典的关联规则算法，虽然其本身存在一些缺陷，但作为众多其他算法的概念和逻辑基础，仍然具有重要的导入性学习价值。本节将给出 Apriori 算法的解读及其操作。

10.2.1　Apriori 算法解读

Apriori 算法大体分为两步：第一步，找出所有频繁项集；第二步，由频繁项集产生强关联规则。以表 10.1 的数据为例，解读该算法。事先假定最小支持度 $min\_c = 40\%$，最小置信度 $min\_s = 70\%$。

1）第一步：找出所有频繁项集

Apriori 算法采用逐层搜索迭代的方法，即在表 10.1 中找出每单一商品被购买的数量，记为候选 1-项集 C_1，参见示意表 10.2，其中，项集表示 $T100 \sim T1000$ 所有事务购买的同一商品的集合，支持度计数表示对应商品的购买数量。譬如，表 10.2 第二行表示 $T100 \sim T1000$ 所有事务购买{A}商品的支持度计数为 5。其余以此类推。

表 10.2　候选 1-项集 C_1

项集	支持度计数
{A}	5
{B}	8
{C}	8
{D}	2
{E}	6
{F}	5

（1）进行第一次迭代。由于最小支持度为 40%，共有 $T100 \sim T1000$ 十条购买事务，对应的支持度计数为 4。则在候选 1-项集 C_1 中至少出现 4 次以上的项目，才能满足最小

支持度条件，其为对应 40%最小支持度的频繁项集。对候选 1-项集 C_1 进行扫描，筛选出满足最小支持度的项集，组成频繁 1-项集 L_1，参见示意表 10.3。显然，{A}、{B}、{C}、{D}、{E}、{F}项集中，{D}因支持度计数小于 4 而被剔除。

表 10.3　频繁 1-项集 L_1

项集	支持度计数
{A}	5
{B}	8
{C}	8
{E}	6
{F}	5

（2）进行第二次迭代。将频繁 1-项集 L_1 的事项，不重复地两两组合，并计算相应支持度计数，产生由两种商品组合的候选 2-项集 C_2，参见示意表 10.4，其中第二列第二行表示{A}和{B}的组合{A B}的支持度计数为 4。然后仍然基于 40%的最小支持度假设扫描候选 2-项集 C_2。

表 10.4　候选 2-项集 C_2

项集	支持度计数	项集	支持度计数
{A B}	4	{B E}	5
{A C}	5	{B F}	3
{A E}	2	{C E}	4
{A F}	3	{C F}	4
{B C}	7	{E F}	3

再次筛选出满足最小支持度的项集，由满足最小支持度的项集组成频繁 2-项集 L_2，参见示意表 10.5。其中，{A E}、{A F}、{B F}和{E F}4 个项集因支持度计数小于 4 而被剔除。

表 10.5　频繁 2-项集 L_2

项集	支持度计数
{A B}	4
{A C}	5
{B C}	7
{B E}	5
{C E}	4
{C F}	4

（3）类似地，由频繁 2-项集 L_2，产生三种商品组合的候选 3-项集 C_3。其中，Apriori 算法具有压缩搜索空间的性质，可提高频繁项集逐层产生的效率。该性质的思想很简单，

即频繁项集的所有非空子集也必是频繁的。如果项集 I 不满足最小支持度阈值 min_s，$s(I) < min\_s$，则 I 不是频繁的。如果事项 A 添加到项集 I 中，则结果项集（$I \cup A$）不可能比 I 具有更高的支持度。因此，$I \cup A$ 也不是频繁的，即 $P(I \cup A) < min\_s$。利用 Apriori 算法的性质对 C_3 中的项集进行剪枝，即剔除其中不可能频繁的项集，得到候选 3-项集 C_3，参见示意表 10.6。

表 10.6　候选 3-项集 C_3

项集	支持度计数
{A B C}	4
{B C E}	4

同理，再次基于 40%的最小支持度假设扫描候选 3-项集 C_3，确定频繁 3-项集 L_3，参见示意表 10.7。

表 10.7　频繁 3-项集 L_3

项集	支持度计数
{A B C}	4
{B C E}	4

（4）使用 L_3 和 L_3 的连接产生候选 4-项集。由于本例所得到的 C_4 子集不是频繁的，被剪去，所以得到 $C_4 = \varnothing$。至此，本例算法终止，找出了所有的频繁项集。

2）第二步：由频繁项集产生强关联规则

从事务全集 D 中找出频繁项集后，通过计算置信度即可找出强关联规则。由于 $min\_s = 70\%$，规则的置信度至少要大于或等于 70%才能形成强关联规则。

（1）对于频繁 2-项集 L_2 中的项集 $I_2 = \{s_1, s_2\}$，其非空子集为 $\{s_1\}, \{s_2\}$，如果

$$\frac{s\_count(I_2)}{s\_count(s_1)} \geqslant min\_c$$

则输出强关联规则"$s_1 \Rightarrow s_2$"，其中 min_c 为最小置信度阈值。如果

$$\frac{s\_count(I_2)}{s\_count(s_1)} < min\_c$$

则关联规则"$s_1 \Rightarrow s_2$"不是强关联规则，舍去。

针对 $\{s_2\}$ 进行同样的计算。对于其他的 2-项集进行同样的计算，可找出所有的针对 2-项集的强关联规则。

（2）对于频繁 3-项集 L_3 中的项集 $I_3 = \{s_1, s_2, s_3\}$，其非空子集为 $\{s_1\}, \{s_2\}, \{s_3\}, \{s_1, s_2\}$，$\{s_1, s_3\}, \{s_2, s_3\}$，如果

$$\frac{s\_count(I_3)}{s\_count(s_1)} \geqslant min\_c$$

则输出强关联规则"$s_1 \Rightarrow \{s_2, s_3\}$"。如果

$$\frac{s\_\mathrm{count}(I_3)}{s\_\mathrm{count}(s_1)} < \min\_c$$

则关联规则"$s_1 \Rightarrow \{s_2, s_3\}$"不是强关联规则,舍去。

针对 $\{s_2\}, \{s_3\}, \{s_1, s_2\}, \{s_1, s_3\}, \{s_2, s_3\}$ 进行同样的计算。对于其他的 3-项集进行同样的计算,可找出所有的针对 3-项集的强关联规则。

由于本例只有频繁 1-项集、频繁 2-项集、频繁 3-项集,而频繁 4-项集为空集,本算法找出的强关联规则如表 10.8 所示。

表 10.8　强关联规则

关联规则	支持度计数	置信度	频繁项集
A ⇒ B	4	4/5 = 80%	L_2
A ⇒ C	5	5/5 = 100%	L_2
B ⇒ C	7	7/8 = 87.5%	L_2
C ⇒ B	7	7/8 = 87.5%	L_2
E ⇒ B	5	5/6 = 83.3%	L_2
F ⇒ C	4	4/5 = 80%	L_2
A, B ⇒ C	4	4/4 = 100%	L_3
A, C ⇒ B	4	4/5 = 80%	L_3
B, E ⇒ C	4	4/5 = 80%	L_3
E, C ⇒ B	4	4/4 = 100%	L_3

10.2.2　Apriori 算法有效边界

基于频繁项集的 Apriori 算法采用逐层搜索迭代的方法。该算法简单明了,没有复杂的理论推导,也易于实现,但存在以下难以克服的缺点。

(1)对数据库扫描次数过多,造成效率低下。通过 Apriori 算法的解读可知,每生成一个候选项集,都要对数据库进行一次全面搜索。如果要生成最大长度为 N 的频繁项集,那么就要对数据库进行 N 次扫描。当数据库中存放大量事务数据时,在有限内存容量下,系统输入/输出(input/output,I/O)负载相当大,每次扫描数据库的时间长,其效率非常低。

(2)Apriori 算法会产生大量中间项集。Apriori 算法是用 L_{k-1} 产生候选 C_k,所产生的 C_k 由 $C_{L_{k-1}}^k$ 个 k-项集组成。显然,随着 k 增大,所产生候选 k-项集的数量呈几何级数增加。如果频繁 1-项集的规模为 104 个,如果要生成频繁 2-项集和频繁多项集,其需要产生候选项集的规模将是天文数字。

(3)采用单一支持度,缺失各属性重要程度信息。现实中,一些事务频繁发生,有些事务则很稀疏,这给数据挖掘带来一个问题:如果最小支持度阈值设定较高,虽然挖掘速度加快,但是覆盖数据较少,有意义的规则可能不被发现;如果最小支持度阈值设定较低,大量无实际意义的规则将充斥整个挖掘过程,降低挖掘效率和规则的可用性会影响甚至误导决策。

(4)算法适应面较窄。该算法只考虑了单维布尔关联规则的挖掘。在实际应用中,可能出现多维的、量化的、多层的关联规则。这时,该算法就不再适用。

■ 10.3 其他常用关联规则挖掘算法

本节首先针对 Apriori 算法的不足,介绍 Apriori 算法的改进技术,然后给出其他常用关联规则挖掘算法。

10.3.1 Apriori 算法的改进技术

(1)散列技术[①]。其用于压缩候选 k-项集 C_k。例如,当由 C_1 中的候选 1-项集产生频繁 1-项集 L_1 时,将每个事务产生的所有 2-项集散列到散列表结构的不同桶中,并增加对应的桶计数。桶为候选项集的集合。基于散列表中对应的桶计数小于支持度阈值的 2-项集不可能是频繁 2-项集的特征,可将其从候选集中剔除,从而可以大大压缩要考察的 k-项集。

(2)事务压缩技术。其用于减少未来扫描事务集的大小。例如,AprioriTid 算法的基本思想是不包含任何 k-项集的事务不可能包含任何 $(k+1)$-项集。因此在考察这种事务时,可加上标记或删除。

(3)划分处理技术及算法[②]。该算法从逻辑上把数据库分成几个互不相交的块,每次单独考虑一个分块并对它生成所有的频繁项集,然后把产生的频繁项集合并,用来生成所有可能的频繁项集,最后计算这些频繁项集的支持度。其分块大小的选择标准是,每个分块可以被放入主存,且每个阶段只需被扫描一次。算法的正确性是由每一个可能的频繁项集至少在某一个分块中是频繁项集保证的。使用划分处理技术产生频繁项集,只需扫描两遍事务集。

(4)采样技术[③④]。其从数据库中抽取样本,得到可能在整个数据库中成立的规则,然后对数据库的剩余部分验证这个结果。该技术显著减少 I/O 使用,但存在结果不精确,即数据扭曲(data skew)的不足。原因在于,样本不一定表示整个数据库中的模式分布,由此导致采样 5%的交易数据的代价可能同扫描一遍数据库的代价相近。Lin 和 Dunham 提出了反扭曲(anti-skew)算法,以减少扫描遍数[⑤]。

① Park J S,Chen M S,Yu P S. 1995. An effective hash-based algorithm for mining association rules. The 1995 ACM SIGMOD International Conference on Management of Data.

② Savasere A,Omiecinski E,Navathe S. 1995. An efficient algorithm for mining association rules in large databases. The 21st International Conference on Very Large Data Bases.

③ Mannila H,Toivonen H,Verkamo A I. 1994. Efficient algorithms for discovering association rules. The 3rd International Conference on Knowledge Discovery and Data Mining.

④ Toivonen H. 1996. Sampling large databases for association rules. The 22nd International Conference on Very Large Data Bases.

⑤ Lin J L,Dunham M H. 1998. Mining association rules:anti-skew algorithms. The 14th International Conference on Data Engineering.

（5）动态项集计数技术①。将给定事务集 D 划分为标记开始点，可以在任何开始点添加新的候选项集，动态地评估已被计数的所有项集的支持度，如果一个项集的所有子集已被确定为频繁的，则添加它作为新的候选。

10.3.2 几种常用关联规则挖掘算法

前面介绍的是基于 Apriori 算法的寻找频繁项集的方法。但是 Apriori 算法一些固有的缺陷还是无法克服：可能产生大量的候选项集；无法对稀有信息进行分析。由于频繁项集使用了参数 min_s，就无法对小于 min_s 的事件进行分析；而如果将 min_s 设置成一个很低的值，算法的效率就成了一个很难处理的问题。

对此，采用一种 FP-growth 的方法，这种方法采用了分而治之的策略：在经过了第一次的扫描之后，把数据库中的频繁项集压缩进一棵 FP-tree，同时依然保留其中的关联信息。随后再将 FP-tree 分化成一些条件库，每个库和一个长度为 1 的频繁项集相关。然后再对这些条件数据库分别进行挖掘。当原始数据量很大的时候，也可以结合划分的方法，使得一个 FP-tree 可以放入主存中。实验表明，FP-tree 增长对不同长度的规则都有很好的适应性，同时在效率上较 Apriori 算法也有很大的提高。

对稀有信息分析的一种方法是基于一个想法：Apriori 算法得出的项集都是频繁出现的，但是在实际应用中，可能需要寻找一些高度相关的项集，即使这些项集不是频繁出现的。在 Apriori 算法中，起决定作用的是支持度，而现在将置信度放在第一位，挖掘一些具有非常高置信度的规则。

对于无法对稀有信息进行分析的一个解决方法是将整个算法基本上分成三个步骤：计算特征、生成候选集、过滤候选集。在三个步骤中，关键的地方就是在计算特征时 Hash 函数的使用。在考虑方法的时候，有几个衡量好坏的指数：时空效率、错误率和遗漏率。具体内容请参考相关文献。

主要参考文献

Han J W，Kamber M，Pei J. 2012. 数据挖掘：概念与技术（原书第 3 版）. 范明，孟小峰，译. 北京：机械工业出版社.

Moreira J M，de Carvalho A，Horváth T. 2021. 数据分析：统计、描述、预测与应用. 吴常玉，译. 北京：清华大学出版社.

Provost F，Fawcett T. 2019. 商战数据挖掘. 郭鹏程，管晨，译. 北京：人民邮电出版社.

Tan P N，Steinbach M，Karpatne A，et al. 2019. 数据挖掘导论（原书第 2 版）. 段磊，张天庆，等，译. 北京：机械工业出版社.

Zaki M J，Meria Jr W . 2017. 数据挖掘与分析：概念与算法. 吴诚堃，译. 北京：人民邮电出版社.

---

① Brin S，Motwani R，Ullman J D，et al.1997. Dynamic itemset counting and implication rules for market basket data. The 1997 ACM SIGMOD International Conference on Management of Data.

第 *11* 章

决策树分类规则

目前，针对数据特征，基于不同的思路和理论方法，出现了多种分类规则挖掘技术。基于树型结构的决策过程技术被广泛应用于复杂事物的分析和管理。其中，基于决策树建立分类规则技术相对容易解释，利用计算机构建决策树的效率高，决策树算法及其规则结论具备一定的抗噪声干扰能力等优势，使得决策树分类规则成为大数据应用较早提出的基本方法之一。本章介绍决策树分类规则。11.1 节介绍决策树分类规则的基础知识，11.2 节介绍 ID3 算法，11.3 节介绍决策树分类规则的其他算法。

■ 11.1 决策树分类规则的基础知识

基于特征进行复杂事物分类是数据挖掘的基本任务之一，具有非常广泛的实际应用领域。基于树型结构的决策过程技术最大化事物类间的差异，并对新观测数据进行分类。本节介绍决策树分类的发展、构建步骤及其优良性。

11.1.1 问题提出

决策树分类（decision tree classification）是数据挖掘的常用技术之一。决策树分类算法利用复杂事物的大量数据特征，构造事物分类规则，对相应复杂事物类型进行识别判断。譬如，基于有垃圾邮件类标的电子邮件样本，产生识别垃圾邮件的规则，判别一封新邮件是否为垃圾邮件。

决策树分类规则挖掘有着广泛的应用前景。图 11.1 给出了一个商业上使用决策树分析用户购买计算机意向的例子。收集对电子产品感兴趣的用户购买计算机（buys_computer）的知识，可以用于预测某条记录（某个人）的购买意向，如图 11.1 所示。

图 11.1 中，内部节点（internal node）（方形框）代表对某个属性的一次测试，每条边代表一个测试结果。叶节点（leaf node）（椭圆框）代表某个类（class）或者类的分布（class distribution）。根节点（root node）为决策树最顶端的节点。依据决策树结构，决策树对销

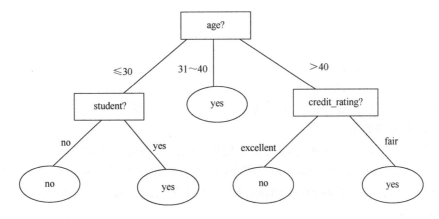

图 11.1　buys_computer 的决策树

资料来源：Han 等（2012）

售记录进行分类，指出一个电子产品消费者是否会购买计算机"buys_computer"。每个内部节点对应于一个属性测试。每个叶节点代表一个类：buys_computer = yes 或者 buys_computer = no。在这个例子中，属性样本向量为(age，student，credit_rating，buys_computer)，决策判别的属性向量为(age，student，credit_rating)。输入新的记录，即可预测该记录隶属的类别。基于 buys_computer 的决策树建立分类规则技术，相对容易解释，规则结论具备一定的抗噪声干扰能力。

决策树方法起源于用于学习单个概念的概念学习系统（concept learning system，CLS）[①]，Quinlan 在此基础上提出 ID3 算法，并在 1979 年和 1986 年对 ID3 算法进行了总结和简化，使其成为决策树学习算法的典型[②③]。1993 年，Quinlan 进一步发展了 ID3 算法，引进能够处理连续属性的 C4.5 算法[④]。Schlimmer 和 Fisher 于 1986 年对 ID3 算法进行改造，在每个可能的决策树节点创建缓冲区，使决策树可以递增式生成，得到 ID4 算法[⑤]。1989 年，Utgoff 在 ID4 算法基础上提出了 ID5 学习算法，进一步提高了效率[⑥]。还有分类回归树（classification and regression tree，CART）算法和 Assistant 算法也是比较有名的决策树方法。与 C4.5 算法不同的是，CART 决策树由二元逻辑问题生成，每个树节点只有两个分支，分别包括学习实例的正例与负例（Breiman et al.，1984）。

与其他分类算法相比，决策树有如下优点。

（1）速度快：计算量相对较小，且容易转化成分类规则。只要沿着树根向下一直走到叶，

---

① Hunt E B，Marin J，Stone P J. 1966. Experiments in Induction. New York：Academic Press.

② Quinlan J R. 1979. Discovering rules by induction from large collections of example. Expert Systems in the Micro Electronics Age.

③ Quinlan J R. 1986. Induction of decision trees. Machine Learning，1（1）：81-106.

④ Quinlan J R. 1993. C4.5：Programs for Machine Learning. San Francisco：Morgan Kauffmann Publishers.

⑤ Schlimmer J C，Fisher D. 1986. A case study of incremental concept induction. The Fifth AAAI National Conference on Artificial Intelligence.

⑥ Utgoff P E. 1989. Incremental induction of decision trees. Machine Language，4（2）：161-186.

沿途的分裂条件就能够唯一确定一条分类的规则。例如，沿着节点 age->credit_rating->no 走下来就能得到一条谓词：

```
if there is a person(age>40)and(credit_rating is excellent)
                then he will not buy a computer
```

（2）准确性高：挖掘出的分类规则准确性高，便于理解。

决策树的劣势如下。

（1）缺乏伸缩性：由于进行深度优先搜索，因此算法受内存大小限制，难以处理大训练集。例如，在 Irvine 机器学习知识库中，最大可以允许的数据集大小仅仅为 700KB，2000 条记录，而现代的数据仓库动辄存储几个 G B 的海量数据，用经典决策树分类算法是不可行的。

（2）为了处理大数据集或连续量的种种改进算法（离散化、取样）不仅增加了分类算法的额外开销，而且降低了分类的准确性。

11.1.2　决策树的相关概念

决策树是一棵二叉或多叉树。它的输入是一组带有类别标记的训练数据。二叉树的内部节点（非叶节点）一般表示为一个逻辑判断，如形式为 $X_i = x_{iv}$ 的逻辑判断，其中 X_i 为其中的一个属性，x_{iv} 为该属性的某个属性值；树的边是逻辑判断的分支结果。多叉树（ID3 算法）的内部节点是划分属性，边是该划分属性的所有取值，有几个属性值，就有几条边。树的叶节点都是类别标记。

构造决策树采用的是自上而下的递归构造方法。以多叉树为例，如果一个训练数据集中的数据有几种属性值，则按照属性的各种取值把这个训练数据集划分为对应的几个子集（分支），再依次递归处理各个子集。反之，则作为叶节点。决策树分类过程包括构建分类模型（学习阶段）和验证分类两步。

第一步：利用训练集建立并精剪一棵决策树，建立决策树模型。问题的关键是建立一棵决策树。这个过程实际上是一个从数据中获取知识，进行机器学习的过程。通常，该过程包括建树阶段和剪枝阶段。

（1）建树（tree building）：决策树创建分支算法如下所示。这是一个递归的过程，最终将得到一棵树。

```
createBranch()
检测数据集中的每个子项是否属于同一分类:
  if so return 类标签
  else
    寻找划分数据集的最优属性
    划分数据集
    创建分支节点
    for 每个划分的子集
      调用 createBranch()函数并增加返回结果到分支节点中
  return 分支节点
```

（2）剪枝（tree pruning）：剪枝的目的是降低由训练集存在噪声而产生的干扰。

决策树的剪枝方法主要有如下两类。

第一，先剪枝（pre-pruning）。在建树的过程中，当满足一定条件，如信息增益或者某些有效统计量达到某个预先设定的阈值时，节点不再继续分裂，内部节点成为一个叶节点。

第二，后剪枝（pos-pruning）。独立于建树训练集的训练数据，剪枝决策树时，其训练数据的类别标签与叶节点的类别标签不同，称发生分类错误。对建好的决策树的每个内部节点，可计算加权平均的每个分支出错率。通过比较该节点剪枝前后的错误率，最终形成一棵错误率尽可能小的决策树。

信息熵（information entropy）是度量样本集合纯度最常用的一种指标。假定样本数据集合 X 中，$X_1, X_2, \cdots, X_d$ 为待选划分属性。Y 为决策属性，有 K 个可能取值 $y_1, y_2, \cdots, y_K$，第 k 个类别包含了类别 $Y = y_k$ 的所有样本点，其所占的比例记为 p_k（$k = 1, 2, \cdots, K$）。则样本数据集合 X 的信息熵 $\mathrm{En}(X)$ 定义为

$$\mathrm{En}(X) = -\sum_{k=1}^{K} p_k \log_2 p_k$$

$\mathrm{En}(X)$ 的值越小，样本集 X 的纯度越高。

假定离散属性 X_i 有 V_i 个可能的取值 $\{x_{i1}, x_{i2}, \cdots, x_{iV_i}\}$。用属性 X_i 对数据集 X 进行划分，产生 V_i 个类别，第 v 个类别包含了数据集 X 中所有满足属性 $X_i = x_{iv}$ 的样本点，这些样本点的集合记为 X_{iv}，即 $X_{iv} = \{X_i = x_{iv}\}$，$\mathrm{En}(X_{iv}) = \mathrm{En}(X_i = x_{iv})$。样本点数量记为 $|X_{iv}|$，根据不同数据子集 X_{iv} 所包含的样本点数量不同，赋予的权重 $|X_{iv}| / \sum_{v_i=1}^{V_i} |X_{iv_i}|$ 不同。样本点越多的数据子集权重越大，对分类结果影响越大。

条件熵定义为

$$\mathrm{En}(X \mid X_i) = \sum_{v=1}^{V_i} |X_{iv}| \mathrm{En}(X_{iv}) / \sum_{v_i=1}^{V_i} |X_{iv_i}|$$

用属性 X_i 对数据集 X 进行划分所获得的信息增益（information gain）定义为

$$\mathrm{Ga}(X, X_i) = \mathrm{En}(X) - \mathrm{En}(X \mid X_i)$$

一般而言，信息增益越大，意味着使用属性 X_i 进行划分所获得的纯度提升越大。在候选属性 $X_1, X_2, \cdots, X_d$ 中，选择那个使划分后信息增益最大的属性作为划分属性，即

$$X_* = \arg \max_{X_i \in X} \mathrm{Ga}(X, X_i)$$

增益率定义为

$$\mathrm{Ga\_}r(X, X_i) = \frac{\mathrm{Ga}(X, X_i)}{\mathrm{IV}(X_i)}$$

其中，

$$\mathrm{IV}(X_i) = -\sum_{v=1}^{V_i} \frac{|X_{iv}|}{\sum_{v_i=1}^{V_i}|X_{iv_i}|} \log_2 \frac{|X_{iv}|}{\sum_{v_i=1}^{V_i}|X_{iv_i}|}$$

其中，$\mathrm{IV}(X_i)$ 称为属性 X_i 的固有值，属性 X_i 的可能取值数目 V_i 越大，$\mathrm{IV}(X_i)$ 的值通常会越大。

第二步：利用生成完毕的决策树对输入数据进行分类。对输入的记录，从根节点依次测试记录的属性值，直到到达某个叶节点，从而找到该记录所在的类。

11.2 ID3 算法

由 Quinlan 在 20 世纪 80 年代中期提出的 ID3 算法是分类规则挖掘算法中最有影响的算法之一。早期的 ID3 算法只能就两类数据进行挖掘（如正类和负类）；经过改进后，现在 ID3 算法可以挖掘多类数据。待挖掘的数据必须是不矛盾的、一致的，也就是说，对于具有相同属性的数据，其对应的类必须是唯一的。在 ID3 算法挖掘后，分类规则由决策树来表示。

11.2.1 ID3 算法解读

ID3 算法使用自顶向下的贪婪搜索遍历决策空间构建决策树。在信息论中，期望信息越小，信息增益就越大，纯度就越高。ID3 算法的核心思想就是以信息增益为度量划分属性的选择，选择分裂后信息增益最大的属性进行分裂。该算法主要体现为两步循环迭代：第一步，根据使用属性对样本集进行划分所获得的信息增益，选取一个最优属性作为决策树的根节点，创建树分支并进行迭代，生成决策树；第二步，得到分类规则及其分类判断。

以表 11.1 顾客数据库训练数据集为例。其中，RID 为顾客标识，age 为顾客年龄，income 为顾客收入等级，student 为顾客身份是否为学生，credit_rating 为顾客信用等级，buys_computer 为决策判别属性。决策树分类具体步骤解读如下。

决策属性 Y：buys_computer。

划分属性 X：X_a（age），X_i（income），X_s（student），X_c（credit_rating）。

表 11.1 顾客数据库训练数据集

RID	age	income	student	credit_rating	buys_computer
1	≤30	high	no	fair	no
2	≤30	high	no	excellent	no
3	31~40	high	no	fair	yes
4	>40	medium	no	fair	yes
5	>40	low	yes	fair	yes
6	>40	low	yes	excellent	no
7	31~40	low	yes	excellent	yes

续表

RID	age	income	student	credit_rating	buys_computer
8	≤30	medium	no	fair	no
9	≤30	low	yes	fair	yes
10	>40	medium	yes	fair	yes
11	≤30	medium	yes	excellent	yes
12	31~40	medium	no	excellent	yes
13	31~40	high	yes	fair	yes
14	>40	medium	no	excellent	no

第一步，基于信息增益选取一个属性作为决策树根节点，并创建树分支。在候选属性 $X_1, X_2, \cdots, X_d$ 中，选择那个使得划分后信息增益最大的属性作为划分属性，即 $X_* = \arg\max\limits_{X_i \in X} \mathrm{Ga}(X, X_i)$。上述每个属性信息增益的算法实现为

$$\mathrm{Ga}(X, X_a) = \mathrm{En}(X) - \mathrm{En}(X \mid X_a) = 0.246$$
$$\mathrm{Ga}(X, X_i) = \mathrm{Ent}(X) - \mathrm{En}(X \mid X_i) = 0.029$$
$$\mathrm{Ga}(X, X_s) = \mathrm{En}(X) - \mathrm{En}(X \mid X_s) = 0.151$$
$$\mathrm{Ga}(X, X_c) = \mathrm{En}(X) - \mathrm{En}(X \mid X_c) = 0.048$$

由以上式子可以看出，使用属性 X_a 对样本进行划分所获得的信息增益最大，因此，第一步使用 X_a 作为划分属性对样本集进行划分。

第二步，对于中间节点，重复第一步的属性选择方法，对剩余属性计算信息增益进行分类。

这个算法可以创建一棵基于训练数据集的"正确"的决策树，然而，这棵决策树不一定是简单的。显然，不同的属性选取顺序将生成不同的决策树。因此，需要选取适当的属性，以生成一棵"简单"的决策树。在 ID3 算法中，采用了一种基于信息的启发式的方法来决定如何选取属性。启发式方法选取具有最高信息量的属性，也就是说，选取生成最少分支决策树的那个属性。

决策树剪枝常常利用先剪枝或后剪枝等方法，去掉最不可靠、可能是噪声的一些分支。通过比较该节点剪枝前后的错误率，最终形成一棵错误率尽可能小的决策树。

对于建好的决策树，可以提取由决策树表示的分类规则，并以 IF-THEN 的形式表示。具体方法是：从根节点到叶节点的每一条路径创建一条分类规则，路径上的每一个"属性-值"对为规则的前件（即 IF 部分）的一个合取项，叶节点为规则的后件（即 THEN 部分）。

例如，对于 buys_computer 的决策树可提取以下分类规则。

```
IF age='<=30'AND student='no' THEN buys_computer='no'
IF age='<=30'AND student='yes' THEN buys_computer='yes'
IF age='30…40'THEN buys_computer='yes'
IF age='>40'AND credit_rating='excellent' THEN buys_computer='no'
IF age='>40'AND credit_rating='fair' THEN buys_computer='yes'
```

11.2.2　ID3 算法有效边界

ID3 算法对大部分数据集有效，是分类规则挖掘算法中最有影响力的算法。ID3 算法有效边界如下。

（1）连续型属性离散化：ID3 算法对符号性属性的知识挖掘比较简单，也就是说，该算法对离散型属性的挖掘更为直观。算法将针对属性的所有符号创建决策树分支。但是，如果属性值是连续的，如一个人的身高、体重等，若针对属性的所有不同的值创建决策树，则决策树将过于庞大而导致该算法失效。

（2）属性选择度量：ID3 算法中采用信息增益作为属性选择的度量，信息增益准则对可取值数目较多的属性有所偏好，为减少这种偏好可能带来的不利影响，C4.5 决策树算法使用信息增益率来选择最优划分属性，先从候选划分属性中找出信息增益高于平均水平的属性，再从中选择信息增益率最高的。

（3）空缺值处理：若属性 X_i 有空缺值，则可用属性 X_i 的最常见值、平均值、样本平均值等填充。

（4）碎片、重复和复制处理：反复地将数据划分为越来越小的部分，决策树归纳可能面临碎片、重复和复制等问题。碎片是指在一个给定的分支中的样本数太少，从而失去统计意义。

（5）可伸缩性：ID3 算法对于相对较小的训练数据集是有效的，但对于现实世界中数据量很大的数据挖掘而言，有效性和可伸缩性成为必须关注的问题。面对数以百万计的训练数据集，需要频繁地将训练数据在主存和高速缓存之间换进换出，从而使算法的效率变得低下。

决策树在计算机中存储的方式决定了该分类规则相对于其他形式的分类规则（如公式）而言更晦涩难懂。因此，一般在算法结束后，需要把决策树以用户易于理解的方法显示出来。

■ 11.3　其他常用的决策树分类规则算法

本节先针对 ID3 算法的不足，介绍 ID3 算法的改进，然后给出其他常用的决策树分类规则算法。

11.3.1　ID3 算法改进

为了解决连续型属性离散化问题，在用 ID3 算法挖掘具有连续型属性的知识时，应该首先把该连续型属性离散化。最简单的方法就是把属性值分成 $X_i \leqslant N$ 和 $X_i > N$ 两段。例如，身高可以分为 1 米及以下和 1 米以上，或者分为 1.5 米及以下和 1.5 米以上。那么，如何选择最佳的分段值呢？对于任何一个属性，其所有的取值在一个数据集中是有限的。假设该属性取值为 $\{x_{i1}, x_{i2}, \cdots, x_{iV_i}\}$，则在这个集合中，一共存在 $V_i - 1$ 个分段值，ID3 算法采用计算信息量的方法计算最佳的分段值，然后进一步构建决策树。

为了降低信息增益准则对可取值数目较多的属性有所偏好而可能带来的不利影响，

C4.5 决策树算法使用信息增益率来选择最优划分属性，先从候选划分属性中找出信息增益高于平均水平的属性，再从中选择信息增益率最高的。

针对决策树归纳可能面临的碎片、重复和复制等问题，一种方法是将分类属性值分组，决策树节点可以测试一个属性值是否属于给定的集合。另一种方法是创建二叉判定树，在树的节点上进行属性的布尔测试，从而减少碎片。当一个属性沿树的一个给定的分支重复测试时，将出现重复。复制是拷贝树中已经存在的子树。通过给定的属性构造新的属性（即属性构造），可以防止以上问题的发生。

为了提高数据量很大的数据集中 ID3 算法的有效性和可伸缩性，将训练数据集划分为子集，使得每个子集能够在内存中存储；然后由每个子集构造一棵决策树；最后，将每个子集得到的分类规则组合起来，得到输出的分类规则。最近，学者提出了一些强调可伸缩性的决策树算法，如监督学习算法（supervised learning in Quest①，SLIQ）、可伸缩并行归纳决策树（scalable parallelizable induction of decision tree，SPRINT）等。这两种算法都使用了预排序技术，并采用了新的数据结构，以利于构造决策树。

11.3.2 几种常用的决策树分类规则算法

1. C4.5 算法

C4.5 算法是 ID3 算法的扩展。它相较 ID3 算法改进的部分是它能够处理连续型的属性。该方法先将连续型属性离散化，把连续型属性的值分成不同的区间，依据是各个属性信息增益值的大小。

所用的基于分类挖掘的决策树算法没有考虑噪声问题，生成的决策树很完美，但这只不过是理论上的。在实际应用过程中，大量的现实世界中的数据都不是以意愿来定的，可能在某些字段上缺值（missing values）；可能数据不准确、含有噪声或者是错误的；可能缺少必需的数据造成了数据的不完整。另外，决策树技术本身也存在一些不足的地方，如当类别很多的时候，它的错误就可能出现，甚至很多，且它对连续型字段比较难做出准确的预测。而且一般算法在分类的时候，只是根据一个属性来分类的。

在有噪声的情况下，完全拟合将导致过拟合（overfitting），即对训练数据的完全拟合反而不具有很好的预测性能。剪枝是一种克服噪声的技术，同时它也能使树简化而更容易理解。另外，决策树技术也可能产生子树复制和碎片问题。

2. DBlearn 算法

DBlearn 算法用域知识生成基于关系数据库的预定义子集的描述。DBlearn 算法采用自底向上的搜索策略，使用属性层次形式的域知识，同时该算法使用了关系代数。该算法的事务集是一个关系表，即一个具有若干个属性的 n 元组。

系统采用关系表作为知识结构：对每一类，它构建一个关系表。这个关系表的属性是实例集属性的子集。一个元组可以看作是一个属性值关联的逻辑公式。搜索空间的开始是整个实例集，而最终目的是生成一个类描述的表。类描述表的大小不能超过用户定义的阈值。阈值的大小决定了类描述表的大小。如果阈值太小，则生成的规则比较简单，但同时

---

① Quest 是 IBM Almaden 研究中心的数据挖掘项目。

也可能丢失了一些有用的信息从而产生过度一般化的问题；如果阈值太大，则生成的规则比较详细，但同时也可能产生没有完全一般化和规则复杂的问题。一些属性域被局部排序从而构成一个层次结构，每一个值都是该值所在层次中全部值的一般化。

DBlearn 算法是一个相对比较简单的决策树分类规则算法，通过对属性取值不断进行一般化操作从而最终获得规则。在数据挖掘的过程中，该算法是域知识挖掘的一个典型例子。该算法经过改进可以挖掘那些包含噪声数据的不纯净数据，同时可以做增量学习。

3. OC1 算法

斜面分类 1（oblique classifier 1，OC1）算法基于线性规划的理论，以斜面超平面的思想为基础，采用自顶向下的方法，在划分属性都是正实数类型的搜索空间中创建斜面决策树。如果搜索空间都属于同一类，则算法终止，否则，在搜索空间中寻找一个"最佳"划分搜索空间的斜面超平面，以此斜面超平面标识当前节点，把搜索空间分成两个半空间的搜索空间（左子树和右子树），反复在每个半空间的搜索空间中继续寻找"最佳"斜面超平面，直至算法终止。

4. SLIQ 算法

SLIQ 算法是 IBM Almaden 研究中心于 1996 年提出的一种高速可调节的数据挖掘分类算法。该算法通过预排序技术，着重解决当训练集数据量巨大，无法全部放入内存时，如何高速、准确地生成决策树的问题。SLIQ 算法能同时处理离散型字段和连续型字段。

SLIQ 算法的优点包括：运算速度快，对属性值只做一次排序；能利用整个训练集的所有数据，不做采样处理，不丧失精确度；可轻松处理磁盘常驻的大型训练集，适合处理数据仓库的海量历史数据；更快生成更小的目标树。其被称作低代价的最小描述长度（minimum description length，MDL）剪枝算法。

5. CART 算法

CART 算法由 Breiman 等于 1984 年提出，是应用广泛的决策树学习算法。CART 算法由划分属性的选择、树的生成及剪枝组成，既可以用于决策树分类规则挖掘，也可以用于建立回归树模型。CART 算法假设决策树是二叉树，内部节点属性的取值为"是"和"否"，这样 CART 算法等价于递归地二分每个属性，决策树的生成就是递归地构建二叉决策树的过程。CART 算法对回归树用平方误差最小化准则，对分类树用基尼指数（Gini index）最小化准则，优选划分属性。

CART 算法可用来自动探测高度复杂数据的潜在结构、重要模式和关系。这种探测出的知识又可用来构造精确和可靠的预测模型，被应用于分类客户、准确直邮、侦测通信卡及信用卡诈骗和管理信用风险。

主要参考文献

方巍. 2019. Python 数据挖掘与机器学习实战. 北京：机械工业出版社.

李航. 2012. 统计学习方法. 北京：清华大学出版社.

周志华. 2016. 机器学习. 北京：清华大学出版社.

Breiman L，Friedman J，Olshen R，et al. 1984. Classification and Regression Trees. New York：Chapman & Hall.

Han J W，Kamber M，Pei J. 2012. 数据挖掘：概念与技术（原书第 3 版）. 范明，孟小峰，译. 北京：机械工业出版社.

Moreira J M，de Carvalho A，Horváth T. 2021. 数据分析：统计、描述、预测与应用. 吴常玉，译. 北京：清华大学出版社.

Provost F，Fawcett T. 2019. 商战数据挖掘. 郭鹏程，管晨，译. 北京：人民邮电出版社.

Tan P N，Steinbach M，Karpatne A，et al. 2019. 数据挖掘导论（原书第 2 版）. 段磊，张天庆，等，译. 北京：机械工业出版社.

Zaki M J，Meria Jr W. 2017. 数据挖掘与分析：概念与算法. 吴诚堃，译. 北京：人民邮电出版社.

第12章

K-平均聚类

聚类（clustering）是将物理或抽象事物划分为多个类（cluster）或簇的过程。同一簇中事物之间存在较高相似度，不同簇中的事物则存在较大差别。本章介绍 K-平均聚类的基础知识。其中，12.1 节介绍聚类分析的简史、类型和相关概念；12.2 节介绍 K-平均聚类的算法；12.3 节介绍其他常用的聚类算法。

■ 12.1 K-平均聚类的基础知识

聚类分析能够识别事物密集的和事物稀疏的区域，继而发现全局的分布模式，以及数据属性之间的相互关系特征。本节主要给出聚类分析的发展简介和发展趋势、聚类分析的相关概念。

12.1.1 问题提出

聚类与分类都是将物理或抽象事物划分为多个类的数据挖掘算法。聚类与分类的不同之处在于，分类是基于已认知的类特征对事物进行划分，并形成分类规则以辅助决策。聚类的事物则不存在已知的类标，即待划分的类是未知的。由于聚类分析不依赖预先定义的类和带类标号的训练实例，因此，在机器学习领域，聚类被看作是一种观察式的无指导学习，而不是示例式学习。使用聚类分析的目的主要有以下三点：①发现隐藏在数据间的结构和信息；②对对象进行自然分类；③信息压缩。

下面，用表 12.1 的例子解释聚类分析。表 12.1 给出了 8 个事物，分别用 x_1、x_2、x_3、x_4、x_5、x_6、x_7、x_8 表示。每个事物有 2 个属性（特征变量），分别用 x_{i1} 和 x_{i2} 表示，其中 $i \in (1, 2, \cdots, 8)$，但其类标未知。这里，运用聚类分析将 8 个事物分为两个类。两个变量 x_{i1} 和 x_{i2} 都是特征变量，并不是已知的类标，聚类不依赖预先定义的类和带类标号。

表 12.1　聚类分析的演示数据

事物	x_{i1}	x_{i2}	事物	x_{i1}	x_{i2}
x_1	1	1	x_5	4	3
x_2	2	1	x_6	5	3
x_3	1	2	x_7	4	4
x_4	2	2	x_8	5	4

同一簇中事物之间存在较高相似度的描述方法很多，为了便于解释，选用两点之间的欧氏距离。如 $x_2 = (2,1)$，另外两个点分别为 $x_1 = (1,1)$ 和 $x_8 = (5,4)$，则点 $x_2 = (2,1)$ 到点 $x_1 = (1,1)$ 的欧氏距离为 $\sqrt{(2-1)^2 + (1-1)^2} = 1$，到点 $x_8 = (5,4)$ 的欧氏距离为 $\sqrt{(2-5)^2 + (1-4)^2} = 3\sqrt{2}$。由于 $1 < 3\sqrt{2}$，点 $x_2 = (2,1)$ 与点 $x_1 = (1,1)$ 的距离更小，说明事物 x_2 和事物 x_1 之间的相似度更高，更可能划分为一类。演示数据与类平均值点的距离如表 12.2 所示。

表 12.2　演示数据与类平均值点的距离

事物	x_A	x_B	事物	x_A	x_B
x_1	0.71	4.30	x_5	2.92	0.71
x_2	0.71	3.54	x_6	3.81	0.71
x_3	0.71	3.81	x_7	3.54	0.71
x_4	0.71	2.92	x_8	4.30	0.71

$x_A = (1.5,1.5)$、$x_B = (4.5,3.5)$ 分别为两个类的平均值点。表 12.2 中的数据给出了每个点到两个类的平均值点的距离。例如，点 x_2 到第一类的平均值点 x_A 的距离为 0.71，到第二类的平均值点 x_B 的距离为 3.54。表 12.2 显示，观测的事物被划分为两类。第一类包括点 x_1、x_2、x_3、x_4，这些点之间距离近，小于到其他点的距离，反映了这些事物之间存在较高相似度；第二类包括点 x_5、x_6、x_7、x_8，这些点之间距离近，反映了这些事物之间存在较高相似度。

1967 年 MacQueen 提出的 K-平均聚类算法[1]，已成为经典的聚类分析算法之一。1990 年，Kaufman 和 Rousseeuw 提出的 K-中心点算法[2]能在一定程度上减少噪声带来的影响。但是，K-平均聚类算法及 K-中心点算法适用于在中小规模数据集中发现球状簇，对大型数据集的聚类效果不好。1994 年，Ng 和 Han 提出了 CLARANS（clustering large applications based upon randomized search）算法[3]，适用于大型数据集，能够发现最"自然"的结果簇数目，还能探测孤立点。另一类聚类算法的思路是对给定的数据集进行层次分解，

---

① MacQueen J B. 1967. Some methods for classification and analysis of multivariate observations. The 5th Berkeley Symposium on Mathematical Statistics and Probability.

② Kaufman L，Rousseeuw P. 1990. Finding Groups in Data：An Introduction to Cluster Analysis. New York：John Wiley & Sons.

③ Ng R T，Han J W. 1994. Efficient and effective clustering method for spatial data mining. The 20th International Conference on Very Large Data Bases.

其被称为层次聚类算法。在层次聚类方面，较为著名的有 Zhang 等于 1996 年提出的 BIRCH（balanced iterative reducing and clustering using hierarchies）算法[1]和 Guha 等于 1998 年提出的 CURE（clustering using representatives）算法[2]。BIRCH 算法在大型数据集中有较高的计算速度和可伸缩性，对增量和动态聚类非常有效。CURE 算法在解决许多聚类偏好球形和大小相近簇的问题上取得了良好效果，并且能较好地对孤立点进行处理。1996 年，Ester 等提出了一种密度聚类算法——DBSCAN（density-based spatial clustering of applications with noise）算法[3]，摒弃了以距离度量数据相似性的方式，将具有足够高密度的区域划分为簇，能够在具有噪声的数据中发现任意形状的簇。此外，基于网格和基于模型的聚类方法也较为成熟。基于网格的聚类方法的主要代表有 Wang 等在 1997 年提出的 STING（statistical information grid）算法[4]和 Agrawal 等在 1998 年提出的 CLIQUE（clustering in Quest）算法[5]。基于模型的聚类方法的代表有 Fridman 在 1977 年提出的 Cobweb 算法[6]以及 Knorr 和 Ng 在 1997 年提出的 SOM（self organized maps）算法[7]。

未来，随着数据的类型复杂化，为与数据发展趋势相适应，聚类分析方法的发展也具有以下几个趋势[8]。

（1）聚类集成。聚类集成的基本思想是对相同的数据集进行多次聚类，得到多个聚类结果。联合这些结果进行学习，在簇不够紧凑、分隔得不够开的情况下仍可能得到一个比较好的聚类划分。

（2）半监督学习。聚类分析仅仅凭借数据内在的信息将其数据点划归到个数未知的簇中，因此，样本偏差将直接影响聚类结果的准确性。半监督学习是利用数据的一些边带信息来提高聚类的准确性。

（3）大数据聚类。大数据聚类是指针对如具有数百万的数据点，每个数据点具有数千个特征这样的大数据集进行聚类，如在现实世界中的文本聚类、基因聚类、基于内容的图像检索、地球科学数据的聚类等针对的都是大型的数据集。大数据聚类可大致分为 5 类：高效的最近邻搜索、数据汇总、分布式计算、增量式聚类，以及基于采样的方法。

（4）多路聚类（multi-way clustering）。传统的模式识别中，一个特征向量是由一个对象的一组不同特征的度量值组成的。这种对象的表示对于某些类型的数据来说不是一种自

① Zhang T，Ramakrishnan R，Livny M. 1996. BIRCH：an efficient data clustering method for very large databases. ACM SIGMOD Record，25（2）：103-114.
② Guha S，Rastogi R，Shim K. 1998. CURE：an efficient clustering algorithm for large databases. ACM SIGMOD Record，27（2）：73-84.
③ Ester M，Kriegel H P，Sander J，et al. 1996. A density-based algorithm for discovering clusters in large spatial databases with noise. The 2nd International Conference on Knowledge Discovery and Data Mining.
④ Wang W，Yang J，Muntz R R. 1997. STING：a statistical information grid approach to spatial data mining. The 23rd International Conference on Very Large Data Bases.
⑤ Agrawal R，Gehrke J，Gunopulos D，et al. 1998. Automatic subspace clustering of high dimensional data for data mining applications. The 1998 ACM SIGKDD International Conference on Management of Data.
⑥ Fridman J H. 1977. A recursive partitioning decision rule for nonparametric classifiers. IEEE Transactions on Computers，26（4）：404-408.
⑦ Knorr E M，Ng R T. 1997. A unified notion of outliers：properties and computation. The 3rd ACM SIGKDD International Conference on Knowledge Discovery and Data Mining.
⑧ Jain A K. 2010. Data clustering：50 years beyond k-means. Pattern Recognition Letters，31（8）：651-666.

然的表示方法。异构数据（heterogeneous data）是指用定长的特征向量不能自然表示的数据。这些数据包括排序数据、动态数据、图数据、关系数据等。多路聚类同时对聚类对象的异构部分进行聚类，从而将它们划分到不同的簇当中。

聚类是一个富有挑战性的研究领域。它的潜在应用提出了各自特殊的要求。针对聚类算法的评价主要以这九条标准为依据。

（1）可伸缩性。许多聚类算法在小于 200 个数据对象的小数据集合上工作得很好，但是一个大规模数据库可能包含几百万个对象，在这样的大数据集合上进行聚类可能会导致有偏差的结果，需要具有高度可伸缩性的聚类算法。

（2）处理不同类型属性的能力。许多算法主要是针对数值类型的数据进行聚类。但是，实际应用可能要求聚类算法能够对其他类型的数据进行聚类，如二元类型（binary）、分类/标称类型（categorical/nominal）、序数型（ordinal）数据，或者这些数据类型的混合。

（3）发现任意形状的聚类。许多聚类算法基于欧氏距离或者曼哈顿距离度量来决定聚类。基于这些距离度量的算法趋向于发现具有相似尺度和密度的球状簇。但是，一个簇可能是任意形状的。能发现任意形状簇的算法是很重要的。

（4）用于决定输入参数的领域知识最小化。许多聚类算法在聚类分析中要求用户输入一些参数，如希望产生的簇的数目。聚类结果对于输入参数十分敏感。参数通常很难确定，特别是对于包含高维对象的数据集来说，更是如此。要求用户输入参数不仅加重了用户的负担，也使得聚类的质量难以控制。

（5）处理噪声数据的能力。绝大多数现实世界中的数据库都包含孤立点、空缺值、未知数据或者错误的数据。一些聚类算法对于这样的数据较敏感，可能导致低质量的聚类结果。

（6）对于输入记录的顺序不敏感。一些聚类算法对于输入数据的顺序是敏感的。例如，同一个数据集合，当以不同的顺序输入给同一个算法时，可能生成差别很大的聚类结果。开发对数据输入顺序不敏感的算法具有重要的意义。

（7）高维性（high dimensionality）。许多聚类算法擅长处理低维的数据，只涉及两维到三维。人类直觉最多在三维的情况下能够很好地判断聚类的质量。在高维空间中，聚类数据对象非常有挑战性，特别是考虑到这样的数据可能非常稀疏，而且高度偏斜。

（8）基于约束的聚类。现实世界的应用可能需要在各种约束条件下进行聚类。假设你的工作是在一个城市中为给定数目的自动提款机选择安装位置，为了做出决定，你可以对住宅区进行聚类，同时考虑如城市的河流和公路网及每个地区的客户要求等情况。要找到既满足特定约束又具有良好聚类特性的数据分组是一项具有挑战性的任务。

（9）可解释性和可用性。用户希望聚类结果是可解释的、可理解的和可用的。也就是说，聚类可能需要和特定的语义解释与应用相联系。应用目标如何影响聚类方法的选择也是一个重要的研究课题。

聚类分析的应用十分广泛，在诸如模式识别、数据分析、图像处理、信息检索等计算机技术领域以及生物学、精神病学、心理学、考古学、地质学及市场研究等领域也具有丰富的应用场景。譬如，为提高数据分析效率，对数据集进行聚类预处理；对 Web 文档聚类，获取网络文档特征；对植物或动物信息聚类，掌握种群结构特征；对市场客户信息聚类，挖掘相应客户群特征等。

12.1.2 相关概念

数据矩阵和相异度矩阵是聚类算法要用的两种代表性数据结构。前者是由 n 个对象的 p 个变量组成的一个 $n \times p$ 的矩阵，后者是存储 n 个对象两两之间近似性的一个 $n \times n$ 的矩阵。如果所使用的数据是数据矩阵的形式，要先将其转换成相异度矩阵再使用聚类算法。下面，先讨论在聚类分析中经常出现的几种数据类型，以及如何对其进行相异度测度。

1）区间标度变量及其相异度测度

区间标度变量是连续度量，如重量和高度、经度和纬度坐标、大气温度等。区间标度变量使用距离来描述对象的相异度。一般而言，区间标度变量所选用的度量单位越小，变量可能的值域就越大，对聚类结果造成的影响也越大，在计算距离之前要先对数据进行标准化。变量标准化的公式如下：

$$z_{if} = \frac{x_{if} - m_f}{s_f} \tag{12.1}$$

其中， m_f 为变量的平均数， $m_f = (x_{1f} + x_{2f} + \cdots + x_{nf})/n$ ； s_f 为变量的平均绝对偏差， $s_f = (|x_{1f} - m_f| + |x_{2f} - m_f| + \cdots + |x_{nf} - m_f|)/n$ 。距离的度量包括下面三种方法。

（1）欧氏距离：

$$d(x_i, x_j) = \sqrt{(x_{i1} - x_{j1})^2 + (x_{i2} - x_{j2})^2 + \cdots + (x_{ip} - x_{jp})^2} \tag{12.2}$$

其中， $x_i = (x_{i1}, x_{i2}, \cdots, x_{ip})$ 和 $x_j = (x_{j1}, x_{j2}, \cdots, x_{jp})$ 为两个 p 维的实向量。

（2）曼哈顿距离：

$$d(x_i, x_j) = |x_{i1} - x_{j1}| + |x_{i2} - x_{j2}| + \cdots + |x_{ip} - x_{jp}| \tag{12.3}$$

其中， $x_i = (x_{i1}, x_{i2}, \cdots, x_{ip})$ 和 $x_j = (x_{j1}, x_{j2}, \cdots, x_{jp})$ 为两个 p 维的实向量。

（3）明考斯基距离：

$$d(x_i, x_j) = \sqrt[q]{(|x_{i1} - x_{j1}|^q + |x_{i2} - x_{j2}|^q + \cdots + |x_{ip} - x_{jp}|^q)} \tag{12.4}$$

其中， $x_i = (x_{i1}, x_{i2}, \cdots, x_{ip})$ 和 $x_j = (x_{j1}, x_{j2}, \cdots, x_{jp})$ 为两个 p 维的实向量； q 为正整数。

明考斯基距离是欧氏距离和曼哈顿距离的一般化。当 $q = 1$ 时， $d(x_i, x_j)$ 即为曼哈顿距离；当 $q = 2$ 时， $d(x_i, x_j)$ 即为欧氏距离。另外，距离函数有如下特性。

（1） $d(x_i, x_j) \geqslant 0$ ，即距离是一个非负的数值。

（2） $d(x_i, x_i) = 0$ ，即一个对象与自身的距离是 0。

（3） $d(x_i, x_j) = d(x_j, x_i)$ ，即距离函数具有对称性。

（4） $d(x_i, x_j) \leqslant d(x_i, x_k) + d(x_k, x_j)$ 。从对象 i 到对象 j 的直接距离不会大于途径任何其他对象的距离。

2）二元变量及其相异度测度

二元变量的观测值只有 0 和 1 两个，取值为 1 表明随机事件发生，取值为 0 表明随机事件未发生。例如，用二元变量 Y 描述学生是否通过期末考试，取值为 1 表示通过，取值为 0 表示没有通过。二元变量的相异度通过计算不同取值的变量数占全部变量数的比率来表示。对象 x_i 和 x_j 的变量的不同取值组合见表 12.3。

表 12.3　二元变量取值的可能性表

		x_i		
		1	0	总计
	1	a	b	$a+b$
x_j	0	c	d	$c+d$
	总计	$a+c$	$b+d$	p

在表 12.3 中，a 是对象 x_i 和 x_j 取值都为 1 的变量数目，b 是对象 x_i 取值为 0 而对象 x_j 取值为 1 的变量数目，c 是对象 x_i 取值为 1 而对象 x_j 取值为 0 的变量数目，d 是对象 x_i 和 x_j 的取值都为 0 的变量数目。每个对象都是 p 维向量，$p = a+b+c+d$。

如果一个二元变量的两个数值是同等价值的，则称这种二元变量是对称的，这时可以任取其中一种数值编码为 1 或者 0，每种数值赋予相同的权重。例如，"性别"变量就是对称的二元变量，男性或女性之一都可以被编码为 1。对于对称的二元变量，采用简单匹配系数测算相异度：

$$d(x_i, x_j) = \frac{b+c}{a+b+c+d} \tag{12.5}$$

如果一个二元变量的两个数值不是同样重要的，则称该二元变量是不对称的。例如，一个疾病检查的结果有肯定和否定两种。习惯的做法是将比较重要的结果编码为 1，而将另一种结果编码为 0。给定两个不对称的二元变量，两个都取 1 的情况（正匹配）被认为比两个都取 0 的情况（负匹配）更有意义。对于非对称的二元变量，采用 Jaccard 系数来评价两个对象之间的相异度。在 Jaccard 系数的计算中，两个都取 0 的情况被认为是不重要的，因此被忽略。用 Jaccard 系数测算的非对称二元变量的相异度为

$$d(x_i, x_j) = \frac{b+c}{a+b+c} \tag{12.6}$$

3）标称型变量及其相异度测度

标称型变量（nominal variable）是二元变量的推广，可以具有多于两个的数值。例如，用标称型变量 Y 表示花朵的颜色，可能有五个：红色、黄色、绿色、粉红色和蓝色。假设一个标称型变量有 m 个类别。这些类别可以用字母、符号或者一组整数来表示。例如，用 1、2、3、4、5 表示花朵的颜色，但注意这些整数只是用于标示变量的类别，并不代表任何特定的顺序。标称型变量所描述的对象之间的相异度测算有两种方法。一种方法是使用简单匹配方法：

$$d(x_i, x_j) = \frac{p-m}{p} \tag{12.7}$$

其中，$x_i = (x_{i1}, x_{i2}, \cdots, x_{ip})$，$x_j = (x_{j1}, x_{j2}, \cdots, x_{jp})$；$m$ 为对象 x_i 和 x_j 中取值相同的变量数目（匹配的数目）；p 为对象 x_i 和 x_j 所包含的变量的数目。另一种方法是使用二元变量，为每一个标称型变量创建一个新的二元变量，可以用非对称的二元变量来编码标称型变量。对于一个有特定数值的对象，对二元变量的特定数值设置为1，其余的二元变量值设置为0。

4）序数型变量及其相异度测度

序数型变量（ordinal variable）可以是离散的，也可以是连续的。离散序数型变量类似于标称型变量，只是序数值的 M 个值是以有意义的序列排序的。比如职业的排列按某个顺序，如助理、副手、正职。连续序数型变量类似于区间标度变量，但是它没有单位，值的相对顺序是必要的，而其实际大小并不重要。比如某个比赛中的相对排名，如金牌、银牌、铜牌。序数型变量相异度的计算与区间标度变量相似。首先，将 x_{if} 用它对应的秩 r_{if} 代替，$r_{if} \in \{1, 2, \cdots, M_f\}$，$f$ 是用于描述 n 个对象的一组顺序变量之一，变量 f 有 M_f 个有序状态。其次，将每个变量的值映射到[0, 1]上，每个变量都有相同的权重，通过下面的转换公式，用 z_{if} 替代 r_{if}：

$$z_{if} = \frac{r_{if} - 1}{M_f - 1} \tag{12.8}$$

最后，用区间标度变量的任一种距离方法计算两个对象的相异度。

5）比例标度型变量及其相异度测度

比例标度型变量（ratio-scaled variable）总是取正的度量值，是一个非线性的标度，近似遵循指数标度，如 $A\exp(Bt)$ 或 Ae^{-Bt}。典型的例子包括细菌数目的增长和放射性元素的衰变等。比例标度型变量的相异度测算方法有三种。

（1）采用与处理区间标度变量相同的方法，但这种做法通常不是一个好的选择，因为标度可能被扭曲。

（2）对比例标度型变量进行对数变换，如 $y_{if} = \log x_{if}$，然后按区间标度的数值进行处理。

（3）将其作为连续的序数型数据，将其秩作为区间标度的数值来对待。

前面介绍了由同种类型变量描述的对象之间的相异度测算方法，但是在许多现实的数据库中，对象是用混合类型的变量描述的。一般来说，一个数据库可能包含前面列举的区间标度变量、二元变量、标称型变量、序数型变量和比例标度型变量等全部变量类型。对于混合类型变量的相异度计算，一种方法是将不同类型的变量组合在单个相异度矩阵中，把所有变量都转换到共同的值域区间上。$x_i = (x_{i1}, x_{i2}, \cdots, x_{ip})$ 和 $x_j = (x_{j1}, x_{j2}, \cdots, x_{jp})$ 是两个 p 维的实向量，其中包含不同的变量类型，对 x_i 和 x_j 的相异度测算公式如下：

$$d(x_i, x_j) = \frac{\sum_{f=1}^{p} \delta_{ij}(f) d_{ij}(f)}{\sum_{f=1}^{p} \delta_{ij}(f)} \tag{12.9}$$

其中，p 为 x_i 和 x_j 中的变量个数；$\delta_{ij}(f)$ 为示性函数，如果 x_{if} 或 x_{jf} 缺失（即对象 x_i 或对

象 x_j 没有变量 x_f 的值），或者 x_{if} 和 x_{jf} 取值为 0（即 $x_{if} = x_{jf} = 0$），则 $\delta_{ij}(f)=0$；否则 $\delta_{ij}(f)=1$。$d_{ij}(f)$ 的取值与变量 x_f 的变量类型有关。

（1）当变量 x_f 是二元变量或标称型变量时，$d_{ij}(f)$ 是示性函数，如果 $x_{if}=x_{jf}$，则 $d_{ij}(f)=0$，否则 $d_{ij}(f)=1$。

（2）当变量 x_f 是区间标度变量时，

$$d_{ij}(f) = \frac{|x_{if} - x_{jf}|}{\max_h x_{hf} - \min_h x_{hf}} \tag{12.10}$$

其中，h 取遍变量 x_f 的所有非缺失数值。

（3）当变量 x_f 是序数型或比例标度型变量时，先计算秩 $r_{if} \in \{1,2,\cdots,M_f\}$，然后计算 $z_{if} = \frac{r_{if}-1}{M_f-1}$，将其作为区间标度变量值对待。

在实际应用中，人们基于数据特点，利用不同思路和理论方法提出了大量聚类分析方法，主要包括下面五种。

一是基于划分的聚类方法。具体做法为：首先给定数据集及初始划分的数目，然后采用一种迭代的重定位技术，尝试通过对象划分试错来改进划分，得到最终聚类结果。给定一个包含 n 个对象的数据，采用基于划分方法的技术构建数据的 k 个划分，每个划分表示一个聚簇，并且 $k \leq n$。同时满足如下要求：①每个划分至少包含一个对象；②每个对象必须属于且只属于一个划分。

二是基于层次的聚类方法。层次方法基于数据仓库构建所依据的逻辑分层概念，对对象进行层次分解，按照距离测度算法得到树型聚类结构。算法包括凝聚策略和分裂策略。凝聚策略，也称为自底向上的方法，开始将每个对象作为单独的一个组，然后相继地合并相近的对象或组，直到所有的组合并为一个组（层次的最上层），或者达到一个终止条件。分裂策略，也称为自顶向下的方法。一开始将所有的对象置于一个组中，在迭代的每一步中，一个组被分裂为更小的组，直到最终每个对象在单独的一个组中，或者达到一个终止条件。

三是基于密度的聚类方法。与上述基于距离的聚类不同，密度方法基于临近区域密度进行聚类。只要临近区域的密度（对象或数据点的数目）超过某个阈值就继续聚类。也就是说，对给定类中的每个数据点，在一个给定范围的区域中必须至少包含某个数目的点。该技术可以发现任意形状的簇，并过滤噪声孤立点数据。

四是基于网格的聚类方法。借鉴计算机网格计算技术，将对象空间量化为有限数目的单元，形成一个网格结构。所有的聚类操作都在这个网格结构上进行。该技术的主要优点是处理速度较快，其处理时间独立于数据对象的数目，只与量化空间中每一维单元数目有关。

五是基于模型的聚类方法。该技术为每个簇设置一个模型，寻找数据对给定模型的最佳拟合。基于模型的算法可能通过构建反映数据点空间分布的密度函数来聚类。

它也是基于标准的统计数字自动聚类的数目，过滤噪声数据或孤立点，产生稳健的聚类方法。

12.2　基于划分的 K-平均聚类算法

给定一个包含 n 个数据对象的数据集 D，以及要生成的簇的数目 k，基于划分的算法将数据对象组织为 k 个划分（$k < n$），其中每一个划分代表一个簇。通常会采用一个划分准则（经常称为相似度函数），如距离，以便在同一个簇中的对象是"相似的"，而不同簇中的对象是"相异的"。典型的划分方法有 K-平均聚类算法和 K-中心点算法。其中 K-平均聚类算法比较常用，本节介绍该算法。

12.2.1　K-平均聚类算法解读

K-平均聚类算法基于质心的技术，即以 k 为参数，把 n 个对象分为 k 个簇，使簇内具有较高的相似度，而簇间的相似度较低。相似度的计算根据一个簇中对象的平均值的距离来测度。

K-平均聚类算法的处理流程为：首先，从 n 个对象中随机地选择 k 个对象，每个对象代表一个簇的平均值或中心。对于剩余的对象，根据其与各个簇中心的距离，将它赋给最近的簇。然后，重新计算每个簇的平均值。不断地重复上述过程，直到准则函数收敛，也就是说，每个簇都不再发生变化，这时，算法结束。下面用表 12.1 所示的例子对算法的具体过程进行说明。

1）第一次迭代

选择初始簇中心，这里随机选择 x_1 和 x_3 作为初始簇中心。计算每个对象到簇中心的距离。例如，x_2 到 x_1 的距离为 $\sqrt{(2-1)^2 + (1-1)^2} = 1$，同理，计算其他点到簇中心的距离，结果如表 12.4 所示。

表 12.4　K-平均聚类算法的第一次迭代结果

事物	x_1	x_3	事物	x_1	x_3
x_2	1.00	1.41	x_6	4.47	4.12
x_4	1.41	1.00	x_7	4.24	3.61
x_5	3.61	3.16	x_8	5.00	4.47

找到每个对象距离最近的簇中心，x_2 到 x_1 的距离最近，而 x_4、x_5、x_6、x_7、x_8 到 x_3 的距离更近。因此，第一次迭代产生两个簇：

簇 A^1：$\{x_1, x_2\}$

簇 B^1：$\{x_3, x_4, x_5, x_6, x_7, x_8\}$

重新确定簇中心，计算平均值点分别为 $x_A^1 = (1.5, 1)$，$x_B^1 = (3.5, 3)$。

2）第二次迭代

调整对象所在的簇，重新聚类。按离平均值点 $x_A^1 = (1.5,1)$、$x_B^1 = (3.5,3)$ 最近的原则重新分配，距离计算结果如表 12.5 所示。

表 12.5　K-平均聚类算法的第二次迭代结果

事物	x_A^1	x_B^1	事物	x_A^1	x_B^1
x_1	0.50	3.20	x_5	3.20	0.50
x_2	0.50	2.50	x_6	4.03	1.50
x_3	1.12	2.69	x_7	3.91	1.12
x_4	1.12	1.80	x_8	4.61	1.80

找到每个对象距离最近的簇中心，x_1、x_2、x_3、x_4 与 x_A^1 的距离最近，而 x_5、x_6、x_7、x_8 与 x_B^1 的距离更近。因此，第二次迭代产生两个簇：

簇 A^2：$\{x_1, x_2, x_3, x_4\}$

簇 B^2：$\{x_5, x_6, x_7, x_8\}$

重新确定簇中心，计算平均值点分别为 $x_A^2 = (1.5,1.5)$，$x_B^2 = (4.5,3.5)$。

3）第三次迭代

将所有对象按离平均值点 $x_A^2 = (1.5,1.5)$、$x_B^2 = (4.5,3.5)$ 最近的原则重新分配，距离计算结果如表 12.6 所示。

表 12.6　K-平均聚类算法的第三次迭代结果

事物	x_A^2	x_B^2	事物	x_A^2	x_B^2
x_1	0.71	4.30	x_5	2.92	0.71
x_2	0.71	3.54	x_6	3.81	0.71
x_3	0.71	3.81	x_7	3.54	0.71
x_4	0.71	2.92	x_8	4.30	0.71

找到每个对象距离最近的簇中心，依然是 x_1、x_2、x_3、x_4 与 x_A^2 的距离最近，而 x_5、x_6、x_7、x_8 与 x_B^2 的距离更近。因此，第三次迭代产生两个簇：

簇 A^3：$\{x_1, x_2, x_3, x_4\}$

簇 B^3：$\{x_5, x_6, x_7, x_8\}$

计算平均值点分别为 $x_A^3 = (1.5,1.5)$，$x_B^3 = (4.5,3.5)$。与第二次迭代结果相比较，$x_A^3 = x_A^2$，$x_B^3 = x_B^2$，平均值点未发生改变，即第三次迭代产生的结果与第二次迭代结果相同，算法结束。

12.2.2　K-平均聚类算法的有效性边界

K-平均聚类算法也存在一定的缺陷。

（1）K-平均聚类算法只有当平均值点有意义的情况下才能使用，对于类别字段不适用。

（2）K-平均聚类算法必须事先给定要生成的簇个数。有时，运用 K-平均聚类算法并不知道准确的簇个数，很难预先确定，希望算法本身给出合理的簇个数。

（3）受初始化的簇中心的影响较大。K-平均聚类算法的簇中心是随机选定的，并不断重复迭代，直到收敛。最后生成的结果很大程度上依赖于簇中心的初始值。结果有很大的随机性。

（4）对噪声和异常数据敏感，异常数据会对平均值产生极大的影响。

（5）不能发现非凸面形状的簇或者大小差别很大的簇。

（6）K-平均聚类算法的计算复杂度高。该算法不断进行分类调整，大量重复计算调整后新的簇中心，对于规模非常大的数据集而言，K-平均聚类算法的计算复杂度非常高。

12.3　其他常用的聚类算法

本节介绍 K-平均聚类算法的改进，然后给出其他常用聚类算法。

12.3.1　K-平均聚类算法的改进

K-平均聚类算法有很多衍生算法，主要是在初始 K 个平均值的选择、相异度的计算和计算聚类平均值的策略上略有不同。

K-平均聚类算法的一种扩展算法是 K-模方法，用于处理类别字段。该算法用模来代替类的平均值，采用新的相异性度量方法来处理分类对象（类别字段），用基于频率的方法来修改聚类的模。另外，将 K-平均聚类算法和 K-模方法综合起来可以用于处理有数值型和分类型属性的数据，这就是 K-原型方法。

K-平均聚类算法的另一个扩展算法是期望最大化（expectation-maximization，EM）算法。该算法每次迭代包括两个步骤。一是期望步骤，给定当前的簇中心，每个对象都被指派到簇中心离该对象最近的簇。这里，期望每个对象都属于最近的簇。二是最大化步骤，对于每个簇，调整其中心，使得指派到该簇的对象到该新中心的距离之和最小。也就是说，将指派到一个簇的对象的相似度最大化。

12.3.2　几种常用聚类算法

除了 K-平均聚类算法以外，还有基于划分的其他聚类算法，如 K-中心点算法，以及基于层次的聚类算法、基于密度的聚类算法等。这里对三种方法进行简要介绍。

1）基于划分的其他聚类算法

常用的基于划分的聚类算法除了 K-平均聚类算法外，还有 K-中心点算法。该算法的基本思想是要找出簇中最中心的对象，即中心点来代表簇，它是基于最小化所有对象与中心点之间的相异度之和的原则进行聚类的。通常采用平方误差准则，即找出使得平方误差函数值最小的 k 个划分：

$$E = \sum_{i=1}^{k} \sum_{x \in C_i} (x - o_i)^2 \qquad (12.11)$$

其中，E 为数据集中所有对象 x 与簇 C_i 的中心点 o_i 的误差之和。

PAM（partitioning around medoids）[①]是最早提出的 K-中心点算法之一。它先设定一个中心点的初始集合，然后反复试用非中心点对象来替代中心点对象，以改进聚类的质量。PAM 算法在大数据集上效率较低，没有良好的可伸缩性。为了处理较大的数据集合，可以采用基于选择的方法 CLARA（clustering large application）。CLARA 算法的主要思想是：不考虑整个数据集合，选择实际数据的一小部分作为数据的样本。然后用 PAM 方法从样本中选择中心点。如果样本是以随机方式选取的，应当足以代表原来的数据集合。从中选出的代表对象（中心点）与从整个数据集合中选出的非常近似。CLARA 抽取数据集合的多个样本，对每个样本应用 PAM 算法，返回最好的聚类结果作为输出。如同人们希望的，CLARA 能处理比 PAM 更大的数据集合。CLARA 的有效性取决于样本的大小。要注意 PAM 在给定的数据集合中寻找最佳的 k 个中心点，而 CLARA 在抽取的样本中寻找最佳的 k 个中心点。如果取样得到的中心点不属于最佳的中心点，CLARA 不能得到最佳聚类结果。例如，如果对象 o_i 是最佳的 k 个中心点之一，但它在取样的时候没有被选择，那 CLARA 将不能找到最佳聚类。该技术是为了效率而做的折中。因此，如果样本发生偏斜，基于样本的好的聚类不一定代表整个数据集合的一个好的聚类。

为了改进 CLARA 的聚类质量和可伸缩性，人们又提出了 CLARANS[②]。CLARANS 的动因可以用图形抽象来解释：将聚类过程描述为对一个图的搜索，图中的每个节点是一个潜在的解，即 k 个中心点的集合。在替换了一个中心点后得到的聚类结果被称为当前聚类结果的邻居。随机尝试的邻居数目由用户定义的参数加以限制。如果一个更好的邻居被发现，也就是说它有更小的平方误差值，则 CLARANS 算法移到该邻居节点，处理过程重新开始，否则当前达到一个局部最优。这时，算法从随机选择的节点开始寻找新的局部最优。

CLARANS 与 PAM 的区别在于，前者检查一个节点的邻居的一个样本，而非该节点的全部邻居。CLARANS 与 CLARA 的区别在于，CLARA 在搜索的每个阶段局限于一个固定的样本，而 CLARANS 则不同，它在搜索的每一步随机性地抽取一个样本。总之，CLARANS 比 PAM 和 CLARA 更有效率。通过采用空间数据结构及一些聚焦技术，CLARANS 的性能可以得到进一步提高。

2）基于层次的聚类算法

层次聚类方法对给定的数据集进行层次分解，直到某种条件满足为止。具体可分为：①自底向上方法（凝聚）：首先将每个对象作为一个簇，然后合并这些原子簇为越来越大

---

① 该名词解释来源于 *Encyclopedia of Database Systems*。
② 该名词解释来源于 *Encyclopedia of Database Systems*。

的簇，直到所有的簇合并为一个，或者达到某个终止条件停止。②自顶向下方法（分裂）：开始将所有的对象置于一个簇中，在迭代的每一步中，一个簇被分裂为多个更小的簇，直到最终每个对象在一个单独的簇中，或者达到某个终止条件停止。这两种方法的缺陷是合并或分裂的步骤不能被撤销。

层次凝聚的代表是 AGNES（AGglomerative NESting）算法。层次分裂的代表是 DIANA（divisive analysis）算法。图 12.1 是 AGNES 算法的一个简单图示，显示了自底向上聚类的过程。

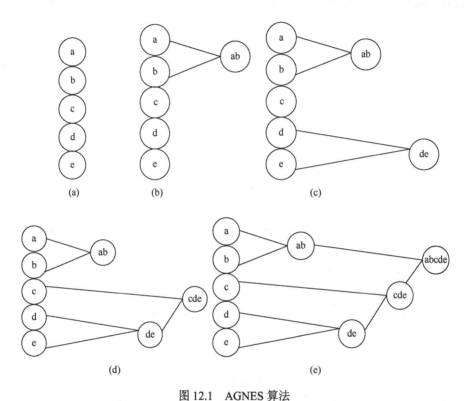

图 12.1　AGNES 算法

资料来源：https://blog.csdn.net/AI_BigData_wh/article/details/78073444

3）基于密度的聚类算法

前面讲的几种聚类方法都是基于距离的聚类方法。其缺点是只能发现球状的簇，难以发现任意形状的簇。而基于密度的聚类的特点是，只要临近区域的密度（对象或数据点的数目）超过某个临界值，就继续聚类。因此，它可以过滤掉噪声和孤立点，发现任意形状的簇。

DBSCAN[①]是一种比较有代表性的基于密度的聚类算法。与基于划分和基于层次的聚类方法不同，它将簇定义为密度相连的点的最大集合，能够把具有足够高密度的区域划分为簇，并可在有噪声的空间数据库中发现任意形状的聚类。

---

① Ester M，Kriegel H P，Sander J，et al. 1996. A density-based algorithm for discovering clusters in large spatial databases with noise. The 2nd International Conference on Knowledge Discovery and Data Mining.

主要参考文献

李航. 2012. 统计学习方法. 北京：清华大学出版社.

吴喜之. 2016. 应用回归及分类——基于 R. 北京：中国人民大学出版社.

周志华. 2016. 机器学习. 北京：清华大学出版社.

Kaufman L，Rousseeuw P J. 1990. Finding Groups in Data：An Introduction to Cluster Analysis. New York：John Wiley & Sons.

第13章

神经网络

神经网络是由具有适应性的简单处理单元组成的广泛并行互联网络。它的组织能够模拟生物神经系统对真实世界物体做出交互反应[1]。神经网络算法是参照人类大脑的工作机制设计，模仿生物神经网络行为特征，采用大脑神经突触连接的结构进行分布式并行信息处理的算法数学模型，具有通过学习来获取知识并解决问题的能力。本章介绍神经网络。13.1 节介绍神经网络的基础知识，13.2 节介绍误差逆传播（error back propagation，BP）算法，13.3 节介绍神经网络的其他算法。

■ 13.1 神经网络的基础知识

神经网络是通过对人脑神经系统的抽象和模拟而产生的简化模型。本节介绍神经网络的分类策略、应用领域和相关概念。

13.1.1 问题提出

神经网络主要是指人工神经网络（artificial neural networks，ANN），简称为神经网络或称作连接模型（connection model），是通过对人脑神经系统的抽象和模拟而产生的简化模型。神经网络是由具有适应性的简单处理单元组成的广泛并行互联网络。它的组织能够模拟生物神经系统对真实世界物体做出交互反应。人脑是由大量神经细胞经过相互连接而形成的复杂信息处理系统。神经网络算法是模仿人类大脑神经网络行为的分布式并行信息处理的数学模型。

先看表 13.1 所示的例子。这个例子是 1981 年生物学家格若根（Grogan）和维什（Wirth）发现的两类蚊子，表 13.1 给出了两类蚊子（或飞蠓，midges）个体的翼长和触角长的数据。

---

① Kohonen T. 1988. An introduction to neural computing. Neural Networks，1（1）：3-16.

表 13.1 两类蚊子的翼长和触角长

翼长	触角长	类别	翼长	触角长	类别
1.78	1.14	Apf	1.64	1.38	Af
1.96	1.18	Apf	1.82	1.38	Af
1.86	1.20	Apf	1.90	1.38	Af
1.72	1.24	Af	1.70	1.40	Af
2.00	1.26	Apf	1.82	1.48	Af
2.00	1.28	Apf	1.82	1.54	Af
1.96	1.30	Apf	2.08	1.56	Af
1.74	1.36	Af			

如果新抓到三只蚊子，它们的触角长和翼长分别为（1.24，1.80）、（1.28，1.84）、（1.40，2.04），那么它们分别属于哪一个种类？如果两类蚊子数据能够直观地按图 13.1 中的方法进行划分，这个问题很容易解决。

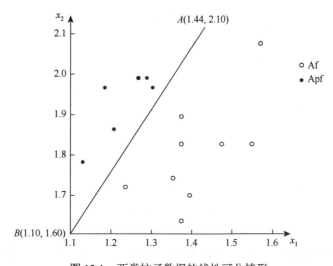

图 13.1 两类蚊子数据的线性可分情形

如果样本点的分布不能用简单直线来分类，如图 13.2 所示，则需要寻找分类的新思路，解决不能线性划分的问题。神经网络算法将问题看作一个系统，蚊子数据作为输入，蚊子类型作为输出，研究输入与输出的关系。本章采用神经网络模型解决上述问题，如图 13.3 所示[①]。

神经网络领域研究起步很早。人工神经网络最早是由心理学家麦卡洛克（McCulloch）和数理逻辑学家皮茨（Pitts）于 1943 年建立的神经元数学模型，称为 MP 模型[②]。MP 模

① 本章采用了其他作者的多张图片，在此表示感谢。

② McCulloch W S，Pitts W . 1943. A logical calculus of the ideas immanent in nervous activity. The Bulletin of Mathematical Biophysics，5：115-133.

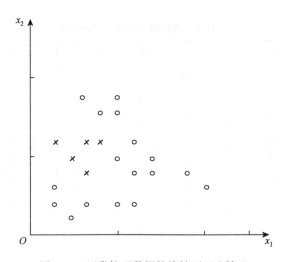

图 13.2 两类蚊子数据的线性不可分情形

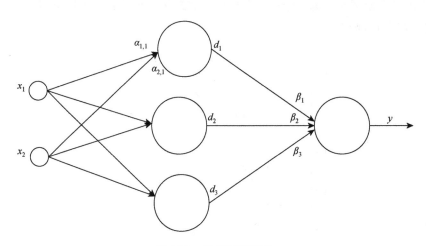

图 13.3 神经网络图形

型利用人类神经系统组织结构定义计算模型。1945 年，冯·诺依曼领导试制成功存储程序式电子计算机，并于 1948 年提出了由简单神经元构成的再生自动机网络结构。

20 世纪 50 年代末，罗森布拉特（Rosenblatt）[1]提出感知机，即一种多层神经网络，将人工神经网络研究付诸工程实践。许多实验室仿效制作感知机，应用于文字识别、声音识别、声纳信号识别及学习记忆问题研究。明斯基（Minsky）和佩珀特（Papert）于 1969 年发表著作 Perceptrons：*An Introduction to Computational Geometry*[2]，指出线性感知机的局限性和多层网络应用的困难。另外，数字计算机发展进入全盛时期，在工程上实现真实神经网络又面临极大挑战，致使神经网络发展进入了低潮期。20 世纪 60 年代，其他学

① Rosenblatt F. 1958. The Perceptron: a probabilistic model for information storage and organization in the brain. Psychological Review，65（6）：386-408.

② Minsky M，Papert S. 1969. Perceptrons：An Introduction to Computational Geometry. Cambridge：MIT Press.

者还提出了自适应共振理论（adaptive resonance theory，ART）网络、自组织映射、认知机网络，同时进行了神经网络数学理论的研究。上述研究奠定了神经网络发展的基础。

20 世纪 80 年代，模拟与数字混合的超大规模集成电路付诸实用化，数字计算机发展在若干应用领域遇到困难，人工神经网络成为摆脱困境的发展出路。美国加州理工学院物理学家霍普菲尔德（Hopfield）提出了 Hopfield 神经网格模型，将神经网络用于联想记忆和优化计算，掀起了人工神经网络研究高潮。1985 年，辛顿（Hinton）和谢诺夫斯基（Sejnowski）提出了玻尔兹曼模型，其采用退火算法，保证系统稳定。1986 年，鲁梅尔哈特（Rumelhart）等发展了 BP 算法[1]。1988 年，林斯基（Linsker）提出了感知机网络的自组织理论，形成了最大互信息理论[2]。1988 年，布鲁姆希尔达（Broomhead）和劳伊（Lowe）提出分层网络的设计方法，引入了数值分析和线性适应滤波等[3]。

多年以来，人们从医学、生物学、生理学、哲学、信息学、计算机科学、认知学、组织协同学等各个角度企图认识并解答上述问题。在寻找上述问题答案的研究过程中，逐渐形成了一个新兴的多学科交叉技术领域——"神经网络"。神经网络的研究涉及众多学科领域，这些领域相互结合、相互渗透并相互推动。不同领域的科学家又从各自学科的兴趣与特色出发，提出不同的问题，从不同的角度进行研究。

现今，神经网络应用获得空前发展，被应用于社会生活中的很多领域。在信息领域中，人工神经网络应用于自动跟踪监测仪器系统、自动控制制导系统、自动故障诊断和报警系统等。人工神经网络模式识别方法凭借自身优点，被应用于文字识别、语音识别、指纹识别、遥感图像识别、人脸识别、手写体字符识别等方面。在医学领域中，人工神经网络应用于生物信号的检测与分析、医学图像的识别和处理、医学专家系统等。在经济领域中，人工神经网络用于价格预测、信用风险模型构造和风险系统评价。在交通领域中，神经网络用于货物运营管理、交通流量预测、船舶的自动导航及交通控制等。

神经网络获得广泛应用主要凭借自学习功能、联想存储功能和快速优化求解能力：自学习功能是指人工神经网络利用输入数据，逐渐学会识别和预测；人工神经网络的反馈网络具有联想存储功能；针对问题设计的反馈型人工神经网络，充分利用计算机的高速运算能力，可快速找出优化解。

神经网络模型的优良性有如下几点。

（1）人工神经网络具有初步的自适应与自组织能力：在学习或训练过程中改变突触权重值，以适应周围环境的要求。同一网络因学习方式及内容不同而具有不同的功能。人工神经网络是一个具有学习能力的系统，可以发展知识，甚至超过设计者原有的知识水平。通常，学习训练方式分为两种，一种是有监督或称有导师的学习，利用给定的样本标准进行分类或模仿；另一种是无监督的或称无导师的学习，只规定学习方式或某些规则，具体的学习内容随系统所处环境（即输入信号情况）而异，系统可以自动发现环境特征和规律性，具有更近似于人脑的功能。

---

[1] Rumelhart D E, Hinton G E, Williams R J. 1986. Learning representations by back-propagating errors. Nature, 323: 533-536.

[2] Linsker R. 1988. Self-organisation in a perceptual network. Computer, 21 (3): 105-117.

[3] Broomhead D S, Lowe D. 1988. Multi-variable functional interpolation and adaptive networks. Complex Systems, 2 (3): 327-355.

（2）泛化能力：泛化能力指对没有训练过的样本，有很好的预测能力和控制能力。当存在有噪声的样本，神经网络具备很好的预测能力。

（3）非线性映射能力：对于设计人员来说，当系统很透彻或者很清楚时，一般利用数值分析、偏微分方程等数学工具建立精确的数学模型。但当系统很复杂，或者系统未知、系统信息量很少，建立精确的数学模型很困难时，神经网络的非线性映射能力更有优势，其不需要对系统进行透彻的了解，就能建立输入与输出的映射关系，降低设计的难度。

（4）高度并行性：目前，神经网络的并行性具有一定的争议。认为神经网络具有并行性的理由是神经网络是根据人的大脑抽象出来的数学模型，人脑可以同时做多件事，从功能的模拟角度上看，神经网络也应具备很强的并行性。

相对来说，神经网络的主要缺陷是现有算法训练速度还需改进，算法集成度不高等。

13.1.2　相关概念

神经网络的三个关键要素为：神经元模型、神经网络的结构和神经网络的学习方法。

1）神经元模型

在生物神经网络中，每个神经元与其他神经元相连。当神经元兴奋时，就会向相连的神经元发送化学物质，改变这些神经元内的电位。如果某神经元的电位超过了一个阈值，就会被激活，向其他神经元发送化学物质。1943 年，麦卡洛克将上述情形抽象为"MP 神经元模型"，其是一个包含输入、输出与计算功能的模型。输入可以类比为神经元的树突，而输出可以类比为神经元的轴突，计算则可以类比为细胞体。

在图 13.4 所示的模型中，$x=(x_1,x_2,\cdots,x_p)$ 表示神经元的输入信号；α_i 表示第 i 个输入的连接强度，称为连接权值（$i=1,2,\cdots,p$）。人工神经元的连接权值有一个范围，可以取正值或负值，取正表示对信号 x_i 的激励，取负则表示对信号 x_i 的抑制，神经元的输入为 $\sum_{i=1}^{p}\alpha_i x_i$。$\theta$ 表示神经元的阈值，神经元接收到的总输入值将与 θ 进行比较。y 表示神经元的输出，$y=f\left(\sum_{i=1}^{p}\alpha_i x_i-\theta\right)$，其中，函数 f 称为激活函数。

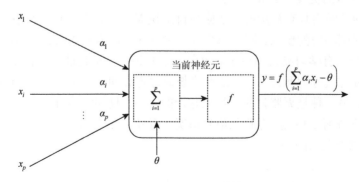

图 13.4　神经元模型

在神经元模型中，常用的激活函数是阶跃函数：

$$\text{sgn}(x) = \begin{cases} 1, & x \geqslant 0 \\ 0, & x < 0 \end{cases} \tag{13.1}$$

即将神经元输入值与阈值的差值映射为输出值 1 或 0。若差值大于等于 0，则输出 1，代表神经元处于兴奋状态；若差值小于 0，则输出 0，代表神经元处于抑制状态。阶跃函数不连续，不光滑。鉴于 Sigmoid 函数的优良性，常采用 Sigmoid 函数作为激活函数：

$$\text{Sigmoid}(x) = \frac{1}{1 + e^{-x}} \tag{13.2}$$

Sigmoid 函数将较大范围内的输入值挤压到(0, 1)范围内的输出值，因此也被称为挤压函数（squashing function）。阶跃函数与 Sigmoid 函数的图像如图 13.5 所示。

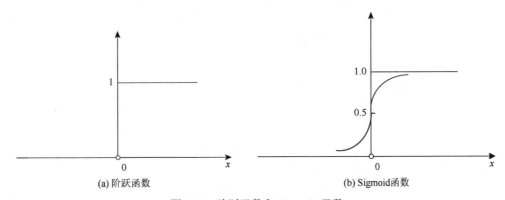

图 13.5　阶跃函数和 Sigmoid 函数

2）神经网络的结构

人工神经元按照一定的方式连接成网络，神经元间的连接方式不同，神经网络结构也不同。根据神经网络内部信息传递方向，可将神经网络分为前向网络和反馈网络。前向网络是信号从一级神经元输入，再输出到下一级神经元，没有循环反馈。反馈网络的神经元间有信号反馈。

（1）前向网络：前向网络中神经元是分层排列的，每层神经元只接收来自前一层神经元的输入信号，并将信号处理后输出至下一层，网络中没有任何回环和反馈。前向网络按功能可分为输入层、隐层和输出层。图 13.6 为前向网络的图像。

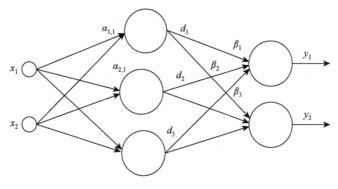

图 13.6　前向网络

（2）反馈网络：反馈网络又称递归网络、回归网络，其和前向网络的区别在于，它至少有一个反馈环形成封闭回路，即反馈网络中至少有一个神经元将自身的输出信号作为输入信号反馈给自身或其他神经元，如图 13.7 所示。

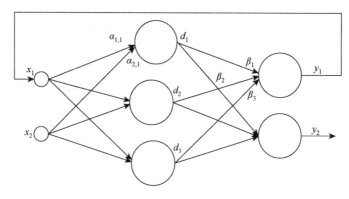

图 13.7   反馈网络

3）神经网络的学习方法

学习是改变神经元连接权值的有效方法，是神经网络智能特性的主要标志。学习方法是人工神经网络研究中的核心问题。神经网络能够通过对样本的学习训练，不断调整网络的连接权值，形成完成某项特殊任务的能力。理想情况下，神经网络学习一次，完成某项特殊任务的能力就会更强一些。

按外部提供给神经网络的信息量多少，学习方式可以分为三种[①]：①有监督学习。在有监督学习方式下，神经网络外部需提供训练样例和相应的期望输出（目标值）。在给定信息下，神经网络计算当前参数下训练样例的实际输出与期望输出之间的差值，根据差值的方向和大小，依据一定的规则调整连接权值，使得调整后的实际输出结果与期望输出更接近。这种调整反复进行，直至系统达到稳定状态（连接权值基本稳定）。在这种学习模式中，环境所给的期望输出相当于一名对需要完成的任务有充分认识的导师所给的完美答案，这种学习方式又称有导师学习，主要完成分类和回归任务。②无监督学习。在无监督学习方式下，神经网络外部只提供训练样例，不提供期望输出。神经网络仅根据其输入按照自己的结构和学习规则调整连接权值和阈值，挖掘数据中可能存在的模式或统计规律，使神经网络的输入与输出之间的模式或统计规律与之尽可能一致。这种学习方式主要完成聚类任务。③强化学习。强化学习介于有监督学习和无监督学习之间，强化学习中环境对训练样例给出评价信息（奖励或惩罚），而不给出具体的期望输出。神经网络通过强化激励的动作来调节网络参数，改善自身性能。这种学习方式主要完成聚类任务。

人工神经网络的学习过程，就是不断地调整连接权值的过程，改变权值的具体方法或规则称为神经网络的学习规则（学习算法）。神经网络的学习规则多种多样，不同结

---

① 王士同. 2006. 人工智能教程. 2 版. 北京：电子工业出版社.

构的神经网络具有不同的学习规则，误差纠正学习规则和 Hebb 学习规则是两种常用的学习规则。

（1）误差纠正学习规则。该规则适用于采用有监督学习方式的人工神经网络。考虑一简单情况：设某前向神经网络的输出层中只有一个神经元 k，输入向量为 $x^t = (x_1^t, x_2^t, \cdots, x_p^t)^{\mathrm{T}}$，参数 t 为调整神经元权值的迭代过程中的迭代步，神经元 k 在第 t 步连接参数下的实际输出为 y_k^t，期望或目标输出为 d_k^t，如图 13.8 所示。实际输出与期望输出之间的误差 $e_k^t = d_k^t - y_k^t$。

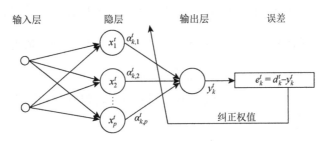

图 13.8　误差纠正学习规则

误差纠正学习规则的基本思想是利用误差 e_k^t 构造能量函数 E_k^t 来驱动网络学习，对作用于神经元 k 的连接权值进行调节，使网络的实际输出结果 y_k^t 越来越接近期望输出 d_k^t。该目标可通过将能量函数 E_k^t 最小化来实现，即 $\min E_k^t$，其中 $E_k^t = (e_k^t)^2 / 2$。

对于此问题，威德罗（Widrow）与霍夫（Hoff）提出了 Widrow-Hoff 学习规则：

$$\Delta \alpha_{k,i}^t = \eta e_k^t x_i^t$$

$$\alpha_{k,i}^{t+1} = \alpha_{k,i}^t + \Delta \alpha_{k,i}^t$$

其中，η 表示常数，用于控制学习率，$\eta > 0$；$\alpha_{k,i}^t$ 表示在第 t 次迭代步，输入 x^t 的第 i 个分量 x_i^t 与输出神经元 k 间的连接权值；$\Delta \alpha_{k,i}^t$ 表示权值的调整量；$\alpha_{k,i}^{t+1}$ 表示第 $t+1$ 次迭代步的连接权值。$\Delta \alpha_{k,i}^t = \eta e_k^t x_i^t$ 是对能量函数求一阶导数得到的。

（2）Hebb 学习规则。神经心理学家赫布（Hebb）根据生理学中的条件反射机理，于 1949 年提出 Hebb 学习规则，该学习规则可以归纳为：若神经元 k 接收了来自另一神经元 i 的输出，当这两个神经元同时处于兴奋状态时，从神经元 i 到神经元 k 的权值应加强，反之，应减弱。

$$\Delta \alpha_{k,i}^t = \eta y_k^t x_i^t \tag{13.3}$$

$$\alpha_{k,i}^{t+1} = \alpha_{k,i}^t + \Delta \alpha_{k,i}^t \tag{13.4}$$

其中，η 表示常数，用于控制学习率，$\eta > 0$；$\alpha_{k,i}^t$ 表示第 t 次迭代步从神经元 i 到神经元 k 的权值；$\Delta \alpha_{k,i}^t$ 表示权值的调整量；$\alpha_{k,i}^{t+1}$ 表示第 $t+1$ 次迭代步的连接权值；x_i^t 表示第 t 次迭代步神经元 i 的输出，它是提供给神经元 k 的输入之一。

感知机与多层网络：感知机是由两层神经元组成的简单神经网络。输入层接收外界输入信号后传递给输出层，只有输出层是 MP 神经元，即只有输出层神经元进行激活函数处理。输入层只是接收外界信号（样本属性）并传递给输出层（输入层的神经元个数等于样本的属性数目），而没有激活函数。感知机模型如下：

$$y_k = f\left(\sum_{i=1}^{p} \alpha_i x_i - \theta\right) \tag{13.5}$$

其中，$x = (x_1, x_2, \cdots, x_p)$ 表示输入向量；y_k 表示神经元 k 的输出。单层感知机的激活函数一般采用符号函数（或阶跃函数），如果 $\sum_{i=1}^{p} \alpha_i x_i - \theta$ 大于等于 0，则其值为 1，如果 $\sum_{i=1}^{p} \alpha_i x_i - \theta$ 小于 0，则其值为–1。$\alpha_1, \alpha_2, \cdots, \alpha_p$ 表示权值向量；θ 表示阈值。确定感知机模型，是求模型参数 $\alpha_1, \alpha_2, \cdots, \alpha_p, \theta$ 的过程。感知机预测，即通过学习得到感知机模型，为新的输入实例给出其对应的输出类别 1 或者–1。

单层感知机只能处理线性可分的数据。现实世界中的数据大多不是线性可分的，相关研究者提出在单层感知机的输入层和输出层之间增加一个或多个隐层，构成多层感知机，也称为多层前向神经网络。图 13.9 给出了包含两个隐层的多层感知机。隐层和输出层神经元都拥有激活函数的功能神经元。

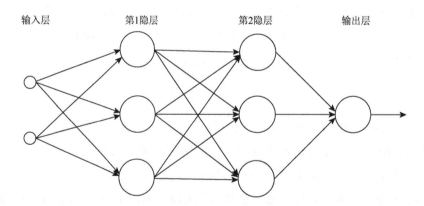

图 13.9 包含两个隐层的多层感知机的结构

感知机权重的学习规则：一般地，给定训练数据集，连接权值 α_i（$i = 1, 2, \cdots, p$）及阈值 θ 可通过学习得到。阈值 θ 可看作一个固定输入为–1.0 的"哑节点"所对应的连接权值 α_{p+1}，权重和阈值的学习就可统一为权重的学习。对于训练样例 (x, y)，若当前感知机的输出为 $\hat{y}$，则感知机的权重将这样调整：

$$\alpha_i \leftarrow \alpha_i + \Delta \alpha_i$$

$$\Delta \alpha_i = \eta(y - \hat{y}) x_i$$

其中，$\eta \in (0,1)$ 称为学习率。若感知机对训练样例 (x, y) 预测正确，即 $y = \hat{y}$，则感知机不发生变化，否则将根据错误的程度进行权重调整。

13.2 BP 算法

神经网络的学习主要集中在连接权值和阈值。多层网络使用上述简单感知机的连接权值调整规则并不够用。BP 算法是为学习多层前馈神经网络而设计的，是最常用的神经网络学习算法。在现实任务中，大多神经网络使用 BP 算法进行训练。从结构上讲，BP 神经网络具有一个输入层、一个输出层和一个或多个隐层。一般情况下，隐层和输出层神经元都使用 Sigmoid 函数。

BP 算法包括信号正向传播与误差反向传播两部分。在信号正向传播过程中，输入信号经输入层输入，通过隐层计算传递至输出层，得到网络的实际输出。若此实际输出与期望输出不一致，则转入误差反向传播阶段。在反向传播阶段，将输出误差经由隐层向输入层反传，获得各层各单元的误差信号，对网络连接权值进行调整。在这个过程中，利用梯度下降算法对神经元权值进行调整。BP 算法是一个迭代学习算法，在迭代的每一轮中采用感知机学习规则对参数进行更新估计，反复执行上述过程，直至网络输出误差小于预先设定的阈值，或进行到预先设定的学习次数为止。

13.2.1 BP 算法解读

BP 算法的数学基础是链式求导法则：令 Z 是 y 的函数且可导，y 是 x 的函数且可导，则

$$\frac{\partial Z}{\partial x} = \frac{\partial Z}{\partial y} \cdot \frac{\partial y}{\partial x} \qquad (13.6)$$

下面，通过一个具体数例解释 BP 神经网络迭代更新各个参数的过程[①]。

原始数据包括 8 名学生的身高和体重数据，将其分类为正常和肥胖，利用 BP 算法对 8 个样本进行训练，并计算训练误差，对新来的学生的数据进行是否肥胖的预测，这里"0"代表"正常"，"1"代表"肥胖"（表 13.2）。

表 13.2　身高和体重的原始数据

ID	身高/米	体重/千克	肥胖分类
1	1.5	40	0
2	1.5	50	1
3	1.5	60	1
4	1.6	40	0
5	1.6	50	0
6	1.6	60	1
7	1.6	70	1
8	1.7	50	0

---

① 电脑计算的结果数据保留位数较多，方便起见，文中直接给出经过四舍五入后的过程数据和结果数据，可能会导致等式两边数值不一致的情况。如出现类似情况，因误差极小，不影响对内容的理解和掌握。

　　为了提高数据的质量，避免度量单位选择的依赖性，对身高和体重数据进行标准化处理来赋予所有属性相等的权重，标准化数据由原数据减去其均值再除以标准差得到。标准化后的数据如表 13.3 所示。

表 13.3　身高和体重的标准化数据

ID	身高	体重	肥胖分类
1	−1.4289	−1.5580	0
2	−1.4289	−0.9274	1
3	−1.4289	−0.2968	1
4	−0.6698	−1.5580	0
5	−0.6698	−0.9274	0
6	−0.6698	−0.2968	1
7	−0.6698	0.3338	1
8	0.0893	−0.9274	0

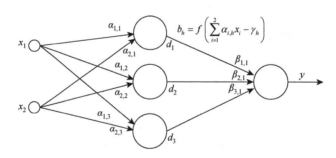

图 13.10　身高和体重的神经元模型

　　以单隐层前馈网络为例，身高和体重的神经元模型如图 13.10 所示。参数说明如下。

　　k 表示观测样本序号；p 表示输入层神经元个数；l 表示输出层神经元个数；q 表示隐层神经元个数；θ_j^t 表示第 t 次迭代中输出层第 j 个神经元的阈值；γ_h^t 表示第 t 次迭代中隐层第 h 个神经元的阈值；$\alpha_{i,h}^t$ 表示第 t 次迭代中输入层第 i 个神经元和隐层第 h 个神经元的连接权值；$\beta_{h,j}^t$ 表示第 t 次迭代中隐层第 h 个神经元和输出层第 j 个神经元的连接权值；$b_{k,h}$ 表示第 k 个观测样本的隐层中第 h 个神经元的输出；$o_{k,h}^t = \sum_{i=1}^{p} \alpha_{i,h} x_{k,i}$ 表示第 k 个观测样本的隐层中第 h 个神经元的输入；$\upsilon_{k,j} = \sum_{h=1}^{q} \beta_{h,j} b_{k,h}$ 表示第 k 个观测样本的输出层中第 j 个神经元的输入。

　　图 13.10 中的神经元模型有 2 个输入层神经元，3 个隐层神经元，1 个输出层神经元。初始化未知参数的初始值，可以是随机赋值，也可以是给定的赋值。参数的上角标为 0，表示初始值。初始化每个输入层神经元到隐层神经元之间的权重 $\alpha_{i,h}^0$：

$$\alpha_{1,1}^0 = 0.04, \ \alpha_{2,1}^0 = 0.68, \ \alpha_{1,2}^0 = 0.28, \ \alpha_{2,2}^0 = 0.53, \ \alpha_{1,3}^0 = 0.40, \ \alpha_{2,3}^0 = 0.72$$

初始化每个隐层神经元到输出层神经元的权重 $\beta_{h,j}^0$：

$$\beta_{1,1}^0 = 0.72, \ \beta_{2,1}^0 = 0.82, \ \beta_{3,1}^0 = 0.04$$

初始化隐层神经元的阈值：

$$\gamma_1^0 = 0.07, \ \gamma_2^0 = 0.10, \ \gamma_3^0 = 0.75$$

初始化输出层神经元的阈值：

$$\theta_j^0 = \theta_1^0 = 0.28$$

对于第一个样本数据：ID = 1，身高 = 1.5 米，体重 = 40 千克，肥胖分类 = 0，对输入值 $x_1 = (x_{1,1}, x_{1,2})$，都乘以其相应的权重 $\alpha_{i,h}^0$，得出输入层加权后的 3 个结果：

$$o_{1,1} = \sum_{i=1}^2 \alpha_{i,1}^0 x_{1,i} = -1.4289 \times 0.04 - 1.5580 \times 0.68 = -1.12$$

$$o_{1,2} = \sum_{i=1}^2 \alpha_{i,2}^0 x_{1,i} = -1.4289 \times 0.28 - 1.5580 \times 0.53 = -1.23$$

$$o_{1,3} = \sum_{i=1}^2 \alpha_{i,3}^0 x_{1,i} = -1.4289 \times 0.40 - 1.5580 \times 0.72 = -1.69$$

对加权后的三个结果，分别减去其对应隐层的初始化阈值 0.07、0.10、0.75：

$$\sum_{i=1}^2 \alpha_{i,1}^0 x_{1,i} - \gamma_1^0 = -1.4289 \times 0.04 - 1.5580 \times 0.68 - 0.07 = -1.12 - 0.07 = -1.19$$

$$\sum_{i=1}^2 \alpha_{i,2}^0 x_{1,i} - \gamma_2^0 = -1.4289 \times 0.28 - 1.5580 \times 0.53 - 0.10 = -1.23 - 0.10 = -1.33$$

$$\sum_{i=1}^2 \alpha_{i,3}^0 x_{1,i} - \gamma_3^0 = -1.4289 \times 0.40 - 1.5580 \times 0.72 - 0.75 = -1.69 - 0.75 = -2.44$$

所用激活函数是 Sigmoid 函数：

$$\text{Sigmoid}(x) = \frac{1}{1 + e^{-x}}$$

将减去阈值后的结果代入 Sigmoid 函数，分别得出结果 0.23、0.21、0.08，并将其作为隐藏层的输出结果 $(b_{1,1}, b_{1,2}, b_{1,3}) = (0.23, 0.21, 0.08)$。对隐层的结果，乘以其对应的连接权值并求和，得到隐层加权后的输出结果 $\upsilon_{1,1}$，将其作为输出层神经元的输入：

$$\upsilon_{1,1} = \sum_{h=1}^3 \beta_{h,1}^0 b_{1,h} = 0.23 \times 0.72 + 0.21 \times 0.82 + 0.08 \times 0.04 = 0.34$$

$\upsilon_{1,1}$ 减去输出层神经元初始化的阈值 θ_1^0：

$$\sum_{h=1}^3 \beta_{h,1}^0 b_{1,h} - \theta_1^0 = 0.23 \times 0.72 + 0.21 \times 0.82 + 0.08 \times 0.04 - 0.28 = 0.34 - 0.28 = 0.06$$

再代入 Sigmoid 函数得出结果 0.51 即为输出结果。

BP 算法修正权数的实质是误差函数最小值问题。采用基于梯度下降（gradient descent）策略，以目标的负梯度方向对参数进行调整。为了说明 BP 算法权数修正过程，

定义误差函数 E_k。取期望输出和实际输出之差的平方和为误差函数，则在样本 (x_k, y_k) 上的均方误差为

$$E_k = \frac{1}{2} \sum_{j=1}^{l} (\hat{y}_j^k - y_j^k)^2$$

给定学习率为 η，则有

$$\Delta \beta_{h,j} = -\eta \frac{\partial E_k}{\partial \beta_{h,j}}$$

由于 Sigmoid 函数的导数为

$$f'(x) = f(x)(1 - f(x))$$

$\beta_{h,j}$ 先影响第 j 个输出层神经元的输入值 $\upsilon_{k,j}$，再影响其输出值 $\hat{y}_j^k$，然后影响 E_k，有

$$\frac{\partial E_k}{\partial \beta_{h,j}} = \frac{\partial E_k}{\partial \hat{y}_j^k} \cdot \frac{\partial \hat{y}_j^k}{\partial \upsilon_{k,j}} \cdot \frac{\partial \upsilon_{k,j}}{\partial \beta_{h,j}}$$

进一步，$\upsilon_{k,j}$ 的负梯度方向有

$$
\begin{aligned}
g_{k,j} &= -\frac{\partial E_k}{\partial \hat{y}_j^k} \cdot \frac{\partial \hat{y}_j^k}{\partial \upsilon_{k,j}} \\
&= -(\hat{y}_j^k - y_j^k) f'(\upsilon_{n,j} - \theta_j) \\
&= \hat{y}_j^k (1 - \hat{y}_j^k)(y_j^k - \hat{y}_j^k)
\end{aligned}
$$

这里，计算的结果中 $y_j^k = 0$，$\hat{y}_j^k = 0.51$，代入上式有

$$
\begin{aligned}
g_{1,j} &= -\frac{\partial E_k}{\partial \hat{y}_j^k} \cdot \frac{\partial \hat{y}_j^k}{\partial \upsilon_{k,j}} \\
&= \hat{y}_j^k (1 - \hat{y}_j^k)(y_j^k - \hat{y}_j^k) \\
&= 0.51 \times (1 - 0.51) \times (0 - 0.51) \\
&= -0.1275
\end{aligned}
$$

得出结果 $g_{1,j} = -0.1275$。根据 $\upsilon_{k,j}$ 的定义有

$$\frac{\partial \upsilon_j}{\partial \beta_{hj}} = b_{k,h}$$

则有

$$
\begin{aligned}
e_{k,h} &= -\frac{\partial E_k}{\partial b_{k,h}} \cdot \frac{\partial b_{k,h}}{\partial o_{k,h}} \\
&= -\sum_{j=1}^{l} \frac{\partial E_k}{\partial \upsilon_{k,j}} \cdot \frac{\partial \upsilon_j}{\partial b_{k,h}} f'(o_{k,h} - \gamma_h^0) \\
&= \sum_{j=1}^{l} \beta_{h,j} g_{kj} f'(o_{k,h} - \gamma_h^0) \\
&= b_{k,h} (1 - b_{k,h}) \sum_{j=1}^{l} \beta_{h,j} g_{k,j}
\end{aligned}
$$

由此，可以计算出隐层的三个输出梯度结果为

$$e_{1,1} = -\frac{\partial E_k}{\partial b_{1,1}} \frac{\partial b_{1,1}}{\partial o_{1,1}}$$

$$= b_{1,1}(1 - b_{1,1}) \sum_{j=1}^{l} \beta_{1,j}^0 g_{1,j}$$

$$= 0.23 \times (1 - 0.23) \times (0.72 \times (-0.1275))$$

$$= -0.0163$$

$$e_{1,2} = -\frac{\partial E_k}{\partial b_{1,2}} \cdot \frac{\partial b_{1,2}}{\partial o_{1,2}}$$

$$= b_{1,2}(1 - b_{1,2}) \sum_{j=1}^{l} \beta_{2,j}^0 g_{1,j}$$

$$= 0.21 \times (1 - 0.21) \times (0.82 \times (-0.1275))$$

$$= -0.0173$$

$$e_{1,3} = -\frac{\partial E_k}{\partial b_{1,3}} \cdot \frac{\partial b_{1,3}}{\partial o_{1,3}}$$

$$= b_{1,3}(1 - b_{1,3}) \sum_{j=1}^{l} \beta_{3,j}^0 g_{1,j}$$

$$= 0.08 \times (1 - 0.08) \times (0.04 \times (-0.1275))$$

$$= -0.0004$$

则有 $e_{1,1}, e_{1,2}, e_{1,3} = (-0.0163, -0.0173, -0.0004)$ 。

接着，进行 BP 算法的参数更新：

$$\Delta \alpha_{i,h} = \eta e_{k,h} x_{k,i}$$

$$\Delta \beta_{h,j} = \eta g_{k,j} b_{k,h}$$

$$\Delta \theta_j = -\eta g_{k,j}$$

$$\Delta \gamma_h = -\eta e_{k,h}$$

输入层至隐层的权重 $\alpha_{i,h}^0$ 更新为 $\alpha_{i,h}^0 + \Delta \alpha_{i,h} = \alpha_{i,h}^0 + \eta e_{k,h} x_{k,i}$ ：

$$\alpha_{1,1}^0 + \Delta \alpha_{1,1} = \alpha_{1,1}^0 + \eta e_{1,1} x_{1,1} = 0.04 + 0.5 \times (-0.0163) \times (-1.4289) = 0.05$$

$$\alpha_{2,1}^0 + \Delta \alpha_{2,1} = \alpha_{2,1}^0 + \eta e_{1,1} x_{1,2} = 0.68 + 0.5 \times (-0.0163) \times (-1.5580) = 0.69$$

$$\alpha_{1,2}^0 + \Delta \alpha_{1,2} = \alpha_{1,2}^0 + \eta e_{1,2} x_{1,1} = 0.28 + 0.5 \times (-0.0173) \times (-1.4289) = 0.29$$

$$\alpha_{2,2}^0 + \Delta \alpha_{2,2} = \alpha_{2,2}^0 + \eta e_{1,2} x_{1,2} = 0.53 + 0.5 \times (-0.0173) \times (-1.5580) = 0.54$$

$$\alpha_{1,3}^0 + \Delta \alpha_{1,3} = \alpha_{1,3}^0 + \eta e_{1,3} x_{1,1} = 0.40 + 0.5 \times (-0.0004) \times (-1.4289) = 0.40$$

$$\alpha_{2,3}^0 + \Delta \alpha_{2,3} = \alpha_{2,3}^0 + \eta e_{1,3} x_{1,2} = 0.72 + 0.5 \times (-0.0004) \times (-1.5580) = 0.72$$

则权重更新结果为

$$\alpha_{1,1}^1 = 0.05, \ \alpha_{2,1}^1 = 0.69, \ \alpha_{1,2}^1 = 0.29, \ \alpha_{2,2}^1 = 0.54, \ \alpha_{1,3}^1 = 0.40, \ \alpha_{2,3}^1 = 0.72$$

隐层至输出层的权重 $\beta_{h,j}^0$ 更新为

$$\beta_{1,j}^1 = \beta_{1,j}^0 + \Delta \beta_{1,j}^0 = 0.72 + \eta g_{1,j} b_{1,1} = 0.72 + 0.5 \times (-0.1275) \times 0.23 = 0.71$$

$$\beta_{2,j}^1 = \beta_{2,j}^0 + \Delta\beta_{2,j}^0 = 0.82 + \eta g_{1,j} b_{1,2} = 0.82 + 0.5 \times (-0.1275) \times 0.21 = 0.81$$

$$\beta_{3,j}^1 = \beta_{3,j}^0 + \Delta\beta_{3,j}^0 = 0.04 + \eta g_{1,j} b_{1,3} = 0.04 + 0.5 \times (-0.1275) \times 0.08 = 0.03$$

输出层阈值 θ_j 更新为

$$\theta_j^1 = \theta_j^0 + \Delta\theta_j^0 = \theta_j^0 - \eta g_{1,j} = 0.28 - 0.5 \times (-0.1275) = 0.34$$

隐层的阈值 γ_h 更新为

$$\gamma_1^1 = \gamma_1^0 + \Delta\gamma_1^0 = \gamma_1^0 - \eta \times e_{1,1} = 0.07 - 0.5 \times (-0.0163) = 0.08$$

$$\gamma_2^1 = \gamma_2^0 + \Delta\gamma_2^0 = \gamma_2^0 - \eta \times e_{1,2} = 0.10 - 0.5 \times (-0.0173) = 0.11$$

$$\gamma_3^1 = \gamma_3^0 + \Delta\gamma_3^0 = \gamma_3^0 - \eta \times e_{1,3} = 0.75 - 0.5 \times (-0.0004) = 0.75$$

对于第二个样本：ID $= 2$，身高 $= 1.5$ 米，体重 $= 50$ 千克，肥胖分类 $= 1$，以第一个样本更新后的参数作为第二个样本迭代过程中所使用的各个参数的初始值。初始化每个输入层神经元到隐层神经元之间的权重 $\alpha_{i,h}^1$：

$$\alpha_{1,1}^1 = 0.05,\ \alpha_{2,1}^1 = 0.69,\ \alpha_{1,2}^1 = 0.29,\ \alpha_{2,2}^1 = 0.54,\ \alpha_{1,3}^1 = 0.40,\ \alpha_{2,3}^1 = 0.72$$

初始化每个隐层神经元到输出层神经元的权重 $\beta_{h,j}^1$：

$$\beta_{1,j}^1 = 0.71,\ \beta_{2,j}^1 = 0.81,\ \beta_{3,j}^1 = 0.03$$

初始化隐层神经元的阈值：

$$\gamma_1^1 = 0.08,\ \gamma_2^1 = 0.11,\ \gamma_3^1 = 0.75$$

初始化输出层神经元的阈值：

$$\theta_j^1 = \theta_1^1 = 0.34$$

以第二个样本数据为输入值 $x_2 = (x_{2,1}, x_{2,2})$，乘以其相应的权值 $\alpha_{i,h}^1$，得出输入层加权后的 3 个结果：

$$o_{2,1} = \sum_{i=1}^2 \alpha_{i,1}^1 x_{2,i} = 0.05 \times (-1.4289) + 0.69 \times (-0.9274) = -0.71$$

$$o_{2,2} = \sum_{i=1}^2 \alpha_{i,2}^1 x_{2,i} = 0.29 \times (-1.4289) + 0.54 \times (-0.9274) = -0.91$$

$$o_{2,3} = \sum_{i=1}^2 \alpha_{i,3}^1 x_{2,i} = 0.40 \times (-1.4289) + 0.72 \times (-0.9274) = -1.24$$

对加权后的三个结果，分别减去其隐层的阈值 0.08、0.11、0.75：

$$\sum_{i=1}^2 \alpha_{i,1}^1 x_{2,i} - \gamma_1^1 = 0.05 \times (-1.4289) + 0.69 \times (-0.9274) - 0.08 = -0.79$$

$$\sum_{i=1}^2 \alpha_{i,1}^1 x_{2,i} - \gamma_2^1 = 0.29 \times (-1.4289) + 0.54 \times (-0.9274) - 0.11 = -1.02$$

$$\sum_{i=1}^2 \alpha_{i,1}^1 x_{2,i} - \gamma_3^1 = 0.40 \times (-1.4289) + 0.72 \times (-0.9274) - 0.75 = -1.99$$

将减去阈值后的结果代入 Sigmoid 函数，分别得出结果 0.31、0.27、0.12，并将其作为隐层的输出结果 $(b_{2,1}, b_{2,2}, b_{2,3}) = (0.31, 0.27, 0.12)$。对隐层的结果，乘以其对应的连接权值并求和，得到隐层加权后的输出结果 $\upsilon_{2,1}$，将其作为输出层神经元的输入：

$$\upsilon_{2,1} = \sum_{h=1}^{3} \beta_{h,1}^1 b_{2,h} = 0.71 \times 0.31 + 0.81 \times 0.27 + 0.03 \times 0.12 = 0.44$$

$\upsilon_{2,1}$ 减去输出层神经元初始化的阈值 θ_1^1：

$$\sum_{h=1}^{3} \beta_{h,1}^1 b_{2,h} - \theta_1^1 = 0.71 \times 0.31 + 0.81 \times 0.27 + 0.03 \times 0.12 - 0.34 = 0.1$$

再代入 Sigmoid 函数得出结果 0.52 即为输出结果。这里，计算的结果中 $y_j^k = 1$，$\hat{y}_j^k = 0.52$，则有

$$
\begin{aligned}
g_{k,j} &= -\frac{\partial E_k}{\partial \hat{y}_j^k} \cdot \frac{\partial \hat{y}_j^k}{\partial \upsilon_{k,j}} \\
&= \hat{y}_j^k (1 - \hat{y}_j^k)(y_j^k - \hat{y}_j^k) \\
&= 0.52 \times (1 - 0.52) \times (1 - 0.52) \\
&= 0.1198
\end{aligned}
$$

得出结果 $g_{2,j} = 0.1198$。由此可以计算出隐层的三个输出梯度结果为

$$
\begin{aligned}
e_{2,1} &= -\frac{\partial E_k}{\partial b_{2,1}} \cdot \frac{\partial b_{2,1}}{\partial o_{2,1}} \\
&= b_{2,1}(1 - b_{2,1}) \sum_{j=1}^{l} \beta_{1,j}^1 g_{2,j} \\
&= 0.31 \times (1 - 0.31) \times (0.71 \times 0.1198) \\
&= 0.0182
\end{aligned}
$$

$$
\begin{aligned}
e_{2,2} &= -\frac{\partial E_k}{\partial b_{2,2}} \cdot \frac{\partial b_{2,2}}{\partial o_{2,2}} \\
&= b_{2,2}(1 - b_{2,2}) \sum_{j=1}^{l} \beta_{2,j}^1 g_{2,j} \\
&= 0.27 \times (1 - 0.27) \times (0.81 \times 0.1198) \\
&= 0.0191
\end{aligned}
$$

$$
\begin{aligned}
e_{2,3} &= -\frac{\partial E_k}{\partial b_{2,3}} \cdot \frac{\partial b_{2,3}}{\partial o_{2,3}} \\
&= b_{2,3}(1 - b_{2,3}) \sum_{j=1}^{l} \beta_{3,j}^1 g_{2,j} \\
&= 0.12 \times (1 - 0.12) \times (0.03 \times 0.1198) \\
&= 0.0004
\end{aligned}
$$

则有 $e_{2,1}, e_{2,2}, e_{2,3} = (0.0182, 0.0191, 0.0004)$。

接着，进行 BP 算法的参数更新：

$$
\begin{aligned}
\Delta \alpha_{i,h} &= \eta e_{k,h} x_{k,i} \\
\Delta \beta_{h,j} &= \eta g_{k,j} b_{k,h} \\
\Delta \theta_j &= -\eta g_{k,j}
\end{aligned}
$$

$$\Delta \gamma_h = -\eta e_{k,h}$$

输入层至隐层的权重 $\alpha_{i,h}$ 更新为 $\alpha_{i,h} + \Delta\alpha_{i,h} = \alpha_{i,h} + \eta e_{k,h} x_{k,i}$,

$$\alpha_{1,1}^1 + \Delta\alpha_{1,1}^1 = \alpha_{1,1}^1 + \eta e_{2,1} x_{2,1} = 0.05 + 0.5 \times 0.0182 \times (-1.4289) = 0.04$$

$$\alpha_{2,1}^1 + \Delta\alpha_{2,1}^1 = \alpha_{2,1}^1 + \eta e_{2,1} x_{2,2} = 0.69 + 0.5 \times 0.0182 \times (-0.9274) = 0.68$$

$$\alpha_{1,2}^1 + \Delta\alpha_{1,2}^1 = \alpha_{1,2}^1 + \eta e_{2,2} x_{2,1} = 0.29 + 0.5 \times 0.0191 \times (-1.4289) = 0.28$$

$$\alpha_{2,2}^1 + \Delta\alpha_{2,2}^1 = \alpha_{2,2}^1 + \eta e_{2,2} x_{2,2} = 0.54 + 0.5 \times 0.0191 \times (-0.9274) = 0.53$$

$$\alpha_{1,3}^1 + \Delta\alpha_{1,3}^1 = \alpha_{1,3}^1 + \eta e_{2,3} x_{2,1} = 0.40 + 0.5 \times 0.0004 \times (-1.4289) = 0.40$$

$$\alpha_{2,3}^1 + \Delta\alpha_{2,3}^1 = \alpha_{2,3}^1 + \eta e_{2,3} x_{2,2} = 0.72 + 0.5 \times 0.0004 \times (-0.9274) = 0.72$$

则权重更新结果为

$$\alpha_{1,1}^1 = 0.04, \ \alpha_{2,1}^1 = 0.68, \ \alpha_{1,2}^1 = 0.28, \ \alpha_{2,2}^1 = 0.53, \ \alpha_{1,3}^1 = 0.40, \ \alpha_{2,3}^1 = 0.72$$

隐层至输出层的权重 $\beta_{h,j}^1$ 更新为

$$\beta_{1,j}^1 = \beta_{1,j}^1 + \Delta\beta_{1,j}^1 = 0.71 + \eta g_{2,j} b_{2,1} = 0.71 + 0.5 \times 0.1198 \times 0.31 = 0.73$$

$$\beta_{2,j}^1 = \beta_{2,j}^1 + \Delta\beta_{2,j}^1 = 0.81 + \eta g_{2,j} b_{2,2} = 0.81 + 0.5 \times 0.1198 \times 0.27 = 0.83$$

$$\beta_{3,j}^1 = \beta_{3,j}^1 + \Delta\beta_{3,j}^1 = 0.03 + \eta g_{2,j} b_{2,3} = 0.03 + 0.5 \times 0.1198 \times 0.12 = 0.04$$

输出层阈值 θ_j 更新为

$$\theta_j^1 = \theta_j^1 + \Delta\theta_j^1 = \theta_j^1 - \eta g_{2,j} = 0.34 - 0.5 \times 0.1198 = 0.28$$

隐层的阈值 γ_h 更新为

$$\gamma_1^1 = \gamma_1^1 + \Delta\gamma_1^1 = \gamma_1^1 - \eta e_{2,1} = 0.08 - 0.5 \times 0.0182 = 0.07$$

$$\gamma_2^1 = \gamma_2^1 + \Delta\gamma_2^1 = \gamma_2^1 - \eta e_{2,2} = 0.11 - 0.5 \times 0.0191 = 0.10$$

$$\gamma_3^1 = \gamma_3^1 + \Delta\gamma_3^1 = \gamma_3^1 - \eta e_{2,3} = 0.75 - 0.5 \times 0.0004 = 0.75$$

以此类推，计算出其余 6 个样本的输出值和更新的参数。表 13.4 给出了第 1 次迭代之后的权数修正结果，表 13.5 给出了第 2 次迭代之后的权数修正结果，表 13.6 给出了第 3 次迭代之后的权数修正结果。表 13.7 给出了第 97 次至第 100 次迭代之后的权数修正结果，这三次的迭代结果显示，权数没有改变，给出的结果是相同的。

表 13.4　第 1 次迭代结果

x_k	y_k	$\alpha_{i,h}^1$	$\beta_{h,j}^1$	γ_h^1	θ_j^1	E_k^1
[-1.4289, -1.5580]	0	[[0.05 0.29 0.40] [0.69 0.54 0.72]]	[[0.71] [0.81] [0.03]]	[0.08 0.11 0.75]	0.34	0.1301
[-1.4289, -0.9274]	1	[[0.04 0.28 0.40] [0.68 0.53 0.72]]	[[0.73] [0.83] [0.04]]	[0.07 0.10 0.75]	0.28	0.1152
[-1.4289, -0.2968]	1	[[0.03 0.27 0.40] [0.68 0.53 0.72]]	[[0.75] [0.85] [0.05]]	[0.06 0.09 0.75]	0.23	0.0882
[-0.6698, -1.5580]	0	[[0.04 0.28 0.40] [0.69 0.55 0.72]]	[[0.73] [0.83] [0.04]]	[0.07 0.10 0.75]	0.30	0.1458

x_k	y_k	$\alpha_{i,h}^1$	$\beta_{h,j}^1$	γ_h^1	θ_j^1	E_k^1
[−0.6698, −0.9274]	0	[[0.05 0.29 0.40] [0.70 0.56 0.72]]	[[0.71] [0.81] [0.03]]	[0.08 0.11 0.75]	0.37	0.1513
[−0.6698, −0.2968]	1	[[0.04 0.28 0.40] [0.70 0.56 0.72]]	[[0.73] [0.83] [0.04]]	[0.07 0.10 0.75]	0.32	0.0968
[−0.6698, 0.3338]	1	[[0.03 0.27 0.40] [0.70 0.56 0.72]]	[[0.75] [0.85] [0.05]]	[0.06 0.09 0.75]	0.28	0.0722
[0.0893, −0.9274]	0	[[0.03 0.27 0.40] [0.71 0.57 0.72]]	[[0.73] [0.82] [0.04]]	[0.07 0.10 0.75]	0.35	0.1624

表 13.5　第 2 次迭代结果

x_k	y_k	$\alpha_{i,h}^2$	$\beta_{h,j}^2$	γ_h^2	θ_j^2	E_k^2
[−1.4289, −1.5580]	0	[[0.04 0.28 0.40] [0.72 0.58 0.72]]	[[0.72] [0.81] [0.03]]	[0.08 0.11 0.75]	0.41	0.1250
[−1.4289, −0.9274]	1	[[0.03 0.27 0.40] [0.71 0.57 0.72]]	[[0.74] [0.83] [0.04]]	[0.07 0.10 0.75]	0.35	0.1250
[−1.4289, −0.2968]	1	[[0.02 0.26 0.40] [0.71 0.57 0.72]]	[[0.76] [0.85] [0.05]]	[0.06 0.09 0.75]	0.30	0.0968
[−0.6698, −1.5580]	0	[[0.03 0.27 0.40] [0.72 0.59 0.72]]	[[0.74] [0.83] [0.04]]	[0.07 0.10 0.75]	0.36	0.1352
[−0.6698, −0.9274]	0	[[0.04 0.28 0.40] [0.73 0.6 0.72]]	[[0.72] [0.81] [0.03]]	[0.08 0.11 0.75]	0.43	0.1405
[−0.6698, −0.2968]	1	[[0.03 0.27 0.40] [0.73 0.6 0.72]]	[[0.74] [0.83] [0.04]]	[0.07 0.10 0.75]	0.37	0.1012
[−0.6698, 0.3338]	1	[[0.02 0.26 0.40] [0.73 0.6 0.72]]	[[0.77] [0.85] [0.05]]	[0.06 0.09 0.75]	0.32	0.0761
[0.0893, −0.9274]	0	[[0.02 0.26 0.40] [0.74 0.61 0.72]]	[[0.75] [0.83] [0.04]]	[0.07 0.10 0.75]	0.39	0.1568

表 13.6　第 3 次迭代结果

x_k	y_k	$\alpha_{i,h}^3$	$\beta_{h,j}^3$	γ_h^3	θ_j^3	E_k^3
[−1.4289, −1.5580]	0	[[0.03 0.27 0.40] [0.75 0.62 0.72]]	[[0.74] [0.82] [0.04]]	[0.08 0.11 0.75]	0.45	0.1200
[−1.4289, −0.9274]	1	[[0.02 0.26 0.40] [0.74 0.61 0.72]]	[[0.76] [0.84] [0.05]]	[0.07 0.10 0.75]	0.39	0.1250

x_k	y_k	$\alpha_{i,h}^3$	$\beta_{h,j}^3$	γ_h^3	θ_j^3	E_k^3
$[-1.4289, -0.2968]$	1	$\begin{bmatrix} 0.01 & 0.25 & 0.40 \\ 0.74 & 0.61 & 0.72 \end{bmatrix}$	$\begin{bmatrix} 0.78 \\ 0.86 \\ 0.06 \end{bmatrix}$	$[0.06 \quad 0.09 \quad 0.75]$	0.34	0.0968
$[-0.6698, -1.5580]$	0	$\begin{bmatrix} 0.02 & 0.26 & 0.40 \\ 0.75 & 0.63 & 0.72 \end{bmatrix}$	$\begin{bmatrix} 0.77 \\ 0.85 \\ 0.05 \end{bmatrix}$	$[0.07 \quad 0.10 \quad 0.75]$	0.40	0.1301
$[-0.6698, -0.9274]$	0	$\begin{bmatrix} 0.03 & 0.27 & 0.40 \\ 0.76 & 0.64 & 0.72 \end{bmatrix}$	$\begin{bmatrix} 0.75 \\ 0.83 \\ 0.04 \end{bmatrix}$	$[0.08 \quad 0.11 \quad 0.75]$	0.47	0.1405
$[-0.6698, -0.2968]$	1	$\begin{bmatrix} 0.02 & 0.26 & 0.40 \\ 0.76 & 0.64 & 0.72 \end{bmatrix}$	$\begin{bmatrix} 0.77 \\ 0.85 \\ 0.05 \end{bmatrix}$	$[0.07 \quad 0.10 \quad 0.75]$	0.41	0.1058
$[-0.6698, 0.3338]$	1	$\begin{bmatrix} 0.01 & 0.25 & 0.40 \\ 0.76 & 0.64 & 0.72 \end{bmatrix}$	$\begin{bmatrix} 0.80 \\ 0.87 \\ 0.06 \end{bmatrix}$	$[0.06 \quad 0.09 \quad 0.75]$	0.36	0.0761
$[0.0893, -0.9274]$	0	$\begin{bmatrix} 0.01 & 0.25 & 0.40 \\ 0.77 & 0.65 & 0.72 \end{bmatrix}$	$\begin{bmatrix} 0.78 \\ 0.85 \\ 0.05 \end{bmatrix}$	$[0.07 \quad 0.10 \quad 0.75]$	0.43	0.1513

表 13.7　第 97～100 次迭代结果

x_k	y_k	$\alpha_{i,h}^{97}$	$\beta_{h,j}^{97}$	γ_h^{97}	θ_j^{97}	E_k^{97}
$[-1.4289, -1.5580]$	0	$\begin{bmatrix} -1.93 & -2.17 & 0.40 \\ 2.89 & 2.94 & 0.72 \end{bmatrix}$	$\begin{bmatrix} 3.23 \\ 2.92 \\ 0.38 \end{bmatrix}$	$[-0.49 \quad -0.25 \quad 0.75]$	2.87	0.0200
$[-1.4289, -0.9274]$	1	$\begin{bmatrix} -1.95 & -2.19 & 0.40 \\ 2.87 & 2.93 & 0.72 \end{bmatrix}$	$\begin{bmatrix} 3.24 \\ 2.93 \\ 0.38 \end{bmatrix}$	$[-0.51 \quad -0.26 \quad 0.75]$	2.85	0.0288
$[-1.4289, -0.2968]$	1	$\begin{bmatrix} -1.95 & -2.19 & 0.40 \\ 2.87 & 2.93 & 0.72 \end{bmatrix}$	$\begin{bmatrix} 3.24 \\ 2.93 \\ 0.38 \end{bmatrix}$	$[-0.51 \quad -0.26 \quad 0.75]$	2.85	0.0013
$[-0.6698, -1.5580]$	0	$\begin{bmatrix} -1.95 & -2.19 & 0.40 \\ 2.87 & 2.93 & 0.72 \end{bmatrix}$	$\begin{bmatrix} 3.24 \\ 2.93 \\ 0.38 \end{bmatrix}$	$[-0.51 \quad -0.26 \quad 0.75]$	2.85	0.0032
$[-0.6698, -0.9274]$	0	$\begin{bmatrix} -1.94 & -2.18 & 0.40 \\ 2.89 & 2.94 & 0.72 \end{bmatrix}$	$\begin{bmatrix} 3.23 \\ 2.92 \\ 0.38 \end{bmatrix}$	$[-0.49 \quad -0.25 \quad 0.75]$	2.88	0.0338
$[-0.6698, -0.2968]$	1	$\begin{bmatrix} -1.95 & -2.18 & 0.40 \\ 2.89 & 2.94 & 0.72 \end{bmatrix}$	$\begin{bmatrix} 3.24 \\ 2.93 \\ 0.38 \end{bmatrix}$	$[-0.5 \quad -0.26 \quad 0.75]$	2.87	0.0145
$[-0.6698, 0.3338]$	1	$\begin{bmatrix} -1.95 & -2.18 & 0.40 \\ 2.89 & 2.94 & 0.72 \end{bmatrix}$	$\begin{bmatrix} 3.24 \\ 2.93 \\ 0.38 \end{bmatrix}$	$[-0.5 \quad -0.26 \quad 0.75]$	2.87	0.0013
$[0.0893, -0.9274]$	0	$\begin{bmatrix} -1.95 & -2.18 & 0.40 \\ 2.89 & 2.94 & 0.72 \end{bmatrix}$	$\begin{bmatrix} 3.24 \\ 2.93 \\ 0.38 \end{bmatrix}$	$[-0.5 \quad -0.26 \quad 0.75]$	2.87	0.0040

　　经过 100 次迭代计算后的数据与真实数据的误差都小于 0.05，模型已达到了设定的可接受误差范围，模型参数设定为预测所用的参数。现对以下学生数据进行"肥胖"情况的分类预测。需要预测的学生数据如表 13.8 所示，表 13.9 为标准化后的需要预测的学生数据。

表 13.8　需要预测的学生数据

ID	身高/米	体重/千克
1	1.7	60
2	1.7	70
3	1.7	80
4	1.8	60
5	1.8	70
6	1.8	80
7	1.8	90
8	1.9	80
9	1.9	90

表 13.9　需要预测的学生数据（标准化）

ID	身高	体重
1	0.09	−0.30
2	0.09	0.33
3	0.09	0.96
4	0.85	−0.30
5	0.85	0.33
6	0.85	0.96
7	0.85	1.60
8	1.61	0.96
9	1.61	1.60

代入神经网络模型，预测结果分别为 0 1 1 0 0 1 1 1 1，见表 13.10。

表 13.10　学生数据的预测结果

ID	身高/米	体重/千克	肥胖分类
1	1.7	60	0
2	1.7	70	1
3	1.7	80	1
4	1.8	60	0
5	1.8	70	0
6	1.8	80	1
7	1.8	90	1
8	1.9	80	1
9	1.9	90	1

表 13.11 是实际学生数据的类别信息，由结果可知，在神经网络模型对于学生的是否"肥胖"情况的分类结果对比中，测试集的 9 位学生中仅有 1 位学生的预测是错误的，其余均正确。

表 13.11　实际学生数据类别信息

ID	身高/米	体重/千克	肥胖分类
1	1.7	60	0
2	1.7	70	1
3	1.7	80	1
4	1.8	60	0
5	1.8	70	0
6	1.8	80	1
7	1.8	90	1
8	1.9	80	0
9	1.9	90	1

13.2.2　BP 算法有效性边界

BP 算法本身也存在着一定的缺陷。

（1）对初始权重非常敏感，极易收敛于局部极小：BP 算法是一个优秀的局部搜索算法，其对初始权重非常敏感。用不同的参数初始化神经网络模型，BP 算法收敛于不同的局部极小值。很多初学者首次使用神经网络，每次训练也会得到不同的模型。

（2）收敛缓慢甚至不能收敛：标准 BP 算法每次更新只针对单个样例，参数更新频繁。对不同样例进行更新的效果有时可能出现"抵消"现象。为了达到同样的累积误差极小点，标准 BP 算法往往需要进行更多次的迭代。在误差梯度曲面的平坦区，误差梯度信息极小，每次权重的改变量也极小，使得 BP 算法收敛缓慢，甚至不能收敛。尽管增加了自适应学习速率、添加动量项、共轭梯度及牛顿、LM（Levenberg-Marquardt）等训练方法，使得这个问题有所改善，但都没有根本解决这个问题。

（3）过拟合/过训练：过拟合主要指训练后的网络对训练样本具有极高的拟合精度，对测试样本的预测误差却很大；过训练是指训练网络时尽管其训练误差还在持续下降，但是对于测试样本的误差却已经不再下降，甚至逐渐增大，其结果为训练后网络的泛化能力低。

（4）网络隐含节点数的不确定：Hornik 等[1]已经证明，只需一个包含足够多神经元的隐层，多层前馈网络就能以任意精度逼近任意复杂度的连续函数，但是隐层中神经元个数的确定至今仍然是一个没有解决的问题，虽然有一些经验公式，但仅起到参考作用。针对实际具体问题，通常依靠"试错法"，根据具体问题进行具体分析。

---

① Hornik K，Stinchcombe M，White H. 1989. Multilayer feedforward networks are universal approximators. Neural Networks，2（5）：359-366.

13.3　其他常用的神经网络算法

本节介绍 BP 算法改进和神经网络挖掘的其他算法。

13.3.1　BP 算法改进

目前，国内外已提出不少有效的 BP 算法改进。

（1）附加动量的改进算法：在反向传播法的基础上，针对每一个权值（或阈值）的变化，再加上一项正比于上一次权值（或阈值）变化量的值，并根据反向传播法来产生新的权值（或阈值）变化。带有附加动量因子的权值调节公式为

$$\Delta\beta_{i,j}^{t+1} = (1-\alpha)\eta\delta_i p_j + \alpha\Delta\beta_{i,j}^t \tag{13.7}$$

$$\Delta b_i^{t+1} = (1-\alpha)\eta\delta_i + \alpha\Delta b_i^t \tag{13.8}$$

其中，t 表示迭代次数；$\Delta\beta_{i,j}$ 表示权值变化量；α 表示动量因子；η 表示学习速率；δ_i 表示误差项；p_j 表示输入矢量；Δb_i 表示偏差变化量[①]。

附加动量的改进算法可以有效防止最后一次权值的变化量为 0，有助于使网络从误差曲面的局部极小值中跳出。附加动量的引入可使连接权值的变化不仅能反映局部的梯度信息，而且能反映误差曲面最近的变化趋势。这一算法虽然在一定程度上解决了局部极小问题，但对于大多数实际应用问题，训练速度仍然很慢[②]。

（2）采用自适应调整参数的改进算法：采用自适应调整参数的改进算法是学习率应根据误差变化而自适应调整，以使权系数调整向误差减小的方向变化，其迭代过程可表示为

$$\beta_{i,j}^{t+1} = \beta_{i,j}^t - \eta\nabla f(\beta_{i,j}^t) \tag{13.9}$$

在局部区域获得一个渐进最优学习速率，得到比标准 BP 算法更快的收敛速度。然而，在 $\nabla f(\beta_{i,j}^t)$ 很小的情况下，采用自适应调整参数的改进算法仍然存在权值的修正量很小的问题，学习效率降低。

（3）使用弹性方法的改进算法：BP 网络通常采用 Sigmoid 隐含层。当输入的函数值很大时，斜率接近于零，这将导致算法中的梯度幅值很小，可能使连接权值的修正过程几乎停止下来。弹性方法只取偏导数的符号，而不考虑偏导数的幅值，其权值修正的迭代过程可表示为

$$\beta_{i,j}^{t+1} = \beta_{i,j}^t - (\beta_{i,j}^t - \beta_{i,j}^{t-1})\text{sign}(\nabla f(\beta_{i,j}^t)) \tag{13.10}$$

在弹性 BP 算法中，当训练发生振荡时，权值的变化量将减小；当在几次迭代过程中权值均朝一个方向变化时，权值的变化量将增大。使用弹性方法的改进算法，其收敛速度要比前几种方法快得多，而且算法并不复杂，也不需要消耗更多的内存。

---

① 许宜申，顾济华，陶智，等. 2011. 基于改进 BP 神经网络的手写字符识别. 通信技术，5（44）：106-109，118.

② 高雪鹏，丛爽. 2001. BP 网络改进算法的性能对比研究. 控制与决策，16（2）：167-171.

13.3.2　几种常用神经网络算法

（1）Boltzmann 机学习算法：针对神经网络状态定义"能量"，能量最小化时，神经网络达到理想状态。网络训练就是最小化能量函数。Boltzmann 机[1]是一种基于能量的模型，其神经元分为两层：显层与隐层。显层用于表示数据的输入与输出，隐层被理解为数据的内在表达。Boltzmann 机中的神经元都是布尔型的，即只能取 0、1 两种状态，状态 1 表示激活，状态 0 表示抑制。令向量 $s \in \{0,1\}^n$ 表示 n 个神经元的状态，$\beta_{i,j}$ 表示神经元 i 与 j 之间的连接权值，θ_i 表示神经元 i 的阈值，则状态向量 s 所对应的 Boltzmann 机能量定义为

$$E(s) = -\sum_{i=1}^{n-1}\sum_{j=i+1}^{n}\beta_{i,j}s_i s_j - \sum_{i=1}^{n}\theta_i s_i \tag{13.11}$$

若网络中的神经元以任意不依赖于输入值的顺序进行更新，则网络最终将达到 Boltzmann 分布，此时状态向量 s 出现的概率将仅由其能量与所有可能状态向量的能量确定：

$$P(s) = \frac{e^{-E(s)}}{\sum_t e^{-E(t)}} \tag{13.12}$$

Boltzmann 机的训练过程就是将每个训练样本视为一个状态向量，使其出现的概率尽可能大。标准的 Boltzmann 机是一个全连接图，训练网络的复杂度很高。现实中常采用受限 Boltzmann 机（restricted Boltzmann machine，RBM）。RBM 仅保留显层与隐层之间的连接，从而将 Boltzmann 机结构由完全图简化为二部图，如图 13.11 所示。

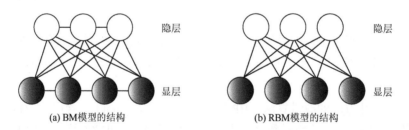

(a) BM模型的结构　　　　(b) RBM模型的结构

图 13.11　BM 模型和 RBM 模型的结构

RBM 常用"对比散度"（contrastive divergence，CD）算法[2]训练模型。假定网络中有 d 个显层神经元和 q 个隐层神经元，v 和 h 分别表示显层与隐层的状态向量，同一层内不存在连接，有

$$P(v\,|\,h) = \prod_{i=1}^{d}P(v_i\,|\,h) \tag{13.13}$$

---

① Ackley D H，Hinton G E，Sejnowski T J. 1985. A learning algorithm for Boltzmann machines. Cognitive Science，9（1）：147-169.

② Hinton G. 2010. A practical guide to training restricted Boltzmann machines. Department of Computer Science，University of Toronto.

$$P(h\,|\,v) = \prod_{j=1}^{q} P(h_j\,|\,v) \tag{13.14}$$

CD 算法对每个训练样本 v，先计算出隐层神经元状态的概率分布 $P(h\,|\,v)$，按此概率分布采样得到 h；然后依据 $P(v\,|\,h)$，从 h 产生 v'，再从 v' 产生 h'；连接权值的更新公式为

$$\Delta w = \eta(vh^{\mathrm{T}} - v'h'^{\mathrm{T}}) \tag{13.15}$$

（2）径向基函数（radial basis function，RBF）网络：径向基函数网络[1]是一种单隐层前馈神经网络，使用径向基函数作为隐层神经元激活函数，而输出层是对隐层神经元输出的线性组合。假定输入为 d 维向量 x，输出为实值，则径向基函数网络可表示为

$$\phi(x) = \sum_{i=1}^{q} \beta_i \rho(x, c_i) \tag{13.16}$$

其中，q 表示隐层神经元个数；c_i 和 β_i 分别表示第 i 个隐层神经元所对应的中心和权重，$\rho(x, c_i)$ 表示径向基函数，是某种沿径向对称的标量函数，通常为样本 x 到数据中心 c_i 之间欧氏距离的单调函数。通常使用的径向基函数有高斯函数、多二次函数、逆多二次函数等。

常用的高斯径向基函数形如 $\rho(x, c_i) = \mathrm{e}^{-b_i\|x-c_i\|^2}$。Park 和 Sandberg[2]证明，具有足够多隐层神经元的径向基函数网络能以任意精度逼近任意连续函数。

通常，采用两步过程来训练径向基函数网络：第一步，确定神经元的中心 c_i，常用的方式包括随机采样、聚类等；第二步，利用 BP 算法等来确定参数 β_i 和 b_i。

（3）ART 网络模型：ART 网络[3]是竞争型学习的重要代表。竞争型学习是神经网络中一种常见的无监督学习策略。在使用该策略时，网络的神经元相互竞争，每一时刻仅有一个竞争获胜的神经元被激活，其他神经元的状态被抑制。这种机制也称"胜者通吃"原则。

ART 网络由比较层、识别层、识别阈值和重置模块构成。其中，比较层负责接收输入样本，并将其传递给识别层神经元。识别层的每个神经元对应一个模式类，神经元数目可在训练过程中动态增长以增加新的模式类。

在接收到比较层的输入信号后，识别层神经元之间相互竞争以产生获胜神经元。竞争最简单的方式是，计算输入向量与每个识别层神经元所对应的模式类的代表向量之间的距离，距离最小者获胜。获胜神经元向其他识别层神经元发送信号抑制其激活。若输入向量与获胜神经元所对应的代表向量之间相似度大于识别阈值，则当前输入样本将被归为该代表向量所属类别。同时网络连接权将会更新，使得以后在接收到相似输入样本时该模式类会计算出更大的相似度，从而使该获胜神经元有更大可能获胜。若相似度不

---

① Broomhead D S，Lowe D. 1988. Radial basis functions，multi-variable functional interpolation and adaptive networks. DITC Document.

② Park J，Sandberg I W. 1991. Universal approximation using Radial-Basis-Function networks. Neural Computation，3（2）：246-257.

③ Carpenter G A，Grossberg S. 1987. A massively parallel architecture for a self-organizing neural pattern recognition machine. Computer Vision，Graphics and Image Procession，37（1）：54-115.

大于识别阈值，则重置模块将在识别层增设一个新的神经元，其代表向量就设置为当前输入向量。

识别阈值对 ART 网络的性能有重要影响，若识别阈值较高，输入样本将会被分成比较多、比较精细的模式类；若识别阈值较低，会产生比较少、比较粗略的模式类。

ART 网络比较好地缓解了竞争型学习中的"可塑性-稳定性窘境"，可塑性是指神经网络要有学习新知识的能力，而稳定性则指神经网络在学习新知识时要保持对旧知识的记忆。因此，ART 网络具有可进行增量学习和在线学习的优点。

早期的 ART 网络只能处理布尔型输入数据，此后 ART 发展成了一个算法族，包括能处理实值输入的 ART2 网络、结合模糊处理的 FuzzyART 网络，以及可进行监督学习的 ARTMAP 网络。

（4）深度学习（deep learning）：深度学习算法是对人工神经网络的发展。深度学习试图建立大得多也复杂得多的神经网络。常见的深度学习算法有受限玻尔兹曼机（restricted Boltzmann machine，RBM）、深度信念网络（deep belief networks，DBN）[1]、卷积神经网络（convolutional neural network，CNN）[2]等。

理论上，参数越多的模型复杂度越高，容量越大，能完成更复杂的学习任务。深度学习也是一种极其复杂而强大的模型。典型的深度学习模型就是很深层的网络。一是增加隐层的数目，二是增加隐层神经元的数目。前者更有效一些，因为它不仅增加了功能神经元的数量，还增加了激活函数嵌套的层数。但是对于多隐层神经网络，经典算法，如标准 BP 算法往往会在误差逆传播时发散，无法收敛到稳定状态。

要想有效地训练多隐层神经网络，一般来说有以下两种方法。

一是无监督逐层训练（unsupervised layer-wise training）：每次训练一层隐节点，把上一层隐节点的输出当作输入来训练，本层隐节点训练好后，输出再作为下一层的输入来训练，称为预训练（pre-training）。全部预训练完成后，再对整个网络进行微调（fine-tuning）训练。一个典型例子就是深度信念网络。这种做法其实可以视为把大量的参数进行分组，先找出每组较好的设置，再基于这些局部最优的结果来训练全局最优。

二是权共享（weight sharing）：令同一层神经元使用完全相同的连接权值，典型的例子是卷积神经网络。CNN 可用 BP 算法进行训练。在训练中，无论是卷积层还是采样层，每一组神经元都使用相同的连接权，大大减少了需要训练的参数数目。

深度学习可以理解为一种特征学习（feature learning）或者表示学习（representation learning），无论是 DBN 还是 CNN，其都是通过多个隐层来把与输出目标联系不强的初始输入转化为与更加密切的输出目标，使原来只通过单层映射难以完成的任务变为可能，即通过多层处理，逐渐将初始的"低层"特征表示转化为"高层"特征表示，用简单的模型来完成复杂的学习任务。

传统任务中，样本的特征需要人类专家来设计，称为特征工程（feature engineering）。

---

① Hinton G E，Osindero S，Teh Y W. 2006. A fastl learning algorithm for deep belief nets. Neural Computation，18（7）：1527-1554.

② Lecun Y，Bengio Y. 1998. Convolutional networks for images，speech and time series//Arbib M A. The Handbook of Brain Theory and Neural Networks. Cambridge：MIT Press.

特征好坏对泛化性能有至关重要的影响。深度学习可以自动产生更好的特征，这为全自动数据分析带来了可能。

主要参考文献

李航. 2012. 统计学习方法. 北京：清华大学出版社.

吴喜之. 2016. 应用回归及分类——基于 R. 北京：中国人民大学出版社.

周志华. 2016. 机器学习. 北京：清华大学出版社.

第14章

支持向量机

支持向量机（support vector machine，SVM）是一种分类算法，适用于二分类问题，也适用于多分类问题。支持向量机算法的关键是构造线性分类器。线性分类器称为分隔超平面（有的文献中也称为分离超平面），也被称为决策面。从几何角度来看，在二维空间中分隔超平面是一条线，在三维空间中分隔超平面则是一个面。支持向量机分类器算法是寻找最优分隔超平面，尽可能区分开两个类别的样本，使得不同类别的样本与该分隔超平面的距离最大。因此，支持向量机是样本在特征空间上间隔最大化的分类算法。本章主要介绍支持向量机的相关知识和算法，14.1 节介绍支持向量机的相关知识，14.2 节讲解线性可分支持向量机的序列最小最优化（sequential minimal optimization，SMO）算法，14.3 节介绍支持向量机的其他几种算法。

■ 14.1 支持向量机的基础知识

本节主要介绍支持向量机的分类策略、算法发展简况、应用领域及重要概念，如分隔超平面、支持向量、最大分隔间隔、线性可分支持向量机和线性支持向量机等。

14.1.1 问题提出

支持向量机算法最大化两个类别的样本在特征空间上的间隔。这里，"间隔"最大往往是距离最大。支持向量机构造的分隔超平面最大化两个类别的样本与该超平面的距离，意味着尽可能区分开两个类别的样本。例如，在图 14.1 的二维图中，分隔超平面将星点集和圆点集划分为两类，星点集中的点和圆点集中的点距离粗实线都最远。这条粗实线就是分隔超平面。这个分隔超平面可用线性函数表示，也称其为线性分类器。

对于线性不可分数据，线性超平面不存在，见图 14.2（a）。支持向量机选择核函数，将样本从低维特征空间投影到高维特征空间中，在高维特征空间利用线性分隔超平面进行分类。若分类器选择核函数，支持向量机成为非线性分类器。在图 14.2（a）中，二维平

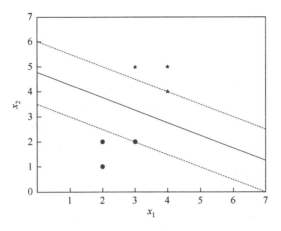

图 14.1 线性分隔超平面

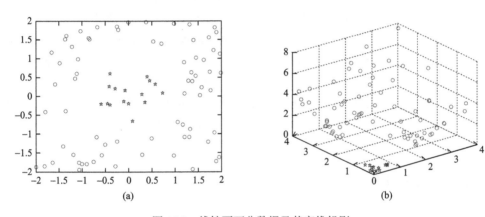

图 14.2 线性不可分数据及其高维投影

面上星点集和圆点集不适合用线性函数进行分类。利用核函数,将二维空间的星点集和圆点集投影到三维空间上,见图 14.2(b),可以找到线性分隔超平面较好地区分两个类别的点集。

支持向量机的学习策略就是寻找两个类别样本的距离最大化的超平面,使得训练集中所有数据点都距离分隔超平面足够远,也就是使距离分隔超平面最近的点与分隔平面之间的距离达到最大。支持向量机学习方法主要有三种:线性可分支持向量机、线性支持向量机及非线性支持向量机。当训练数据线性可分时,通过硬间隔最大化,构造线性分类器,即线性可分支持向量机,又称其为硬间隔支持向量机;当训练数据近似线性可分时,通过软间隔最大化,构造线性分类器,即线性支持向量机,又称其为软间隔支持向量机;当训练数据线性不可分时,通过使用核函数及软间隔最大化,构造非线性支持向量机。

支持向量机的分隔超平面构造等价于给定样本下求最优分隔超平面的二次规划问题。支持向量机算法的主要优点是其在样本特征空间上的最优超平面使得分类间隔达到最大,分类准确性好。在支持向量机算法中起决定作用的是支持向量,最优超平面是由少数支持向量所确定的，计算复杂性取决于支持向量的数目，避免了"维数灾难"。最大间隔放宽了对数据规模和数据分布的要求。对于多分类问题，支持向量机还能构造多个分类器的组合。

支持向量机的思想是 1963 年万普尼克（Vapnik）等在解决模式识别问题时提出的，起决定性作用的样本点为支持向量，利用最大分隔超平面构造线性分类器。1971 年，基梅尔道夫（Kimeldorf）和沃赫拜（Wahba）提出了基于支持向量构建核空间的方法[1]。1992 年，博瑟（Boser）等将核函数应用于最大分隔超平面上，创建非线性分类器[2]。目前，常用的软间隔支持向量机算法是由科尔特斯（Cortes）和万普尼克于 1995 年提出的[3]。

目前，支持向量机的应用领域已非常广泛。支持向量机已应用于网页或文本自动分类、人脸检测、性别分类、计算机入侵检测、基因分类、图像分类、遥感图像分析、语音识别、信息安全、目标识别、文本过滤、非线性系统控制等领域。

总之，支持向量机在解决小样本、非线性及高维模式识别中表现出许多特有优势。支持向量机致力于寻找划分特征空间的最优超平面，使得分类间隔达到最大。在支持向量机分类决策中起决定作用的是支持向量，支持向量机的最优分类函数只由少数的支持向量所确定，计算复杂性取决于支持向量的数目，而不是样本量和样本空间维数，在某种意义上避免了"维数灾难"。优化目标函数是使结构化风险最小，而不是经验风险最小。通过"间隔"的概念，对样本点散布的结构化描述，放宽了对样本规模和样本分布的要求。对于非线性可分问题，支持向量机利用核函数作为高维空间的非线性映射。当核函数已知时，可以降低高维空间问题的求解难度。

14.1.2　相关概念

为了直观理解支持向量机算法，人为地构造数据集 D 作为训练集。该训练集包括 6 个样本点，分别为 $(x_1=(2,1),y_1=-1)$、$(x_2=(3,5),y_2=+1)$、$(x_3=(3,2),y_3=-1)$、$(x_4=(2,2),y_4=-1)$、$(x_5=(4,4),y_5=+1)$、$(x_6=(4,5),y_6=+1)$。其中，变量 y 是类别变量，包括 2 个类别，分别用 +1 和–1 表示。在数据集 D 的空间中寻找一个分隔超平面，将 2 个类别的样本点分开，使得每个类别的样本点离分隔超平面的距离最大。

在图 14.3 中，代表 $y=-1$ 类别的样本点用圆点表示，代表 $y=+1$ 类别的样本点用星点表示，5 条直线分别代表 5 个分隔超平面。图 14.3 显示，将训练集 D 的样本点区分开的分隔超平面有很多。直观上，位于训练集"正中间"的分隔超平面，用加粗直线代表的分隔超平面最好。这个分隔超平面在训练集上距离 2 个类别样本点的距离达到最大，有最小的分类误差。对于未观测的样本点，加粗的分隔超平面受随机干扰影响最小，分类器的泛化能力最强。

① Kimeldorf G, Wahba G. 1971. Some results on tchebycheffian spline functions. Journal of Mathematical Analysis and Applications，33（1）：82-95.

② Boser B E, Guyon I M, Vapnik V N. 1992. A training algorithm for optimal margin classifiers. The 5th Annual ACM Workshop on Computational Learning Theory.

③ Cortes C，Vapnik V. 1995. Support-vector networks. Machine Learning，20（3）：273-297.

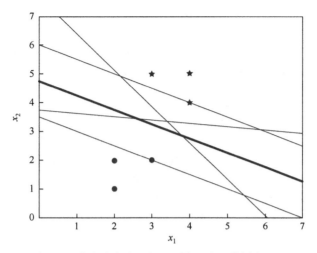

图 14.3　存在多个分隔超平面将两类训练样本分开

1）分隔超平面

给定数据集及其所在的空间，分隔超平面可用如下线性方程来描述：

$$\omega_0 + \omega^T x = 0 \tag{14.1}$$

其中，ω_0 为偏移量，决定了超平面与原点之间的距离；$\omega = (\omega_1, \omega_2, \cdots, \omega_p)$ 为法向量，决定了超平面的方向。分隔超平面被位移 ω_0 和法向量 ω 唯一确定，可将其简记为 (ω, ω_0)。

2）支持向量

超平面 (ω, ω_0) 能将训练样本正确分类，也意味着对于任意的 $(x_i, y_i) \in D$，若 $y_i = +1$，有 $\omega_0 + \omega^T x_i > 0$；若 $y_i = -1$，有 $\omega_0 + \omega^T x_i < 0$。令

$$\begin{cases} \omega_0 + \omega^T x_i \geqslant 1, & y_i = +1 \\ \omega_0 + \omega^T x_i \leqslant -1, & y_i = -1 \end{cases} \tag{14.2}$$

如图 14.4 所示，距离超平面 (ω, ω_0) 最近的训练样本点，用圆圈标注，使式（14.2）的等号成立，也被称为"支持向量"（support vector）。支持向量就是最难分类的样本点，含有最多的分类信息。

3）最大分类间隔

在样本点的空间中，记 $\|\omega\|$ 是欧几里得范数，任意样本点 (x, y) 到超平面 (ω, ω_0) 的距离最少为 $\dfrac{1}{\|\omega\|}$。最大分类间隔为从支持向量到超平面的距离之和，即为 $d = 2/\|\omega\|$。

4）线性可分支持向量机

支持向量机模型寻找具有"最大间隔"（maximum margin）的分隔超平面，也就是使得最大分类间隔 d 达到最大时参数 ω 和 ω_0 满足分类约束

$$\max_{\omega, \omega_0} \frac{2}{\|\omega\|} \tag{14.3}$$

$$\text{s.t. } y_i(\omega_0 + \omega^T x_i) \geqslant 1, \quad i = 1, 2, \cdots, m$$

其中，m 为样本点数。最大化 $\|\omega\|^{-1}$ 等价于最小化 $\|\omega\|^2$。式（14.3）的问题等价于

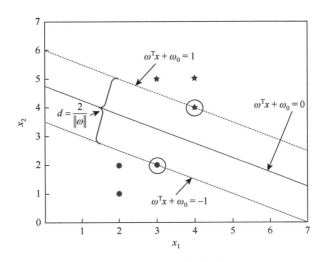

图 14.4 支持向量与最大间隔

$$\min_{\omega,\omega_0} \frac{1}{2}\|\omega\|^2 \tag{14.4}$$
$$\text{s.t. } y_i(\omega_0 + \omega^T x_i) \geq 1, \quad i=1,2,\cdots,m$$

求解式（14.4），得到最大间隔分隔超平面 $f(x)=\omega_0+\omega^T x$，其中 ω 和 ω_0 为模型参数。

式（14.4）是带约束的组合优化问题，目标函数 $\|\omega\|^2/2$ 为凸函数，约束条件为 $y_i(\omega_0+\omega^T x_i)\geq 1$，$i=1,2,\cdots,m$。对于没有约束条件的问题，直接对目标函数求导，并令导数等于 0，即可求最优解。对于有约束条件的问题，不能直接求导计算，采用拉格朗日乘子法，将每个约束加到目标函数中，构造拉格朗日函数。令对应样本点 (x_i,y_i) 的拉格朗日算子 $\alpha_i\geq 0$，$i=1,2,\cdots,m$，$\alpha=(\alpha_1,\alpha_2,\cdots,\alpha_m)$。拉格朗日函数为

$$L(\omega,\omega_0,\alpha)=\frac{1}{2}\|\omega\|^2+\sum_{i=1}^m \alpha_i(1-y_i(\omega_0+\omega^T x_i)) \tag{14.5}$$

计算 $L(\omega,\omega_0,\alpha)$ 对 ω 和 ω_0 的偏导数，并令其为零，有

$$\begin{cases} \omega=\sum_{i=1}^m \alpha_i y_i x_i \\ 0=\sum_{i=1}^m \alpha_i y_i \end{cases}$$

将上式的 ω 和 ω_0 代入拉格朗日函数，经过计算，得到原问题的对偶问题：

$$\begin{cases} \min_{\alpha} \frac{1}{2}\sum_{i=1}^m\sum_{j=1}^m \alpha_i\alpha_j y_i y_j x_i^T x_j - \sum_{i=1}^m \alpha_i \\ \text{s.t. } \sum_{i=1}^m \alpha_i y_i=0, \quad \alpha_i\geq 0, \quad i=1,2,\cdots,m \end{cases} \tag{14.6}$$

对偶问题等价于原问题，也是一个凸优化问题。先求解对偶问题的拉格朗日算子 $\alpha=(\alpha_1,\alpha_2,\cdots,\alpha_m)$，再计算 ω 和 ω_0，得到最优超平面：

$$f(x) = \omega_0 + \omega^{\mathrm{T}} x = \omega_0 + \sum_{i=1}^{m} \alpha_i y_i x_i^{\mathrm{T}} x_j \qquad (14.7)$$

需要注意的是，在求解问题中有不等式约束，要想取得最优解，需满足 Karush-Kuhn-Tucker 条件（卡罗需-库恩-塔克条件，简称 KKT 条件），即要求：

$$\begin{cases} \alpha_i \geqslant 0 \\ y_i f(x_i) - 1 \geqslant 0 \\ \alpha_i (y_i f(x_i) - 1) = 0 \end{cases} \qquad (14.8)$$

KKT 条件的前两个约束条件容易理解，第三个约束条件显示，对于任意训练样本 (x_i, y_i)，总有 $\alpha_i = 0$ 或 $y_i f(x_i) = 1$。若 $\alpha_i = 0$，则对应的 (x_i, y_i) 不会在目标函数的求和中出现，不会对分隔超平面 $f(x)$ 有任何影响。若 $\alpha_i > 0$，则有 $y_i f(x_i) = 1$，对应的样本点 (x_i, y_i) 位于最大间隔边界上，是一个支持向量。这是支持向量机的一个重要性质。模型训练完成后，大部分的训练样本都不需保留，最优超平面仅与支持向量有关。

假定训练样本是线性可分的，即存在一个分隔超平面将两类样本完全划分开，所有样本点都被正确分类，这称为"硬间隔"。在分类问题中，并不是训练集的分类函数越"完美"越好。数据集本身并不总是完美的，通常会存在噪声，人工添加分类标签有时可能会出错。过于"完美"的分隔超平面会导致过拟合，使模型失去泛化能力。在很多实际应用中，很难判断训练样本在特征空间是否线性可分。为了利用支持向量机模型解决这类问题，也就是允许支持向量机在若干样本上约束不严格，分类结果又尽可能合理，为此引入"软间隔"（soft margin）的概念。软间隔是错误分类的样本点到正确边界的距离，如图 14.5 所示。

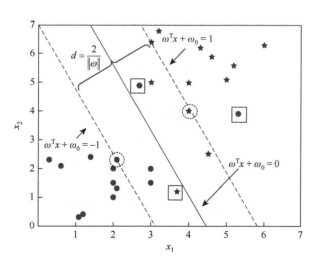

图 14.5　软间隔示意图

方框圈出了一些不满足约束的样本

硬间隔的约束要求离分隔超平面最近的样本点，其间隔要大于或等于 1。软间隔允许某些样本点到分类平面的距离不满足约束条件 $y_i(\omega_0 + \omega^T x_i) \geqslant 1$。软间隔允许错误分类情况存在。引入松弛变量 ξ_i，原约束变为

$$y_i(\omega_0 + \omega^T x_i) \geqslant 1 - \xi_i$$
$$\xi_i \geqslant 0, \quad i = 1, 2, \cdots, m$$

（14.9）

松弛变量是非负的，约束的间隔可以比 1 小。当样本点与超平面的间隔比 1 小时，意味着对这些点分类不精确。这样的样本点过多对分类器精度损失很大，必须权衡这种损失和软间隔。将损失加入到目标函数中，并增加惩罚因子 C，新的目标函数为

$$\min_{\omega, \omega_0, \xi_i} \frac{1}{2} \| \omega \|^2 + C \sum_{i=1}^{m} \xi_i$$
$$\text{s.t. } y_i(\omega_0 + \omega^T x_i) \geqslant 1 - \xi_i$$
$$\xi_i \geqslant 0, \quad i = 1, 2, \cdots, m$$

（14.10）

其中，$C > 0$ 是一个常数，被称为惩罚系数。惩罚系数的大小代表了在分类器中离群点损失的惩罚程度。较大的 C 值表示对错误分类的惩罚较大，较小的 C 值表示对错误分类的惩罚较小。因而，式（14.10）的目标函数包括两部分，一是希望间隔尽可能大，二是希望错误分类的样本点尽可能少。优化的目标函数是这两部分的权衡。对于新目标函数，每个离群点都会对应一个松弛变量，用以描述表征该样本点不满足约束 $y_i(\omega_0 + \omega^T x_i) \geqslant 1$ 的程度。与线性可分支持向量机类似，这仍是一个二次规划问题。

优化目标函数允许样本点不满足约束条件，学习策略为软间隔最大化。利用拉格朗日乘子法，拉格朗日函数为

$$L(\omega, \omega_0, \alpha, \xi, \mu) = \frac{1}{2} \| \omega \|^2 + C \sum_{i=1}^{m} \xi_i + \sum_{i=1}^{m} \alpha_i (1 - \xi_i - y_i(\omega_0 + \omega^T x_i)) - \sum_{i=1}^{m} \mu_i \xi_i \quad (14.11)$$

其中，$\alpha_i \geqslant 0, \mu_i \geqslant 0$ 为拉格朗日乘子。求 $L(\omega, \omega_0, \alpha, \xi, \mu)$ 对 ω, ω_0, ξ_i 的偏导数，并令其为零：

$$\omega = \sum_{i=1}^{m} \alpha_i y_i x_i$$
$$0 = \sum_{i=1}^{m} \alpha_i y_i$$
$$C = \alpha_i + \mu_i$$

（14.12）

将式（14.12）代入式（14.11），得到式（14.10）的对偶问题：

$$\min_{\alpha} \frac{1}{2} \sum_{i=1}^{m} \sum_{j=1}^{m} \alpha_i \alpha_j y_i y_j x_i^T x_j - \sum_{i=1}^{m} \alpha_i$$
$$\text{s.t. } \sum_{i=1}^{m} \alpha_i y_i = 0$$
$$0 \leqslant \alpha_i \leqslant C, \quad i = 1, 2, \cdots, m$$

（14.13）

与线性可分支持向量机的对偶问题相比，线性支持向量机的约束条件为 $0 \leqslant \alpha_i \leqslant C$，线性可分支持向量机的约束条件为 $\alpha_i \geqslant 0$。线性支持向量机的 KKT 条件要求如下：

$$\begin{cases} \alpha_i \geqslant 0, \ \mu_i \geqslant 0 \\ y_i f(x_i) - 1 + \xi_i \geqslant 0 \\ \alpha_i (y_i f(x_i) - 1 + \xi_i) = 0 \\ \xi_i \geqslant 0, \ \mu_i \xi_i = 0 \end{cases} \qquad (14.14)$$

在 KKT 条件中，对于训练样本 (x_i, y_i)，总有 $\alpha_i = 0$ 或 $y_i f(x_i) = 1 - \xi_i$。若 $\alpha_i = 0$，则样本点 (x_i, y_i) 不会对最优超平面 $f(x)$ 有任何影响；若 $\alpha_i > 0$，则有 $y_i f(x_i) = 1 - \xi_i$，样本点 (x_i, y_i) 是支持向量。若 $\alpha_i < C$，则 $\mu_i > 0$，$\xi_i = 0$，样本点 (x_i, y_i) 恰在最大间隔边界上。若 $\alpha_i = C$，则 $\mu_i = 0$，$\xi_i \leqslant 1$ 意味着样本点 (x_i, y_i) 落在最大间隔内部，$\xi_i > 1$ 意味着样本点 (x_i, y_i) 被错误分类。从而，线性支持向量机的最优超平面仅与支持向量有关。

对于求解对偶问题，可以利用通用的二次规划算法，较大的训练样本容量导致二次规划算法的计算复杂度很高，计算效率低。为了解决这个问题，学者提出了很多高效算法，其中 SMO 算法是最常用的算法[①]。

14.2 支持向量机的 SMO 算法

支持向量机的学习策略就是寻找两类样本的间隔最大化的分隔超平面，使距离分隔超平面最近的点与分隔平面之间的距离达到最大。支持向量机的问题等价于给定样本约束下求最大距离分隔超平面的二次规划问题。

支持向量机的问题为求解凸二次规划最优目标函数。凸二次规划问题是求全局最优解，可以选用很多最优化算法，如最速下降法、牛顿法等。对于很大容量的训练样本，这些算法的训练时间比较长，很难满足实际需要。目前，有些学者提出了很多快速实现算法。本节主要讲述 SMO 算法，其是一个被广泛应用的 SVM 优化算法。

14.2.1 SMO 算法解读

SMO 算法是一种启发式算法。若固定 α_i 之外的其他参数，约束 $\sum_{i=1}^{m} \alpha_i y_i = 0$ 可直接利用其他参数导出 α_i。SMO 算法的求解思路是：每次选择两个参数 α_i 和 α_j，固定 α_i 和 α_j 之外的所有参数，求 α_i 和 α_j 的最优解。在参数初始化后，SMO 不断重复如下两个步骤。

（1）选取一对需要更新的参数 α_i 和 α_j。

（2）固定 α_i 和 α_j 以外的参数，求解对偶问题，得到更新的 α_i 和 α_j。

算法重复到收敛为止。

注意，选取的参数 α_i 和 α_j 中若有一个参数不满足 KKT 条件，目标函数就会在迭代后

---

① Platt J C.1998. Sequential minimal optimization: a fast algorithm for training support vector machines. Technical Report MSR-TR-98-14.

减小[①]。直观来看，违背 KKT 条件的偏离程度越大，更新参数可能导致目标函数值减小幅度越大。于是，SMO 算法先选取违背 KKT 条件的偏离程度最大的参数。第二个参数应选择使目标函数值减小最快的参数。计算各参数对应的目标函数值减小幅度的算法复杂度过高。SMO 算法采用了启发式思路：选取的两个参数对应样本之间的间隔最大。这样的两个参数有很大的差别，对它们进行优化可能使目标函数值减小更显著。

SMO 算法固定其他参数，只是针对两个参数构建二次规划问题，可以通过解析方法求解，大大提高算法的计算速度。对于两个参数，一个参数违反 KKT 条件最严重，另一个参数由约束条件自动确定。SMO 算法将原问题不断分解为子问题并求解，进而达到求解原问题的目的。注意，子问题的两个参数中只有一个参数是自由变化的。例如，对于 α_1、α_2 两个参数，$\alpha_3, \cdots, \alpha_m$ 固定，等式约束显示：

$$\alpha_1 = -y_1 \sum_{i=2}^{m} \alpha_i y_i$$

如果 α_2 确定，那么，α_1 也随之确定，两个参数被同时改进。

SMO 算法划分为两个步骤：求解两个参数的二次规划和启发式选择参数。6 个样本点为 $(x_1 = (2,1), y_1 = -1)$、$(x_2 = (3,5), y_2 = +1)$、$(x_3 = (3,2), y_3 = -1)$、$(x_4 = (2,2), y_4 = -1)$、$(x_5 = (4,4), y_5 = +1)$、$(x_6 = (4,5), y_6 = +1)$，下面利用 SMO 算法求解其所在样本空间中的最优分隔超平面，将这 6 个不同样本点分开。设允许错误率为 0.001，取常量 C 为 0.6。利用 SMO 算法求解的对偶问题为

$$\min_{\alpha} \frac{1}{2} \sum_{i=1}^{6} \sum_{j=1}^{6} \alpha_i \alpha_j y_i y_j x_i^{\mathrm{T}} x_j - \sum_{i=1}^{6} \alpha_i$$

$$\text{s.t. } \alpha_2 + \alpha_5 + \alpha_6 - \alpha_1 - \alpha_3 - \alpha_4 = 0$$

$$0 \leqslant \alpha_i \leqslant 0.6, \ i = 1,2,3,4,5,6$$

不失一般性，假设选择的两个参数是 α_1、α_2，则其他参数 α_i（$i = 3,4,5,6$）是固定的，SMO 的最优化问题的子问题可写成：

$$\min_{\alpha_1, \alpha_2} \frac{1}{2} x_1^{\mathrm{T}} x_1 \alpha_1^2 + \frac{1}{2} x_2^{\mathrm{T}} x_2 \alpha_2^2 + y_1 y_2 x_1^{\mathrm{T}} x_2 \alpha_1 \alpha_2 - (\alpha_1 + \alpha_2)$$

$$+ y_1 \alpha_1 \sum_{i=3}^{4} \alpha_i y_i x_i^{\mathrm{T}} x_1 + y_2 \alpha_2 \sum_{i=3}^{4} \alpha_i y_i x_i^{\mathrm{T}} x_2$$

$$\text{s.t. } \alpha_1 y_1 + \alpha_2 y_2 = -\sum_{i=3}^{4} \alpha_i y_i = \varsigma$$

$$0 \leqslant \alpha_i \leqslant 0.6, \ i = 1,2$$

其中，ς 为常数，上式省略了不含 α_1、α_2 的项。这里设定其他参数取值为 0，即初始值 $\alpha_3^0 = \alpha_4^0 = \alpha_5^0 = \alpha_6^0 = 0$。在上式约束条件下，只有两个参数 (α_1, α_2)，约束条件可以用二维空间中的图形表示，如图 14.6 所示（李航，2012）。

---

① Osuna E，Freund R，Girosi F. 1997. An improved training algorithm for support vector machines. Neural Networks for Signal Processing，17（5）：276-285.

不等式约束使得 (α_1,α_2) 在区域 $[0,C]\times[0,C]$ 内，等式约束使 (α_1,α_2) 在平行于区域 $[0,C]\times[0,C]$ 的对角线上，即目标函数在一条平行于对角线的线段上达到最优值。两个参数的最优化问题等价于单参数的最优化问题。这里，考虑参数 α_2 的最优化。

1）第一次迭代

设初始可行解 α_1^0、α_2^0 均为 0，第一次迭代的最优解为 α_1^1、α_2^1，沿着约束方向未考虑不等式约束的最优解为 $\alpha_2^{1,\mathrm{unc}}$。$\alpha_2^1$ 需要满足不等式约束，其最优值 α_2^1 的取值范围必须满足如下条件：

$$L_1 \leqslant \alpha_2^1 \leqslant H_1$$

其中，L_1 与 H_1 是 α_2^1 所在对角线段的端点。如果 $y_1 \neq y_2$（如图 14.6 的实线所示），则有

$$L_1 = \max(0,\alpha_2^0 - \alpha_1^0),\quad H_1 = \min(C,C + \alpha_2^0 - \alpha_1^0)$$

如果 $y_1 = y_2$（如图 14.6 的虚线所示），则有

$$L_1 = \max(0,\alpha_2^0 + \alpha_1^0 - C),\quad H_1 = \min(C,\alpha_2^0 + \alpha_1^0)$$

代入数据有 $y_1 = -1$，$y_2 = 1$，因此有

$$L_1 = \max(0,0) = 0,\quad H_1 = \min(0.6,0.6 + 0) = 0.6$$

令

$$e_i = f(x_i) - y_i = \left(\omega_0 + \sum_{j=1}^{m}\alpha_j y_j x_j^{\mathrm{T}} x_i\right) - y_i,\quad i = 1,2$$

当 $i = 1,2$ 时，e_i 为函数 $f(x)$ 对输入 x_i 的预测值与真实输出 y_i 之差。代入数据有

$$e_1 = 0 - (-1) = 1$$
$$e_2 = 0 - 1 = -1$$

沿着约束方向未考虑约束情形下的最优解是

$$\alpha_2^{1,\mathrm{unc}} = \alpha_2^0 + \frac{y_2(e_1 - e_2)}{\eta}$$

其中，$\eta = x_1^{\mathrm{T}} x_1 + x_1^{\mathrm{T}} x_2 - 2x_1^{\mathrm{T}} x_2$。代入数据有

$$\alpha_2^{1,\mathrm{unc}} = 0 + \frac{1 \times (1 - (-1))}{17} = 0.1176$$

满足约束条件的 α_2 最优解是

$$\alpha_2^1 = \begin{cases} H_1, & \alpha_2^{1,\mathrm{unc}} > H_1 \\ \alpha_2^{1,\mathrm{unc}}, & L_1 \leqslant \alpha_2^{1,\mathrm{unc}} \leqslant H_1 \\ L_1, & \alpha_2^{1,\mathrm{unc}} < L_1 \end{cases}$$

由 $0 < 0.1176 < 0.6$ 得

$$\alpha_2^1 = 0.1176$$

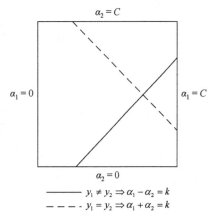

$\alpha_2 = C$

$\alpha_1 = 0$　　　　　　$\alpha_1 = C$

$\alpha_2 = 0$

——— $y_1 \neq y_2 \Rightarrow \alpha_1 - \alpha_2 = k$

- - - $y_1 = y_2 \Rightarrow \alpha_1 + \alpha_2 = k$

图 14.6 二参数优化问题图示

利用 α_2^1，再计算 α_1^1：

$$\alpha_1^1 = \alpha_1^0 + y_1 y_2 (\alpha_2^0 - \alpha_2^1)$$

代入数据有

$$\alpha_1^1 = 0 + 1 \times (-1)(0 - 0.1176) = 0.1176$$

此时，$\alpha_3^1 = \alpha_3^0 = 0$，$\alpha_4^1 = \alpha_4^0 = 0$，$\alpha_5^1 = \alpha_5^0 = 0$，$\alpha_6^1 = \alpha_6^0 = 0$。在完成两个参数优化后，重新计算阈值 ω_0。当 $0 < \alpha_1^1 < C$ 时，由 KKT 条件可知：

$$\omega_0 + \sum_{j=1}^{m} \alpha_j y_j x_j^{\mathrm{T}} x_1 = y_1$$

于是，

$$\omega_{0,1}^1 = y_1 - \sum_{j=3}^{m} \alpha_j y_j x_j^{\mathrm{T}} x_1 - \alpha_1^1 y_1 x_1^{\mathrm{T}} x_1 - \alpha_2^1 y_2 x_2^{\mathrm{T}} x_1$$

同理，若 $0 < \alpha_2^1 < C$，那么

$$\omega_{0,2}^1 = y_2 - \sum_{j=3}^{m} \alpha_j y_j x_j^{\mathrm{T}} x_2 - \alpha_1^1 y_1 x_1^{\mathrm{T}} x_2 - \alpha_2^1 y_2 x_2^{\mathrm{T}} x_2$$

如果 α_1^1、α_2^1 同时满足约束 $0 < \alpha_i^1 < C$（$i = 1, 2$），那么 $\omega_{0,1}^1 = \omega_{0,2}^1$。如果 α_1^1、α_2^1 是 0 或者 C，那么 $\omega_{0,1}^1$ 和 $\omega_{0,2}^1$ 以及两者之间的数都符合 KKT 条件的阈值，选择其中点作为 ω_0^1。代入数据，得到更新的阈值

$$\omega_0^1 = \omega_{0,1}^1 = \omega_{0,2}^1 = -1.7059$$

在每次修正两个参数之后，必须更新对应的 e_i 值，将它们保存在列表中。e_i 值的更新需要用更新后的 ω_0^1 和所有支持向量对应的 α_j：

$$e_i^1 = \sum_S \alpha_j y_j x_j^{\mathrm{T}} x_i + \omega_0^1 - y_i$$

其中，S 为所有支持向量 x_j 的集合。代入数据，得到

$$e_1^1 = 0$$

$$e_2^1 = 0$$

$$e_3^1 = 0.5882$$

$$e_4^1 = 0.4706$$

$$e_5^1 = -0.3529$$

$$e_6^1 = 0.1176$$

根据

$$\omega = \sum_{i=1}^{m} \alpha_i y_i x_i$$

得到

$$\omega_1^1 = 0.1176$$
$$\omega_2^1 = 0.4704$$

第一次迭代得到的分隔超平面如图 14.7 所示。

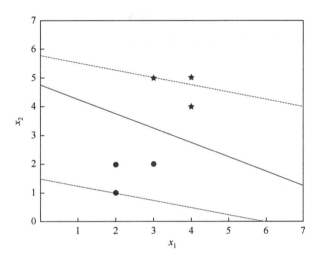

图 14.7 第一次迭代后的分隔超平面 1

2）第二次迭代

利用第一次迭代后的新值进行第二次迭代，选择的两个参数为 (α_3, α_5)。由于 $y_3 = -1$，$y_5 = 1$，有

$$L_2 = \max(0,0) = 0, H_2 = \min(0.6, 0.6) = 0.6$$

得到更新的 $\alpha_3^{2,\mathrm{unc}}$ 为

$$\alpha_3^{2,\mathrm{unc}} = 0 + \frac{-1 \times ((-0.3529) - 0.5882)}{5} = 0.1882$$

由于 $0 < 0.1882 < 0.6$，得更新的 α_3^2 为

$$\alpha_3^2 = 0.1882$$

利用 α_3^2，求得 α_5^2 为

$$\alpha_5^2 = 0 + (-1) \times 1 \times (0 - 0.1882) = 0.1882$$

此时，$\alpha_1^2 = \alpha_1^1 = 0.1176$，$\alpha_2^2 = \alpha_2^1 = 0.1176$，$\alpha_4^2 = \alpha_4^1 = 0$，$\alpha_6^2 = \alpha_6^1 = 0$。得到更新的阈值 ω_0：

$$\omega_0^2 = \omega_{0,3}^2 = \omega_{0,5}^2 = -3.6118$$

以及更新的 e_i：

$$e_1^2 = -1.1529$$
$$e_2^2 = 0.5412$$

$$e_3^2 = 0$$
$$e_4^2 = -0.3059$$
$$e_5^2 = 0$$
$$e_6^2 = 0.8471$$

计算得到

$$\omega_1^2 = 0.3058$$
$$\omega_2^2 = 0.8468$$

此时，第二次迭代后的分隔超平面如图 14.8 所示。

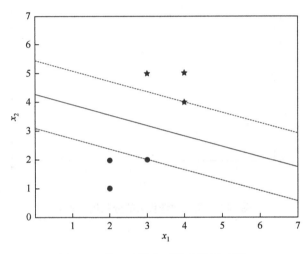

图 14.8　第二次迭代后的分隔超平面 2

3）第三次迭代

利用第二次迭代后的值进行第三次迭代，选择的两个参数为 (α_2, α_3)，由于 $y_2 = 1$，$y_3 = -1$，有

$L_3 = \max(0, 0.1882 - 0.1176) = 0.0706$，$H_3 = \min(0.6, 0.6 + 0.1882 - 0.1176) = 0.6$

得到更新的 $\alpha_3^{3,\text{unc}}$ 为

$$\alpha_3^{3,\text{unc}} = 0.1882 + \frac{-1 \times (0.5412 - 0)}{9} = 0.1281$$

由于 0.0706＜0.1281＜0.6，得更新的 α_3^3 为

$$\alpha_3^3 = 0.1281$$

利用 α_3^3，求得 α_2^3 为

$$\alpha_2^3 = 0.1176 + (-1) \times 1 \times (0.1882 - 0.1281) = 0.0575$$

此时，$\alpha_1^3 = \alpha_1^2 = 0.1176$，$\alpha_4^3 = \alpha_4^2 = 0$，$\alpha_5^3 = \alpha_5^2 = 0.1882$，$\alpha_6^3 = \alpha_6^2 = 0$。得到更新的阈值

$$\omega_0^3 = \omega_{0,3}^3 = \omega_{0,2}^3 = -3.2510$$

以及

$$e_1^3 = -0.9725$$
$$e_2^3 = 0$$
$$e_3^3 = 0$$
$$e_4^3 = -0.3059$$
$$e_5^3 = -0.3608$$
$$e_6^3 = 0.3059$$

计算得到

$$\omega_1^3 = 0.3058$$
$$\omega_2^3 = 0.6665$$

此时，第三次迭代后的分隔超平面如图 14.9 所示。

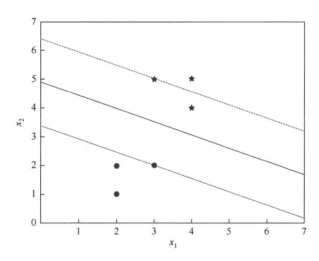

图 14.9 第三次迭代后的分隔超平面 3

将上述迭代结果总结在表 14.1、表 14.2 和表 14.3 中。

表 14.1 第一次迭代结果

α^1	ω_0^1	e^1	ω^1
$\alpha_1^1 = 0.1176$		$e_1^1 = 0$	
$\alpha_2^1 = 0.1176$		$e_2^1 = 0$	$\omega_1^1 = 0.1176$
$\alpha_3^1 = 0$		$e_3^1 = 0.5882$	
$\alpha_4^1 = 0$	$\omega_0^1 = -1.7059$	$e_4^1 = 0.4706$	
$\alpha_5^1 = 0$		$e_5^1 = -0.3529$	$\omega_2^1 = 0.4704$
$\alpha_6^1 = 0$		$e_6^1 = 0.1176$	

表 14.2　第二次迭代结果

α^2	ω_0^2	e^2	ω^2
$\alpha_1^2 = 0.1176$		$e_1^2 = -1.1529$	
$\alpha_2^2 = 0.1176$		$e_2^2 = 0.5412$	$\omega_1^2 = 0.3058$
$\alpha_3^2 = 0.1882$	$\omega_0^2 = -3.6118$	$e_3^2 = 0$	
$\alpha_4^2 = 0$		$e_4^2 = -0.3059$	
$\alpha_5^2 = 0.1882$		$e_5^2 = 0$	$\omega_2^2 = 0.8468$
$\alpha_6^2 = 0$		$e_6^2 = 0.8471$	

表 14.3　第三次迭代结果

α^3	ω_0^3	e^3	ω^3
$\alpha_1^3 = 0.1176$		$e_1^3 = -0.9725$	
$\alpha_2^3 = 0.0575$		$e_2^3 = 0$	$\omega_1^3 = 0.3058$
$\alpha_3^3 = 0.1281$	$\omega_0^3 = -3.2510$	$e_3^3 = 0$	
$\alpha_4^3 = 0$		$e_4^3 = -0.3059$	
$\alpha_5^3 = 0.1882$		$e_5^3 = -0.3608$	$\omega_2^3 = 0.6665$
$\alpha_6^3 = 0$		$e_6^3 = 0.3059$	

继续进行迭代，直至所有参数 α_i（$i = 1, 2, \cdots, 6$）的值均不再发生变化，或达到预先设定的最大迭代次数（这里设定为 20），即得到最终结果，如表 14.4 所示。

表 14.4　最终结果

α	ω_0	e	ω
$\alpha_1 = 0$		$e_1 = -1.1995$	
$\alpha_2 = 0$		$e_2 = 0.3999$	$\omega_1 = 0.4000$
$\alpha_3 = 0.4000$	$\omega_0 = -3.7992$	$e_3 = 0.0003$	
$\alpha_4 = 0$		$e_4 = -0.3996$	
$\alpha_5 = 0.4000$		$e_5 = 0$	$\omega_2 = 0.7999$
$\alpha_6 = 0$		$e_6 = 0.7999$	

此时得到的分隔超平面对应截距为 4.75、斜率为 –0.5 的直线，如图 14.10 所示。

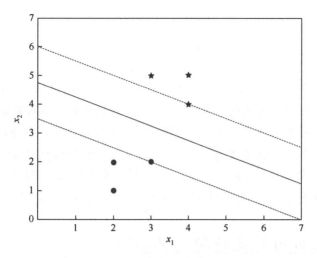

图 14.10   连续 20 次迭代参数均不发生变化时的分隔超平面

下面利用训练得到的 SVM 分类器测试数据集进行分类预测。样本点观测值为 $X_7 = (1.4, 2.4)$、$X_8 = (2.1, 1.3)$、$X_9 = (5.2, 5.6)$，代入 SVM 分类器，得到预测结果为 $(X_7 = (1.4, 2.4), y_7 = -1)$、$(X_8 = (2.1, 1.3), y_8 = -1)$、$(X_9 = (5.2, 5.6), y_9 = +1)$，测试集的预测结果如图 14.11 所示。

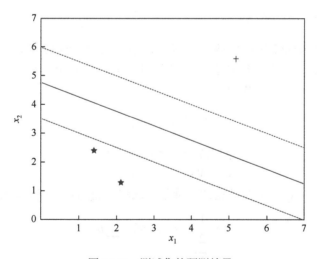

图 14.11   测试集的预测结果

3 个样本的真实类别为 $(X_7 = (1.4, 2.4), y_7 = -1)$、$(X_8 = (2.1, 1.3), y_8 = -1)$、$(X_9 = (5.2, 5.6), y_9 = +1)$。这个例子的预测结果显示，3 个样本点的预测类别均正确。

14.2.2   SMO 算法有效性边界

SMO 算法的关键是选择待优化的两个拉格朗日乘子。SMO 算法是通过判断是否违反原问题的 KKT 条件，选择待优化乘子。原问题的 KKT 条件为

$$\begin{cases} \alpha_i = 0 \Leftrightarrow y_i f(x_i) \geqslant 1 \\ 0 < \alpha_i < C \Leftrightarrow y_i f(x_i) = 1 \\ \alpha_i = C \Leftrightarrow y_i f(x_i) \leqslant 1 \end{cases} \qquad (14.15)$$

注意到，是否违反 KKT 条件主要与几个因素相关：拉格朗日乘子 α_i、样本点类别 y_i 及超平面参数 ω_0。在每次完成两个参数的优化后，都要重新计算参数 ω_0。ω_0 的更新需要利用两个优化的拉格朗日乘子。这可能出现一种不期望的情况：拉格朗日乘子 α_i 已经能使目标函数达到最优，而 SMO 算法本身并不能确定利用两个优化拉格朗日乘子所得到的 ω_0 是否为使目标函数达到最优的 ω_0 值。换句话说，本来不违反 KKT 条件的样本点，由于迭代，可能出现违反 KKT 条件的情况，导致后续的无效计算耗时。

14.3　其他常用的支持向量机算法

SVM 算法对大规模训练样本难以实施。由于 SVM 是借助二次规划来求解支持向量，涉及 m 阶矩阵的计算（m 为样本的个数）。当 m 很大时，m 阶矩阵的存储和计算将耗费大量的机器内存和运算时间。经典的支持向量机只给出了二分类的算法。在实际应用中，一般要解决多分类问题。此时，可以利用多个二分类支持向量机的组合来解决，或是通过构造多个分类器的组合来解决。为此，出现了 SMO 算法的改进技术及一些其他算法。

14.3.1　SMO 算法改进

针对标准 SMO 算法的问题，科尔蒂（Keerthi）等提出了针对 SMO 算法的改进算法[1]。新算法也是依据 KKT 条件选择乘子。与标准 SMO 算法不同，新算法使用对偶问题的 KKT 条件，具体过程如下。对于 SVM 的最优化问题：

$$\min \frac{1}{2} \| \omega \|^2 + C \sum_i \xi_i$$
$$\text{s.t. } y_i(\omega^{\text{T}} x_i + \omega_0) \geqslant 1 - \xi_i \qquad (14.16)$$
$$\xi_i \geqslant 0, \ \forall i$$

令 $\omega(\alpha) = \sum_i \alpha_i y_i x_i$。$\alpha_i$ 是拉格朗日乘子。求解下面的对偶问题，得到 α_i：

$$\min \frac{1}{2} \omega(\alpha) \cdot \omega(\alpha) - \sum_i \alpha_i$$
$$\text{s.t. } \sum_i \alpha_i y_i = 0 \qquad (14.17)$$
$$0 \leqslant \alpha_i \leqslant C, \ \forall i$$

当 α_i 确定后，参数 ω、ω_0、ξ 依据 KKT 条件确定，其解不唯一，拉格朗日函数为

$$\bar{L} = \frac{1}{2} \omega(\alpha) \cdot \omega(\alpha) - \sum_i \alpha_i - \sum_i \delta_i \alpha_i + \sum_i \mu_i(\alpha_i - C) - \beta \sum_i \alpha_i y_i \qquad (14.18)$$

① Keerthi S S Shevade S K，Bhattacharyya C，et al. 2001. Improvements to Platt's SMO algorithm for SVM classifier design. Neural Computation，13：637-649.

令 $F_i = \omega(\alpha) \cdot x_i - y_i = \sum_j \alpha_j y_j x_j^\mathrm{T} x_i - y_i$ ，对偶问题的 KKT 条件为

$$\begin{cases} \dfrac{\partial \overline{L}}{\partial \alpha_i} = (F_i - \beta)y_i - \delta_i + \mu_i = 0 \\ \delta_i \alpha_i = 0 \\ \mu_i(\alpha_i - C) = 0 \\ \delta_i \geqslant 0, \ \mu_i \geqslant 0, \ \forall i \end{cases} \qquad (14.19)$$

这个条件可细分为以下三种情况。

（1）如果 $\alpha_i = 0$ ，则 $\delta_i \geqslant 0$ ，$\mu_i = 0$ ，得到 $(F_i - \beta)y_i \geqslant 0$ 。

（2）如果 $0 < \alpha_i < C$ ，则 $\delta_i = 0$ ，$\mu_i = 0$ ，得到 $(F_i - \beta)y_i = 0$ 。

（3）如果 $\alpha_i = C$ ，则 $\delta_i = 0$ ，$\mu_i \geqslant 0$ ，得到 $(F_i - \beta)y_i \leqslant 0$ 。

算法的具体细节，请参阅相关文献（见上页脚注）。

14.3.2　几种常用支持向量机算法

支持向量机的研究重点是提高其求解效率。支持向量机的求解通常是借助于凸优化技术[1]。基于线性核的 SVM 算法研究已有很多成果，例如：

（1）基于割平面法（cutting plane algorithm）的 SVM$^\mathrm{perf}$：该算法用割平面法来求解整数规划，得到 SVM 分类器。该算法的求解过程是，在不考虑整数约束条件下先求松弛问题的最优解，获得整数最优解即为所求，算法停止。如果得到的最优解不满足整数约束条件，则针对非整数解增加新约束条件，重新求解。新增加的约束条件是为了切割相应松弛问题的可行域，割去松弛问题的部分非整数解，也包括已得到的非整数最优解，但要保留所有的整数解。新增加的约束条件为割平面。经过多次切割后，使保留的可行域包含坐标均为整数的顶点，即为所求问题的整数最优解。切割后所对应的松弛问题要与原整数规划问题具有相同的最优解。该算法具有线性复杂度[2]。

（2）基于随机梯度下降的 Pegasos 算法：该算法使用随机梯度下降来求解目标函数，得到 SVM 模型。基于随机梯度下降的 Pegasos 算法在每次迭代中随机挑选一个训练样本计算目标函数的梯度，在梯度的相反方向增加预先设定的步长。Pegasos 算法与随机步骤有关，和数据集无关。相比较其他算法，该算法速度更快[3]。

（3）坐标下降法：该算法沿着坐标下降方向寻找最优目标函数，进而得到 SVM 模型。坐标下降法的思路是，为了找到目标函数的局部极小值，在每次迭代中从当前点处沿一个坐标方向进行一维搜索。搜索方向不同于梯度下降法的梯度方向。梯度下降法是利用目标函数的导数（梯度）确定搜索方向，梯度方向可能不与任何坐标轴平行。在计算过程中，坐标下降法循环使用不同的坐标方向，每步的一维搜索过程相当于一次梯度迭代。坐标下

① Boyd S，Vandenberghe L. 2004. Convex Optimization. New York：Cambridge University Press.

② Joachims T. 2006. Training linear SVMs in linear time. The 12th ACM SIGKDD International Conference on Knowledge Discovery and Data Mining.

③ Shalev-Shwartz S，Singer Y，Srebro N，et al. 2011. Pegasos：primal estimated sub-gradient solver for SVM. Machine Learning，127（1）：3-30.

降法是利用当前坐标方向进行搜索，沿着某一坐标方向搜索最小值，不需要求目标函数的导数，在稀疏数据上有很高的效率[①]。

支持向量机已被用于解决多分类问题中，算法的具体细节请参阅相关文献[②]。

主要参考文献

李航. 2012. 统计学习方法. 北京：清华大学出版社.

吴喜之. 2016. 应用回归及分类——基于 R. 北京：中国人民大学出版社.

周志华. 2016. 机器学习. 北京：清华大学出版社.

---

① Hsieh C J，Chang K W，Lin C J，et al. 2008. A dual coordinate descent method for large-scale linear SVM. The 25th International Conference on Machine Learning.

② Hsu C W，Lin C J. 2002. A comparison of methods for multiclass support vector machines. IEEE Transactions on Neural Networks，13（2）：415-425.

第 *15* 章

集成学习算法

在机器学习中，直接建立一个高性能的分类器是很困难的。如果能找到一系列性能不太差的分类器，并把它们集成在一起，往往能得到更好的分类器。这是集成学习算法的主要思想。集成学习使用某种规则把一系列弱学习器整合起来进行决策，获得比单个弱学习器更好的强学习器。本章主要介绍集成学习的相关知识和算法。15.1 节介绍集成学习的基础知识，15.2 节介绍随机森林的基本算法，15.3 节介绍集成学习的其他常用算法。

■ 15.1　集成学习算法的基础知识

本节介绍集成学习的分类策略、应用领域、Boosting 系列算法和 Bagging 系列算法的思想及集成学习的重要概念。

15.1.1　问题提出

集成学习（ensemble learning），也称为组合学习或提升学习。对于训练数据，使用一系列弱学习器进行学习，并使用某种规则把各个弱学习器整合起来进行决策，获得比单个弱学习器更好的强学习器。弱学习器（或弱学习算法）一般指识别准确率仅比随机猜测略高的学习算法。强学习器（或强学习算法）是指识别准确率高并能在多项式时间内完成的学习算法。集成学习最早也叫作"committee voting method"，也是描述投票决策的集成过程。

先看表 15.1 所示的例子。在表 15.1 中，有若干条用户信息数据，每条数据包含用户特征，如年龄 age、收入水平 income、学生身份 student、信用评价 credit_rating，还有该用户是否购买了计算机，其中，yes 表示用户会购买计算机，no 表示用户不会购买计算机。利用表 15.1 的数据建立预测模型，预测什么类型用户会购买计算机。为了预测用户是否会购买计算机，可以建立很多个不同的模型，每个模型的预测结果都有差异。例如，建立了 7 个预测模型，每个模型的预测结果如表 15.2 所示。表 15.2 中的第 1 行代表用户购买计算机的真实意愿。第 2~8 行代表 7 个预测模型，其中带有椭圆标记的单元表示被错误预测。在模型 h1、h2、h3、h6 的预测结果中，3 个预测结果是错误的，5 个预测结果是正确的，预测准确率为 5/8。在模型 h4、h5、h7 的预测结果中，4 个预测结果是错误的，4 个预测结果是正确的，预测准确率为 4/8。这 7 个模型只能准确预测 4~5 位用户的购买意愿，都不能准确预测全部 8 位用户的购买意愿，即每个模型可以理解为是预测准确度略高于 50%的分类器。

表 15.1   引例数据

ID	age（A）	income（I）	student（S）	credit_rating（C）	buys_computer
1	≤40	high	no	fair	no
2	≤40	high	no	fair	no
3	≤40	high	no	excellent	no
4	≤40	low	yes	fair	yes
5	>40	low	yes	fair	yes
6	>40	low	yes	excellent	yes
7	≤40	high	no	excellent	no
8	≤40	low	yes	fair	yes

表 15.2   集成预测结果

类别	no	no	no	yes	yes	no	no	yes
h1	no	no	(yes)	yes	yes	(yes)	(yes)	yes
h2	(yes)	no	no	yes	yes	(yes)	(yes)	yes
h3	no	(yes)	no	yes	yes	(yes)	no	(no)
h4	no	no	(yes)	(no)	yes	no	(yes)	(no)
h5	(yes)	(yes)	no	(no)	(no)	no	no	yes
h6	(yes)	no	no	(no)	(no)	no	no	yes
h7	no	(yes)	(yes)	yes	(no)	no	no	(no)
集成	no	no	no	yes	yes	no	no	yes

现在，采用下面的策略来判断用户是否会购买计算机，即通过对 7 次预测结果进行简单投票，得到最终用户是否购买计算机的预测结果，如表 15.2 的最后 1 行所示。表 15.2 的最后 1 行给出了组合模型的集成预测结果。这里，表 15.2 第 2~8 行的预测模型也称为 7 个弱学习器。将 7 个弱学习器集成到一起，采用投票原则，所得预测结果同第 1 行用户购买计算机的真实意愿完全一致。通过集成学习可以准确预测全部 8 位用户的购买意愿。

在实际工作经验中，如果把好坏不等的东西掺到一起，通常结果会比最坏的要好一些，比最好的要坏一些。集成学习将多个学习器结合起来，为获得比单一学习器更好的泛化性能，个体学习器要"好而不同"，即个体学习器在具有一定的"准确性"的同时，也应该具有"多样性"。准确性指的是个体学习器不能太差，要有一定的准确度；多样性则是指个体学习器之间的输出要具有差异性。

针对表 15.1 的数据，在该分类任务中，3 个个体分类器 h1、h2 和 h3 在 3 个不同测试样本上的表现如表 15.3 所示。其中，带有椭圆标记的单元表示被错误分类的数据，集成学习的结果通过投票法产生，即"少数服从多数"。（a）列中，每个分类器都约有 66.7% 的分类精度，但集成学习却达到了 100%；（b）列中，三个分类器没有差别，集成之后性能没有提高；（c）列中，每个分类器的精度都只有 33.3%，而集成学习的预测结果的正确率为 33.3%。对比（a）列与（c）列可发现，当个体分类器都不同时，个体分类器的正确率越高，集成学习的预测结果表现越好；对比（a）列与（b）列可发现，当个体学习器的预测精度一样时，个体学习器之间的差异性越大，集成学习的性能越好。也就是说，个体学习器越精确、差异越大，集成越好。

表 15.3　个体学习器应"好而不同"（ h_i 表示第 i 个分类器 ）

(a)				(b)				(c)			
类别	ID1=no	ID2=no	ID3=no	类别	ID4=yes	ID5=yes	ID6=no	类别	ID6=no	ID7=no	ID8=yes
h1	no	no	(yes)	h1	yes	yes	(yes)	h2	(yes)	(yes)	yes
h2	(yes)	no	no	h2	yes	yes	(yes)	h3	(yes)	no	(no)
h3	no	(yes)	no	h3	yes	yes	(yes)	h4	no	(yes)	yes
集成	no	no	no	集成	yes	yes	(yes)	集成	(yes)	(yes)	yes

集成学习方法大致可分为两大类：一是个体学习器间存在强依赖关系，必须串行生成的序列化方法，代表方法是 Boosting 系列算法，如 AdaBoost 算法；二是个体学习器间不存在强依赖关系，可同时生成的并行化方法，代表方法是 Bagging 系列算法，如随机森林算法。

Boosting 的基本思想是先利用训练集并设定初始权重学习一个弱学习器，根据该弱学习器错误分类的表现来更新训练样本的权重，即按照上一步弱学习器做错的训练样本，对下一步训练样本的权重进行调整，然后基于调整权重后的训练集再训练新的弱学习器，重复进行，直至弱学习器数量达到事先设定的数量 T ，将这 T 个弱学习器进行加权组合以得到最终模型。Boosting 算法最著名的代表是 AdaBoost[①]。Boosting 起源于 Valiant 和 Kearns 的 PAC（probably approximately correct，概率近似正确）学习模型，其是为了探讨如何将弱学习算法提升为强学习算法。1990 年，Schapire 给出 Boosting 算法，提出弱学习算法提升为强学习算法的可行构造方法。1991 年，Freund 提出更高效率的 Boosting 算法。1996 年，Freund 和 Schapire 提出了 AdaBoost 算法[②]，该算法很快应用于脸部识别和检测。

Bagging[③]的思想是基于 Bootstrap 方法对训练集进行抽样，共进行 T 轮抽取，可以得到 T 个训练集，针对每个训练集都可以训练出一个弱学习器，组合所有弱学习器可得到最终的预测模型。在对预测输出进行组合时，Bagging 通常对分类任务使用简单投票法，对

---

① Freund Y，Schapire R E. 1997. A desicion-theoretic generalization of on-line learning and an application to boosting. Journal of Computer and System Sciences，55（1）：119-139.

② Freund Y，Schapire R E.1996. Experiments with a new boosting algorithm. International Conference on Machine Learning，96：148-156.

③ Breiman L. 1996. Bagging predictors. Machine Learning，24（2）：123-140.

回归任务使用简单平均法。由 Breiman 于 2001 年提出的随机森林算法是在以决策树为弱学习器的基础上对 Bagging 集成算法进行了改进[①]，不仅在训练集的选择上使用了有放回抽样方法，还在决策树的训练过程中引入随机属性选择，从而实现了弱学习器的多样性，进一步提升了模型的泛化性能。

不同集成学习方法的工作机理和理论性质往往有显著不同。Boosting 主要关注如何降低偏差，能基于泛化性能弱的学习器集成出强学习器。Boosting 比 Bagging 具有更高的准确率，也更容易出现过拟合。Bagging 主要关注如何降低方差，通过个体学习器之间差异度的增加提高泛化性能。在随机森林（不剪枝决策树）、神经网络等易受样本扰动的学习器上效用更为明显。随机森林能够克服噪声干扰，具有鲁棒性；组合多个分类器不易出现过拟合现象；在处理高维度特征的情况下，不需要预先进行特征选择。

15.1.2　相关概念

集成学习是一种机器学习方法，通过构建并结合多个学习器来完成学习任务。它的基本思路是：先产生一组个体学习器，再采用某种策略将它们组合起来。个体学习器通常由一个现有的学习算法利用训练数据产生。例如，CART 算法、BP 神经网络算法等。如果集成的个体学习器都属于同一种类别，如都是 CART 树或都是 BP 神经网络，则称该集成学习为同质的；若集成中包含不同类型的个体学习器，如既有 CART 树又有 BP 神经网络，则称该集成学习为异质的。

集成学习通过将多个学习器进行组合，获得比单一学习器显著优越的泛化性能，这对改进弱学习器性能尤为明显。弱学习器的准确率仅比随机猜测预测学习器略高，例如在二分类问题上精度略高于 50%的分类器。同质集成（同种类型的个体学习器的集成学习）中的个体学习器称为"基学习器"，基学习器有时也被称为弱学习器。

考虑二分类问题 $y \in \{-1, +1\}$ 和真实函数 f。假设基学习器之间相互独立（基学习器间具有较高的差异度），且错误率均为 ε。集成策略是通过简单投票法组合 T 个基学习器，可以将基学习器的预测看作一个伯努利实验，若有超过半数的基学习器的分类结果为"正确"，则集成分类器的结果为"正确"。假设集成分类器包括 T 个基学习器 $h_1(x), h_2(x), \cdots, h_T(x)$。对于任意 $1 \leqslant t \leqslant T$，$P(h_t(x) \neq f(x)) = \varepsilon$，则集成分类器为

$$H(x) = \text{sign}\left(\sum_{t=1}^{T} h_t(x)\right) \tag{15.1}$$

由 Hoeffding 不等式可知，集成学习的错误率为

$$P(H(x) \neq f(x)) = \sum_{K=0}^{T/2} \binom{T}{K}(1-\varepsilon)^K \varepsilon^{T-K} \leqslant \exp\left(-\frac{1}{2}T(1-2\varepsilon)^2\right) \tag{15.2}$$

随着基学习器的个数增加，集成学习的错误率呈指数下降，其前提是基学习器的误差相互独立。然而，在现实任务中，个体学习器是为解决同一个问题训练出来的，不可能相互独立。假设训练 $h_i(x)$ 和 $h_j(x)$ 两个分类器，对于某个测试样本，满足 $P(h_i(x) = 1 \mid h_j(x) = 1) > P(h_i(x) = 1)$，两个分类器 $h_i(x)$ 和 $h_j(x)$ 在预测新样本时存在关联性。个体学习器的"准确

---

① Breiman L. 2001. Random forests. Machine Learning, 45（1）: 5-32.

性"和"多样性"本身就存在冲突。一般地,在准确性很高之后,要增加多样性,就需要"牺牲"准确性。如何产生并组合"好而不同"的个体学习器是集成学习研究的核心。

集成学习通过组合多个"好而不同"的学习器(分类或回归模型)来提高学习效果。根据训练数据集构建一组弱学习器,对弱学习器进行组合,得到最终的集成模型。在实际操作中,集成学习的效果通常比单个模型好。由于集成学习可以有效地提高学习系统的泛化能力,其已成为机器学习领域的研究热点。

1)个体学习器的多样性增强

多样性(diversity)是集成学习的一个重要性质,也就是说每个分类器的分类结果尽量不一样。每个分类器也要有一定差异,才有可能获得一个更好的集成学习结果。基学习器之间的多样性是影响集成学习泛化性能的重要因素,增加多样性对于集成学习的研究十分重要。一般的思路是在学习过程中引入随机性。常见的做法主要是对数据样本、输入属性、输出表示、算法参数进行扰动。

(1)数据样本扰动:利用具有差异的数据集来训练不同的基学习器。数据样本扰动通常采用自助采样法(Bootstrap Sampling),如 Bagging 使用自助采样,AdaBoost 中使用序列采样。对很多常见的基学习器,如决策树、神经网络等,训练样本稍加变化就会导致学习器有显著变动,数据样本扰动对这样的"不稳定基学习器"很有效。还有一些基学习器对数据样本的扰动不敏感,如线性学习器、支持向量机、朴素贝叶斯、k 近邻学习器等,这样的基学习器称为稳定基学习器。对此类基学习器进行集成学习往往需要使用输入属性扰动等其他方法。

(2)输入属性扰动:训练样本通常由一组属性描述,不同的属性子集提供了观察数据的不同视角。随机属性扰动通过随机选取的若干属性来训练基学习器。例如,随机森林从初始属性集中抽取子集,基于每个子集来训练基学习器。若训练集只包含少量属性或者冗余属性很少,则不宜使用输入属性扰动方法。

(3)输出表示扰动:此类做法的基本思想是对输出表示进行调整以增强多样性,可对训练样本的标记稍作变动,或对基学习器的输出进行转化。

(4)算法参数扰动:基学习算法一般都需要设置参数,如神经网络连接值的初始化权重、隐层神经元数,通过随机设置不同的参数,往往可产生差别较大的个体学习器。不同的多样性增强机制可同时使用。例如,随机森林同时使用了数据样本扰动和输入属性扰动。

2)基学习器的组合策略

集成学习对于基学习器的组合策略有平均法、投票法和学习法。回归问题可以使用平均法,包括简单平均法和加权平均法。简单平均法是加权平均法的一种特例。加权平均法可以认为是集成学习研究的基本出发点。一般而言,由于各个基学习器的权值在训练中得出,在基学习器性能相差较大时宜使用加权平均法,在基学习器性能相差较小时宜使用简单平均法。

简单平均法:

$$H(x) = \frac{1}{T} \sum_{t=1}^{T} h_t(x) \tag{15.3}$$

加权平均法:

$$H(x) = \sum_{t=1}^{T} \omega_t h_t(x) \qquad (15.4)$$

通常 $\omega_t \geqslant 0$，$\sum_{t=1}^{T} \omega_t = 1$。

多分类问题可以使用投票法。对分类任务来说，学习器 $h_t(x)$ 将从类别标记集合 $Y = \{y_1, y_2, \cdots, y_K\}$ 中输出一个类标记。最常见的组合策略是投票法。将 $h_t(x)$ 在样本 x 上的输出表示为一个 K 维向量 $(h_t^1(x); h_t^2(x); \cdots; h_t^K(x))$，其中 $h_t^k(x)$ 是 $h_t(x)$ 在类别标记 y_k 上的输出。投票法分为三种：绝对多数投票法、相对多数投票法、加权投票法。

绝对多数投票法：若类标记得票过半数，则预测为该类标记；否则拒绝预测。即

$$\sum_{t=1}^{T} h_t^k(x) > 0.5 \sum_{n=1}^{K} \sum_{t=1}^{T} h_t^n(x) \qquad (15.5)$$

则 $H(x) = y_k$。

相对多数投票法：预测为得票最多的类标记，若同时有多个类标记获得最高票，则从中随机选取一个。

$$H(x) = y_{\arg\max_k \sum_{t=1}^{T} h_t^k(x)} \qquad (15.6)$$

加权投票法：

$$H(x) = y_{\arg\max_k \sum_{t=1}^{T} \omega_t h_t^k(x)} \qquad (15.7)$$

通常 $\omega_t \geqslant 0$，$\sum_{t=1}^{T} \omega_t = 1$。

学习法是一种更高级的集成策略，即学习出一种"投票"的学习器。Stacking[1]是学习法的典型代表，其基本思想是：首先训练出 T 个基学习器，对于一个样本会产生 T 个输出，将这 T 个基学习器的输出与该样本的真实类标记作为新的样本，m 个样本就会产生一个 $m \times T$ 的样本集来训练一个新的"投票"学习器。投票学习器的输入属性表示与学习算法对 Stacking 集成的泛化性能有很大的影响。研究表明，投票学习器采用基学习器的输出类概率作为输入属性，选用多响应线性回归作为学习算法会产生较好的效果。[2]

■ 15.2　随机森林算法

随机森林算法是 Bagging 算法的一个扩展变体，其以决策树为基学习器构建 Bagging 集成学习器。与传统 Bagging 算法不同的是，随机森林在决策树的训练过程中引入了属性的随机选择。具体来说，传统决策树选择属性是在当前节点的属性集合中选择一个最优属性；而随机森林针对决策树的每个节点，先从该节点属性集合（假定有 d 个属性）

① Wolpert D H. 1992. Stacked generalization. Neural Networks，5（2）：241-259.

② Ting K M，Witten I H. 1999. Issues in stacked generalization. Journal of Artificial Intelligence Research，10：271-289.

中随机抽取 p 个属性，从这 p 个属性中选择一个最优属性用于划分。属性个数 p 控制了随机性的引入程度。一般情况下，推荐属性个数 $p = \log_2(d)$。随机森林在构造每棵决策树时，每个节点的划分以属性的信息熵的变化量或其他指数变化量作为衡量标准，以计算其最佳的分割属性。

随机森林简单、容易实现、计算开销小，在很多现实任务中展现出强大的性能，是集成学习的代表性方法。随机森林算法在构建决策树（基学习器）的过程中，通过对初始训练集随机采样引入数据样本扰动和输入属性扰动，增加了基学习器之间的差异度，实现了基学习器的多样性，提升了集成模型的泛化性能。

随机森林算法的收敛性与 Bagging 算法相似。随机森林的起始性能往往相对较差，因为通过引入属性扰动，随机森林中基学习器的性能往往有所降低。随着基学习器数目的增加，随机森林通常会收敛到更低的泛化误差。随机森林算法的训练效率常优于 Bagging 算法，在个体决策树的构建过程中，Bagging 算法使用的是"确定型"的决策树，在选择划分属性时会对节点的所有属性进行考察，而随机森林算法使用的"随机型"决策树则只须考察一个属性子集。

15.2.1　随机森林算法解读

随机森林与传统决策树的区别主要在于数据的随机选取和待选特征的随机选取，以及结果的投票机制。下面以表 15.1 中的数据集为例，对随机森林在这三方面的特点进行解释。

1. 数据的随机选取

从原始的数据集中采取有放回抽样，构造子数据集，不同子数据集的元素可以重复，同一个子数据集中的元素也可以重复。例如，针对表 15.1 数据集，以 ID 为 2、3、4、5、6 的样本作为原始训练集，需要构建含有 3 棵子决策树的随机森林。对于原始训练集，进行有放回的抽样生成三个子数据集，针对每个子数据集都可以构建一棵子决策树，如图 15.1 所示。

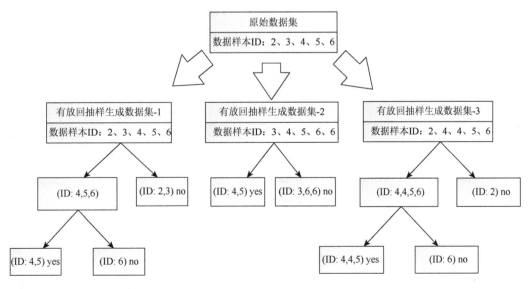

图 15.1　含 3 棵子树的随机森林示例

2. 待选特征的随机选取

与数据的随机选取类似，随机森林中子决策树的每一个分裂过程并未用到所有的待选特征，而是从所有待选特征中随机选取特征，再从随机选取的特征中选取最优特征。这促使随机森林中的决策树都能够彼此不同，提升决策树的多样性，从而提升随机森林的分类性能。

图 15.2（a）是一棵决策树的特征选取过程，通过直接在所有待选特征中选取最优分裂特征（如决策树 ID3 算法、C4.5 算法、CART 算法等），完成分裂。图 15.2（b）是随机森林中一棵子树的特征选取过程，通过先对待选特征进行随机选择，获得待选特征的一个子集，再利用信息增益或基尼指数等方法选取最优的分裂特征。

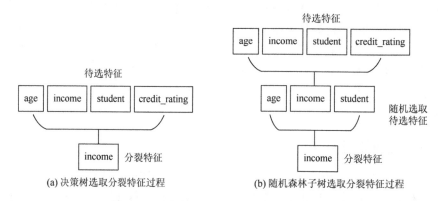

图 15.2　决策树和随机森林的特征选择过程

3. 结果的投票机制

利用有放回抽样生成的子数据集构建子决策树。对于一个需要通过随机森林得到分类结果的待分类数据，将其放到每个子决策树中，每个子决策树都会输出一个结果。通过对子决策树做出的判断结果进行投票，得到随机森林的输出结果。

下面给出引例的数据构建的随机森林，判断什么人会购买计算机。

算法解读举例：什么样的人会购买计算机

决策属性 Y：buys_computer

划分属性 X：X_a（age），X_i（income），X_s（student），X_c（credit_rating）

首先明确构建随机森林的每棵决策树所采用的分裂规则和计算公式。一般情况下，随机森林构建的是 CART 决策树，使用基尼指数来选择划分属性。假定样本数据集合 X 中，$X_1, X_2, \cdots, X_d$ 为划分属性；Y 为决策属性，有 K 个可能取值 $\{y_1, y_2, \cdots, y_K\}$，第 k 个类别包含了类别 $Y = y_k$ 的所有样本点，所占的比例记为 p_k（$k = 1, 2, \cdots, K$）。数据集 X 的纯度可用基尼指数 $G(X)$ 来度量。$G(X)$ 的计算公式为

$$G(X) = \sum_{k=1}^{K} \sum_{k' \neq k} p_k p_{k'} = 1 - \sum_{k=1}^{K} p_k^2 \qquad (15.8)$$

$G(X)$ 反映了从数据集 X 中随机抽取两个样本，其类别标记不一致的概率。$G(X)$ 越小，数据集 X 的纯度越高。假定离散属性 X_i 有 V_i 个可能的取值 $\{x_{i1}, x_{i2}, \cdots, x_{iV_i}\}$。用属性 X_i 对数据集 X 进行划分，产生 V_i 个类别，第 v 个类别包含了数据集 X 中所有满足属性

$X_i = x_{iv}$ 的样本点，这些样本点的集合记为 X_{iv}，即 $X_{iv} = \{X_i = x_{iv}\}$，$G(X_{iv}) = G(X_i = x_{iv})$。样本点数量记为 $|X_{iv}|$。数据集 X 中属性 X_i 的基尼指数 $\mathrm{Gi}(X_i)$ 计算公式为

$$\mathrm{Gi}(X_i) = \sum_{v=1}^{V_i} |X_{iv}| G(X_{iv}) / \sum_{v=1}^{V_i} |X_{iv}| \tag{15.9}$$

其中，$G(X_{iv})$ 表示数据集 X_{iv} 的基尼指数。根据不同数据子集 X_{iv} 所包含的样本点数量不同，赋予的权重 $|X_{iv}| / \sum_{v=1}^{V_i} |X_{iv}|$ 不同。样本点越多的数据子集权重越大，对分类结果影响越大。在所有的候选属性中，最小基尼指数的属性作为最优划分属性用于决策树分类。最优属性为

$$X_* = \arg\min_{X_i \in X} \mathrm{Gi}(X_i) \tag{15.10}$$

利用有放回抽样，将表 15.1 的数据分为训练集 $X_{\text{train}} = \{\mathrm{ID} = 2,3,4,5,6\}$ 和测试集 $X_{\text{test}} = \{\mathrm{ID} = 1,7,8\}$。

使用随机森林算法建立第一棵树的过程如下。

（1）利用 Bootstrap 法抽取 5 个样本：ID = 2,3,4,5,6。

（2）从 4 个属性中随机选择 3 个——X_a（age）、X_i（income）、X_s（student），分别计算三个属性特征的基尼指数。

age：

$$G(X_a \leqslant 40) = 1 - \left[\left(\frac{1}{3}\right)^2 + \left(\frac{2}{3}\right)^2\right] = \frac{4}{9}$$

$$G(X_a > 40) = 1 - \left[\left(\frac{1}{2}\right)^2 + \left(\frac{1}{2}\right)^2\right] = \frac{1}{2}$$

$$\mathrm{Gi}(X_a) = \frac{3}{5} \times \frac{4}{9} + \frac{2}{5} \times \frac{1}{2} = \frac{7}{15}$$

其中，$X_a \leqslant 40$ 表示所有满足属性 $X_a \leqslant 40$ 的样本点集合。

income：

$$G(X_i = \text{high}) = 1 - \left[\left(\frac{0}{2}\right)^2 + \left(\frac{2}{2}\right)^2\right] = 0$$

$$G(X_i = \text{low}) = 1 - \left[\left(\frac{1}{3}\right)^2 + \left(\frac{2}{3}\right)^2\right] = \frac{4}{9}$$

$$\mathrm{Gi}(X_i) = \frac{2}{5} \times 0 + \frac{3}{5} \times \frac{4}{9} = \frac{4}{15}$$

student：

$$G(X_s = \text{no}) = 1 - \left[\left(\frac{0}{2}\right)^2 + \left(\frac{2}{2}\right)^2\right] = 0$$

$$G(X_s = \text{yes}) = 1 - \left[\left(\frac{1}{3}\right)^2 + \left(\frac{2}{3}\right)^2\right] = \frac{4}{9}$$

$$\text{Gi}(X_s) = \frac{2}{5} \times 0 + \frac{3}{5} \times \frac{4}{9} = \frac{4}{15}$$

由以上计算结果可知 $\text{Gi}(X_i) = \text{Gi}(X_s) < \text{Gi}(X_a)$。两个属性 X_i 和 X_s 的基尼指数相等，可任意选择其中一个作为划分属性。选择 X_i 作为划分属性，$X_i = \text{high}$ 的样本有 $\text{ID} = 2,3$；$X_i = \text{low}$ 的样本有 $\text{ID} = 4,5,6$。

（3）对左分支节点 $\text{ID} = 4,5,6$ 的样本集继续进行划分，从 4 个属性特征中随机选择 3 个：X_a（age）、X_i（income）、X_c（credit_rating），分别计算三个属性特征的基尼指数。

age：

$$G_1(X_a \leqslant 40) = 1 - \left[\left(\frac{1}{1} \right)^2 + \left(\frac{0}{1} \right)^2 \right] = 0$$

$$G_1(X_a > 40) = 1 - \left[\left(\frac{1}{2} \right)^2 + \left(\frac{1}{2} \right)^2 \right] = \frac{1}{2}$$

$$\text{Gi}_1(X_a) = \frac{1}{3} \times 0 + \frac{2}{3} \times \frac{1}{2} = \frac{1}{3}$$

income：

$$G_1(X_i = \text{high}) = 0$$

$$G_1(X_i = \text{low}) = 1 - \left[\left(\frac{1}{3} \right)^2 + \left(\frac{2}{3} \right)^2 \right] = \frac{4}{9}$$

$$\text{Gi}_1(X_i) = \frac{4}{9}$$

credit_rating：

$$G_1(X_c = \text{fair}) = 1 - \left[\left(\frac{2}{2} \right)^2 + \left(\frac{0}{2} \right)^2 \right] = 0$$

$$G_1(X_c = \text{excellent}) = 1 - \left[\left(\frac{1}{1} \right)^2 + \left(\frac{0}{1} \right)^2 \right] = 0$$

$$\text{Gi}_1(X_c) = \frac{2}{3} \times 0 + \frac{1}{3} \times 0 = 0$$

由以上计算结果可知，$\text{Gi}_1(X_c)$ 最小，因此选择 X_c 作为划分属性。

至此，第一棵树建立完毕。

按此过程建立第二棵树的过程如下。

（1）用 Bootstrap 法抽取 5 个样本：$\text{ID} = 3,4,5,6,6$。

（2）从 4 个属性特征中随机选择 3 个——X_a（age）、X_i（income）、X_c（credit_rating），分别计算三个属性特征的基尼指数。

age：

$$G(X_a \leqslant 40) = 1 - \left[\left(\frac{1}{2} \right)^2 + \left(\frac{1}{2} \right)^2 \right] = \frac{1}{2}$$

$$G(X_a > 40) = 1 - \left[\left(\frac{1}{3}\right)^2 + \left(\frac{2}{3}\right)^2\right] = \frac{4}{9}$$

$$\mathrm{Gi}(X_a) = \frac{2}{5} \times \frac{1}{2} + \frac{3}{5} \times \frac{4}{9} = \frac{7}{15}$$

income：

$$G(X_i = \mathrm{high}) = 1 - \left[\left(\frac{0}{1}\right)^2 + \left(\frac{1}{1}\right)^2\right] = 0$$

$$G(X_i = \mathrm{low}) = 1 - \left[\left(\frac{2}{4}\right)^2 + \left(\frac{2}{4}\right)^2\right] = \frac{1}{2}$$

$$\mathrm{Gi}(X_i) = \frac{1}{5} \times 0 + \frac{4}{5} \times \frac{1}{2} = \frac{2}{5}$$

credit_rating：

$$G(X_c = \mathrm{fair}) = 1 - \left[\left(\frac{2}{2}\right)^2 + \left(\frac{0}{2}\right)^2\right] = 0$$

$$G(X_c = \mathrm{excellent}) = 1 - \left[\left(\frac{3}{3}\right)^2 + \left(\frac{0}{3}\right)^2\right] = 0$$

$$\mathrm{Gi}(X_c) = \frac{2}{5} \times 0 + \frac{3}{5} \times 0 = 0$$

由以上计算结果可知，$\mathrm{Gi}(X_c)$ 最小，因此选择 X_c 作为划分属性。

至此，第二棵树建立完毕。

按此过程建立第三棵树的过程如下。

（1）用 Bootstrap 法抽取 5 个样本：$\mathrm{ID} = 2,4,4,5,6$。

（2）从 4 个属性特征中随机选择 3 个——X_a（age）、X_i（income）、X_s（student），分别计算三个属性特征的基尼指数。

age：

$$G(X_a \leqslant 40) = 1 - \left[\left(\frac{1}{3}\right)^2 + \left(\frac{2}{3}\right)^2\right] = \frac{4}{9}$$

$$G(X_a > 40) = 1 - \left[\left(\frac{1}{2}\right)^2 + \left(\frac{1}{2}\right)^2\right] = \frac{1}{2}$$

$$\mathrm{Gi}(X_a) = \frac{3}{5} \times \frac{4}{9} + \frac{2}{5} \times \frac{1}{2} = \frac{7}{15}$$

income：

$$G(X_i = \mathrm{high}) = 1 - \left[\left(\frac{0}{1}\right)^2 + \left(\frac{1}{1}\right)^2\right] = 0$$

$$G(X_i = \mathrm{low}) = 1 - \left[\left(\frac{3}{4}\right)^2 + \left(\frac{1}{4}\right)^2\right] = \frac{3}{8}$$

$$\mathrm{Gi}(X_i)=\frac{1}{5}\times 0+\frac{4}{5}\times \frac{3}{8}=\frac{3}{10}$$

student：

$$G(X_s=\mathrm{no})=1-\left[\left(\frac{0}{1}\right)^2+\left(\frac{1}{1}\right)^2\right]=0$$

$$G(X_s=\mathrm{yes})=1-\left[\left(\frac{1}{4}\right)^2+\left(\frac{3}{4}\right)^2\right]=\frac{3}{8}$$

$$\mathrm{Gi}(X_s)=\frac{1}{5}\times 0+\frac{4}{5}\times \frac{3}{8}=\frac{3}{10}$$

由以上计算结果可知 $\mathrm{Gi}(X_i)=\mathrm{Gi}(X_s)<\mathrm{Gi}(X_a)$，$X_i$ 和 X_s 两个属性的基尼指数相等，可任意选择一个作为划分属性。选择 X_s 作为划分属性，$X_s=\mathrm{no}$ 的样本有 ID $=2$；$X_s=\mathrm{yes}$ 的样本有 ID $=4,4,5,6$。

（3）对左分支节点 ID $=4,4,5,6$ 的样本集继续进行划分，从 4 个属性特征中随机选择 3 个——X_a（age）、X_i（income）、X_c（credit_rating），分别计算三个属性特征的基尼指数。

age：

$$G_1(X_a\leqslant 40)=1-\left[\left(\frac{0}{2}\right)^2+\left(\frac{2}{2}\right)^2\right]=0$$

$$G_1(X_a>40)=1-\left[\left(\frac{1}{2}\right)^2+\left(\frac{1}{2}\right)^2\right]=\frac{1}{2}$$

$$\mathrm{Gi}_1(X_a)=\frac{2}{4}\times 0+\frac{2}{4}\times \frac{1}{2}=\frac{1}{4}$$

income：

$$G_1(X_i=\mathrm{high})=0$$

$$G_1(X_i=\mathrm{low})=1-\left[\left(\frac{3}{4}\right)^2+\left(\frac{1}{4}\right)^2\right]=\frac{3}{8}$$

$$\mathrm{Gi}_1(X_i)=\frac{0}{4}\times 0+\frac{4}{4}\times \frac{3}{8}=\frac{3}{8}$$

credit_rating：

$$G_1(X_c=\mathrm{fair})=1-\left[\left(\frac{3}{3}\right)^2+\left(\frac{0}{3}\right)^2\right]=0$$

$$G_1(X_c=\mathrm{excellent})=1-\left[\left(\frac{1}{1}\right)^2+\left(\frac{0}{1}\right)^2\right]=0$$

$$\mathrm{Gi}_1(X_c)=\frac{3}{4}\times 0+\frac{1}{4}\times 0=0$$

由以上计算结果可知，$\mathrm{Gi}_1(X_c)$ 最小，因此选择 X_c 作为划分属性。

至此，第三棵树建立完毕。

根据三棵树的训练结果，对训练集 $X_{\text{train}} = \{\mathrm{ID} = 2,3,4,5,6\}$ 进行投票决策，决策图如图 15.3 所示。

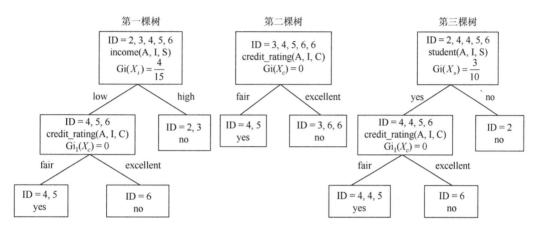

图 15.3　随机森林的决策图

表 15.4 给出了测试集 $X_{\text{test}} = \{\mathrm{ID} = 1,7,8\}$ 的预测结果。表 15.4 显示，测试集 $X_{\text{test}} = \{\mathrm{ID} = 1,7,8\}$ 的预测值和真实值一致，预测结果都是正确的。

表 15.4　对新样本进行预测的结果

ID	第一棵树	第二棵树	第三棵树	预测值（投票）	真实值
1	no	yes	no	no	no
7	no	no	no	no	no
8	yes	yes	yes	yes	yes

15.2.2　随机森林算法有效性边界

随机森林算法容易实现，计算成本较低，但存在以下缺陷。

（1）在某些噪声比较大的样本集上，随机森林模型容易过拟合。

（2）取值比较多的特征容易对随机森林的决策产生更大影响，影响模型的拟合效果。

（3）对于不同类别的样本量分布不平衡的情况，随机森林模型对样本进行分类的结果更偏向于样本容量大的类别。更大容量的样本类别有更小的分类错误率，更小容量的样本类别有更大的分类错误率。

（4）由于引入数据样本扰动和输入属性扰动，对小量数据集和低维数据集的分类不一定可以得到很好的效果。

（5）随机森林算法在设计时仅强调了随机性，而忽略了之前的学习经验。

（6）随机森林的每棵决策树及其每个节点都有相应的样本集，需要存储整个随机森林以对新样本单元进行分类。在数据量较大且内存空间不足时会影响模型的训练速度。

15.3　其他常用的集成学习算法

本节先针对随机森林模型的不足，介绍随机生存森林（random survival forest，RSF）算法，然后给出其他常用集成学习算法。

15.3.1　随机森林算法改进

1. 随机生存森林

随机生存森林由 Ishwaran 等提出[①]，是 Breiman 随机森林的扩展。随机生存森林利用 Bootstrap 重抽样方法从原始样本中抽取多个样本集，并对每个样本集建立生存分析树，将这些树的预测结果进行组合。与经典随机森林类似，随机生存森林在每个节点处只随机抽取部分变量建模，而不是将全部自变量都作为选择范围。

随机生存森林算法的步骤如下。

（1）从训练集中抽取 Bootstrap 样本子集，对每个样本子集均建立一个二元递归生存树。

（2）在每棵生存树生长时，每个节点随机选择预先设定的 d 个候选特征，并选择使子节点生存值差异最大的特征进行决策树分裂。

（3）让生存树尽可能地生长，直到每个终节点的样本数不小于预先设定的数量。

（4）计算每棵树的生存函数，随机森林的组合就是平均生存函数。计算生存函数时采用 KM（Kaplan-Meier）估计法。

此外，Ishwaran 等还证明了随机生存森林的一致性，并认为随机生存森林往往显著优于其他生存分析方法，尤其是对于高维数据而言。

2. 其他的随机森林算法

李慧等[②]通过改变训练集的样本量和抽样方法，提出一种基于综合不放回抽样的随机森林算法。一是对训练样本集进行容量为 $0.2N \sim N$ 的有放回抽样 Bagging（N 为训练样本集的个数），统计去重后样本个数，重复 1000 次分别生成 1000 个样本。二是从上一步生成的 1000 个样本中随机取一个样本，采用不放回抽样建立多个随机森林模型，取平均值作为模型的最终输出结果。改进后的算法能够显著提升平衡样本的正确率。不放回抽样方法在一定程度上能提高计算效率，使得随机森林算法更适用于大规模数据分析和处理。

杨飚和尚秀伟[③]针对随机森林赋予每个决策树相同的权重将会在一定程度上降低整个

---

① Ishwaran H，Kogalur U B，Blackstone E H，et al. 2008. Random survival forests. The Annals of Applied Statistics，2（3）：841-860.

② 李慧，李正，佘堃. 2015. 一种基于综合不放回抽样的随机森林算法改进. 计算机工程与科学，37（7）：1233-1238.

③ 杨飚，尚秀伟. 2016. 加权随机森林算法研究. 微型机与应用，35（3）：28-30.

分类器性能的问题，提出了一种加权随机森林算法。该算法引入二次训练过程，提高分类正确率高的决策树的投票权重，降低分类正确率低的决策树的投票权重，从而提高整个分类器的分类能力。通过在不同数据集上的分类测试实验，证明了该算法相较于传统随机森林算法具有更强的分类性能。

丁君美等[1]针对不平衡分类问题，提出了改进的随机森林算法（improved random forest algorithm，IRFA）。该算法改进随机森林中生成每棵树时节点划分的方法。针对原基尼指数直接使用各类的数目进行计算使得分类器偏向于大容量样本类别的问题，提出使用划分样本量占本类中的比例进行计算。该算法只在类别内部进行对比，从而解决两类之间样本不平衡的问题，并结合同一节点内部不同类别的样本量进行微调，提高样本仅在本类别内部对比的抗噪性。将该算法应用于某电信公司的客户流失预测的实验表明，与其他方法相比，IRFA 具有更好的分类性能，并能提高高价值客户流失预测的准确率。

姚明煌和骆炎民[2]为了使随机森林在小样本情况下有更优的分类效果和更高的稳定性，在决策树基础上提出了一种基于随机特征组合方法的随机森林，降低了决策树之间的相关性，降低了随机森林的泛化误差。引入人工免疫算法来对改进后的随机森林进行压缩优化，很好地权衡了森林规模和分类稳定性及精度之间的矛盾。改进后随机森林的规模降低了，且有更高的分类精度。

15.3.2 几种常用集成学习算法

1. AdaBoost 算法

Freund 和 Schapire 提出的 AdaBoost 算法是 Boosting 算法的著名代表。它和 Bagging 算法类似，每次需要对样本进行抽样来构建决策树。但与 Bagging 算法不同的是，Bagging 算法每轮从原始集中选择的训练集是独立的。而 AdaBoost 算法构造决策树时每轮训练集中样例的权重会根据上一轮分类结果进行调整。AdaBoost 算法在建立第一棵决策树时是应用 Bootstrap 方法抽样得到的，后续的每一棵决策树的样本集构建采用自适应重新抽样（adaptive resample）方法，重新抽样的概率根据之前构建的决策树的错分率重新调整，并以调整后的样本概率分布进行有放回重复抽样，得到新的训练集用于构建新的决策树。

对于分类问题，设训练样本集 $D = \{(x_1, y_1), (x_2, y_2), \cdots, (x_m, y_m)\}$，$d$ 维样本空间 X 中的一个向量表示为 $x_i = (x_{i1}; x_{i2}; \cdots; x_{id})$，其中 x_{ij} 是 x_i 在第 j 个属性上的取值，$x_i \in X$，d 称为样本 x_i 的维数。(x_i, y_i) 表示第 i 个样本，x_i 是划分属性，其中 $y_i \in Y$ 是决策属性，Y 是"输出空间"。

AdaBoost 算法构建 T 棵决策树的步骤如下。

（1）$t = 1$，以 Bootstrap 方法对训练样本集 D 进行抽样得到新的训练集 D_1，样本量为 m。对 D_1 构建决策树 h_1。应用 h_1 预测训练集 D 中所有样本点，如果 h_1 对 (x_i, y_i) 预测错误，

① 丁君美，刘贵全，李慧. 2015. 改进随机森林算法在电信业客户流失预测中的应用. 模式识别与人工智能，28（11）：1041-1049.

② 姚明煌，骆炎民. 2016. 改进的随机森林及其在遥感图像中的应用. 计算机工程与应用，52（4）：168-173.

令 $\lambda_1(i)=1$ ，否则 $\lambda_1(i)=0$ 。计算 $\varepsilon_1 = \sum_i p_1(i)\lambda_1(i)$ ，其中 $p_1(i)=1/m$ ， $\beta_1=(1-\varepsilon_1)/\varepsilon_1$ ，$\alpha_1=\log(\beta_1)$ 。

（2）对于 $t=2,\cdots,T$ ，更新第 t 次抽样概率为

$$p_t(i) = p_{t-1}(i)\beta_{t-1}^{\lambda_{t-1}(i)} \Big/ \sum_i p_{t-1}(i)\beta_{t-1}^{\lambda_{t-1}(i)}$$

以概率 $p_t(i)$ 对训练集 D 进行有放回重复抽样，得到新的训练集 D_t ，利用 D_t 构建决策树 h_t 。应用决策树 h_t 预测训练集 D 中所有样本点，如果 h_t 对 (x_i,y_i) 预测错误， $\lambda_t(i)=1$ ，否则 $\lambda_t(i)=0$ 。计算 $\varepsilon_t = \sum_i p_t(i)\lambda_t(i)$ ， $\beta_t=(1-\varepsilon_t)/\varepsilon_t$ ， $\alpha_t=\log(\beta_t)$ 。

（3）计算 $\omega_t = \alpha_t \Big/ \sum_t \alpha_t$ ，组合 T 棵决策树，得到最终分类器 $H(x)$ ：

$$H(x) = \arg\max_{y\in Y}\left\{\sum_t \omega_t I(h_t(x)=y)\right\}$$

其中， $I(\cdot)$ 为示性函数。

2. 梯度提升决策树算法

传统 Boosting 方法对分类正确、错误的样本进行加权。每一步结束后，增加分错样本的权重。梯度提升决策树（gradient boosting decision tree，GBDT）也是一种 Boosting 算法。但与传统 Boosting 算法不同，GBDT 算法每次迭代过程是在损失函数的梯度下降方向上建立决策树模型，使相加的损失函数最小，所有决策树的结论累加起来作为最终的预测结果。GBDT 算法通过多次迭代改进能获得比决策树更为良好的性能，在分类、回归等问题上表现优异。

主要参考文献

李航. 2012. 统计学习方法. 北京：清华大学出版社.

吴喜之. 2016. 应用回归及分类——基于 R. 北京：中国人民大学出版社.

周志华. 2016. 机器学习. 北京：清华大学出版社.

第16章

数据可视化[①]

　　一般事物认知是指人类感知、学习、思想概念形成与解决问题的过程。认知从感知起步，其中事物形象观察是重要的感知形式。据认知科学分析，人类信息获取的80%来自视觉感知，其是产生事物思想、概念及抽象认知的基础。现实中，感知与抽象不断反复深入是实现复杂事物认知的必经历程。数据可视化就是将反映事物抽象认知的数据，以图视等可视觉感知的形式表示出来的工作，目标是为事物进一步抽象认知奠定基础。其实，数据可视化是以获取图形深刻感知信息为目标的数据信息汲取技术，具有发现数据价值的重要作用。鉴于可视化相关理论方法的涉及面广泛，除数据技术外，还涉及心理学、美学和艺术、建筑工程和机械制图等诸多领域，本章仅给出可视化技术的简要概念化解读，以备读者进一步学习。

■ 16.1　数据可视化的基础知识

　　本节主要介绍数据可视化的简要历史和基本概念。

16.1.1　数据可视化历史简要回顾

　　人类早期以洞穴和峭壁岩画、印文陶器，以及泥版和甲骨形象文字、青铜器图形铭文等形式开创了通过制作图画图形传达情感与思想的文化传统。中国商周时期《周易》中的阴阳太极图是数据图视化的先驱。在太极图表示的阴阳二元论的基础上，《周易》建立了国家一系列事物运行描述与规律的论证方法。公元前约500年，古希腊大哲学家泰勒斯根据古埃及尼罗河泛滥后耕地重新丈量划分创立的几何学，开创了抽象理性思维逻辑的传统。公元前约200年，古希腊基于天象观察，建立以图形表示地球和日月星辰的

---

　　① 本章引用了《数据可视化原理与应用》（科学出版社 2021 年出版，作者：尚翔、杨尊琦）。

"同心圆"与"本轮—均轮"宇宙模型（图16.1）[1]，开创了科学可视化先河。公元2世纪，托勒密[2]（Ptolemaeus）制作出第一个世界地图。中国辽代统和年间（983～1012年）出现以绢为底，红黄蓝三色彩刷的《南无释迦尼佛》画卷[3]。欧洲中世纪出现描绘多个天体运行轨迹时序变化的图表等（图16.2）。

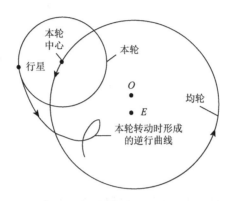

图16.1 "本轮—均轮"宇宙模型

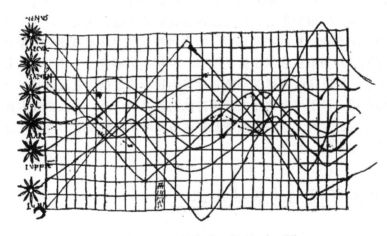

图16.2 10世纪的多重天体时间序列图

16～18世纪，欧洲历经文艺复兴进入近代科学时期[4]。伴随建筑工程和绘画艺术创作，

① 柏拉图基于天象观察，建立地球日月星辰做周而复始不变的圆周运动的宇宙模型。欧多克索斯提出同心圆宇宙模型。阿波罗尼乌斯（Apollonius）采用数学（几何）逻辑对同心圆宇宙模型进行改进，提出奠定数理天文学基础的"本轮—均轮"模型。希帕克斯（Hippdrchus）利用大量行星实际观测数据并应用本轮均轮理论，给出天文学定量描述，托勒密进一步将"本轮—均轮"模型地球的均轮圆心 O 偏移向 E 点，准确反映出天文观测的结果。

② 托勒密将希帕克斯的研究记入《大汇编》著作中，提出第一个完整的解释自然的一致性不变规律的理论。

③ 1974年在山西应县佛宫寺内发现了三幅彩刷的《南无释迦尼佛》，据与同时发现的其他文物相印证，其印刷年代应在辽代统和年间。由此看来，套版彩色印刷技术的发明不晚于此，确切年代还有待考古发现和研究。

④ 当代科学以及数学思想史研究一致认为，欧洲文艺复兴时期，以哥白尼提出的日心说"天球运行论"为标志，人类进入近代科学时代。进入17世纪，出现以弗朗西斯·培根为代表的呼吁突破传统经院范式束缚，科学联系现实世界的改革，经验主义兴起。在伽利略创建实验科学研究方法，笛卡尔提出世界是运动的，由物质构成的，科学本质是数学的思想推动下，科学开启服务现实的数学化进程。

出现将三维现实世界绘制为二维画图的透视法[①]。航海殖民探险驱动地理测绘技术快速发展。17 世纪，约翰·格朗特[②]与威廉·配第[③]提出通过数量测度认识国家人口及经济实力的理论方法。牛顿刻画世界物质运动的《自然哲学的数学原理》更是带来自然与社会数量认知热潮，数据收集整理和图表绘制得到系统发展。18 世纪 60 年代，英国开始工业革命，社会经济出现数据图视管理。

19 世纪，欧洲出现社会经济统计热潮，各国政府开始收集和发布人口、商业及社会情况统计数据与图表（图 16.3 和图 16.4），出现玫瑰图（极坐标面积图）之类的主题统计图方法。图 16.5 所示的是著名医护南丁格尔绘制的 1853～1856 年俄国与英法争夺克里米亚的战争死亡人数玫瑰图。图 16.6 所示的是 Minard 绘制的"1812～1813 年对俄战争中法国人力持续损失示意图"，包含部队规模、地理坐标、前进和撤退方向、抵达某处时间以及撤退路上的温度等信息。上述各图历史久远，我们只能从这些模糊的图中去感受那个时代留给我们的印记，这些图形化方法见证了数据可视化的发展历程，对后来可视化技术进一步演化起到了巨大的推动作用。

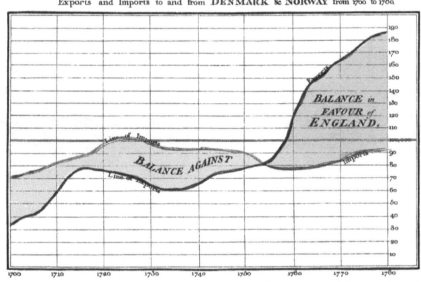

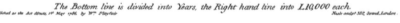

图 16.3　丹麦和挪威 1700～1780 年进出口情况

扫一扫　看彩图

20 世纪中期至今，计算机技术进步推动数据可视化发展进入黄金时代，涌现出新的视觉表达方式，形成科学可视化（scientific visualization）、信息可视化（information visualization）和可视分析学三类理论方法。

———————————

① Kline M. 2009. 古今数学思想. 张理京，张锦炎，江泽涵，译. 上海：上海科学技术出版社.

② 约翰·格朗特于 1662 年出版《关于死亡率的自然观察和政治观察》，研究发现人口数量规律。

③ 威廉·配第于 1662 年发表《赋税论》，其在《政治算术》中提出国家经济实力测度的政治算数理论。

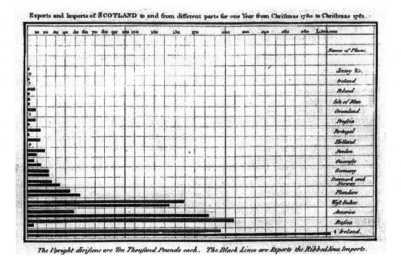

图 16.4　苏格兰 1780～1781 年进出口贸易条形图

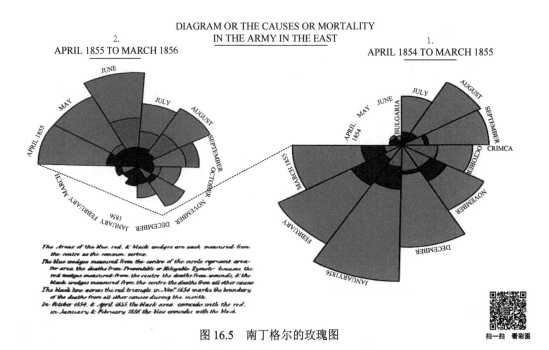

图 16.5　南丁格尔的玫瑰图

16.1.2　科学可视化

科学可视化指对自然科学数据的可视化处理，探索如何利用可视化工具，有效呈现科学数据的特点和关系，表现出数据中蕴含的规律。以数据的场类型区分，科学可视化可分为标量场、向量场和张量场可视化三类。

（1）标量场可视化。标量指单个数值，标量场指空间中每个样本都是标量的数据场。标量场可视化的方法如表 16.1 所示。

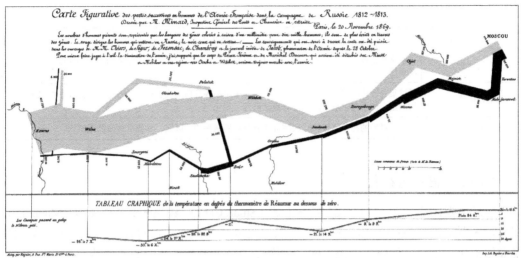

图 16.6　1812～1813 年对俄战争中法国人力持续损失示意图

扫一扫 看彩图

表 16.1　标量场可视化方法

方法	具体操作	示例与注意事项
颜色映射	建立一张将数值与颜色一一对应的颜色映射表,将标量数值转化为对应的颜色输出	重点在于颜色方案的设置,不恰当的颜色映射会阻碍数据的解读
轮廓法	将场中数值等于某一指定阈值的点连接起来	等高线、等温线、等压线是使用轮廓法的典型应用
高度图	将标量数值的大小转化为对应的高度信息并加以展示,对高度图还可增加阴影以增强高度图的位置感知能力	图示的高低对应数值的大小,起伏对应数值的变化
直接体绘制	直接对三维数据场进行变换、着色,进而生成二维图像	颜色映射方案的选择即为传递函数的设计问题。在直接体绘制中,如何设计合理的传递函数是研究重点

（2）向量场可视化。向量是一维数组,代表某个方向或趋势,如风向等。向量场指空间中每个样本都是向量的数据场。向量场可视化方法如表 16.2 所示。

表 16.2　向量场可视化方法

可视化方法	标准做法
粒子对流法:模拟在向量场中粒子的流动方式,追踪得到的流动轨迹可以反映向量场的流体模式	流线、流面、流体、迹线和脉线等
纹理法:将向量数据转换成纹理图像,为观察者提供直观的影像展示	随机噪声纹理、线积分卷积等
图标法:使用简洁明了的图标代表向量信息	线条、箭头和方向标志符等

（3）张量场可视化。张量是向量的推广,其中标量可看作 0 阶张量,向量可看作 1 阶张量。张量场可视化方法如表 16.3 所示。

表 16.3　张量场可视化方法

可视化方法	标准做法
基于纹理的方法	将张量数据转换为一系列图像，通过图像来解释张量场的属性，将张量场压缩为向量场后，使用向量场中的纹理法进行可视化
基于几何的方法	通过集合表达描述张量场的属性。图标法采用某种几何形式表达单个张量；超流线法将张量转换为向量，使用向量场中的粒子对流法进行可视化
基于拓扑的方法	计算张量场的拓扑特征，将区域分为具有相同属性的子区域，并建立对应的图结构

16.1.3　信息可视化

信息可视化是 1989 年由斯图尔特·卡德（Stuart Card）、约克·麦金利（Jock Mackinlay）和乔治·罗伯逊（George Robertson）在科学可视化基础上，针对社会与经济抽象数据以及非结构化数据的可视化处理提出的，力图发现隐藏在数据之中的事物特征和关系模式。其中如何将非空间的抽象信息转化为有效的可视化形式是信息可视化的重点。信息可视化一般可用于时空数据、层次与网络结构数据、文本和跨媒体数据及多维数据的可视化。表 16.4 给出信息可视化与科学可视化的区别。

表 16.4　信息可视化与科学可视化的区别

项目	科学可视化	信息可视化
目标任务	理解、阐明自然界中存在的科学现象	搜索信息中隐藏的模式和信息间的关系
数据类型	具有几何属性的数据	没有几何属性的抽象数据
处理过程	数据预处理→映射（构模）→绘制和显示	信息获取→知识信息多维显示→知识信息分析与挖掘
研究重点	将具有几何属性的科学数据表现在计算机屏幕上	把非空间抽象信息映射为有效的可视化形式
面向用户	高层次的、训练有素的专家	非技术人员、普通用户
应用领域	医学、地质、气象、流体力学等	信息管理、商业、金融等

16.1.4　可视分析学

可视分析学是以可视交互界面为通道，综合数据分析、可视化和人机交互等技术的数据分析理论方法，如图 16.7 所示。科学可视化处理具有几何属性的数据，信息可视化处

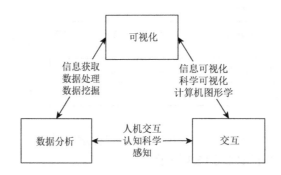

图 16.7　可视分析学的学科交叉

理抽象数据，而可视分析学关注的是意会和推理。目前，可视分析学大量用于自然科学与社会经济领域各种问题的研究。其中，特别关注感知与认知关系，数据的知识发现与表达，数据转换、模型构建、分析推理和可视化呈现的人机交互作用等主题。

16.2 可视化设计基础

16.2.1 视觉通道

视觉通道源自德国生理学家赫尔姆霍茨提出的感觉通道（sensory modality）概念，指人体接收外界信息的视听味等感官渠道与感知体验。因视图的构成形式与色彩亮度等因素直接影响视觉感知体验，同时，不同视图的制作技术差异很大，所以可视化将视图构建的各可能构成因素定义为不同的视觉通道，作为表达感知体验与技术选择的一种依据。

现实中，人类感知系统在获取周围信息的时候，存在两种最基本的感知模式。第一种模式感知的是对象本身的特征和位置等信息，对应的视觉通道类型为定性或定类；第二种模式感知的是对象的某一属性取值大小信息，对应的视觉通道类型为定量、定性或定序。因此，视觉通道一般分为定性与定量两类。其中，形状（几何图形元素）、颜色及动画为定性、定序视觉通道，又称标记。空间、位置、方向、尺寸（长度或面积）、纹理、色调、亮度、饱和度、透明度为定量视觉通道。表 16.5 给出了常用视觉通道应用场景及示例。

表 16.5 常用视觉通道应用场景及示例

视觉通道	释义	应用场景
位置	数据在空间中的位置，一般指二维坐标	散点图中数据点的位置，可以一眼识别出趋势、群集和离群值 SWOT［strengths（优势）、weaknesses（劣势）、opportunities（机会）、threats（威胁）］分析中，位于矩阵中的数据点的位置标识了数据所在的象限
方向	空间中向量的斜度	折线图中每一个变化区间的方向，用于传达变化趋势及变化程度是缓慢上升还是急速下降
长度	图形的长度	条形图与柱状图中柱子的长度代表了数据的大小
形状	符号类别	通常用于地图以区分不同的对象和分类，也常出现在散点图中，用不同的形状区分多个类别和对象
色调饱和度	通常指颜色、色调的强度	色调和饱和度可以组合使用，也可以单独使用，颜色的应用范围比较广，几乎运用于各种场景，但是颜色的数量过多会影响"解码效率"，因此，推荐在同一图中使用少于五种颜色，同一仪表板中使用相同色系
面积	二维图形的大小	二维空间中用于表示数值的大小，通常用于饼图和气泡图

表现力和有效性是可视化设计中选择视觉通道的标准。一般人类感知系统对不同视觉通道具有不同的理解与信息获取能力，因此，进行可视化时应使用高表现力的视觉通道编码的重要数据信息。例如，在编码数值时，使用长度比使用面积更加合适，因为人们的感知系统对长度的判断力强于对面积的判断力。图 16.8 按照从高到低的方式，给出通常情况下各种类型视觉通道的表现力排序以供参考。

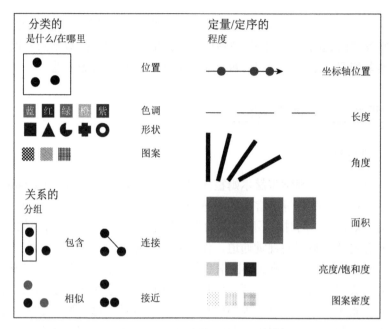

图 16.8　视觉通道的表现力排序

16.2.2　可视化编码

　　可视化编码又称可视化映射，指将数据信息映射成符合用户视觉感知的视图过程。这是数据可视化的核心内容。可视化编码一般由视觉通道中的标记表达数据属性的映射，其他通道表达数据属性的数值映射。这里的标记具体指点、线、面、体等一类几何图形，如图 16.9 所示。标记根据空间自由度分类，点为零自由度，线为一维自由度，面为二维自由度，体为三维自由度。通过位置、大小、形状、方向、色调、饱和度、亮度等视觉通道表达数据属性标记的数量，如图 16.10 所示。

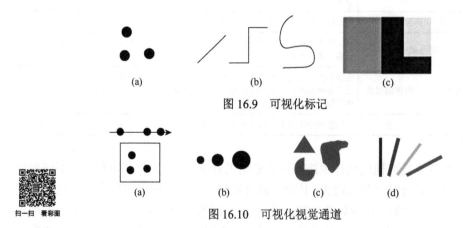

扫一扫　看彩图

　　数据可视化创始人之一的 Bertin 在 *Semiology of Graphics：Diagrams，Networks，Maps*[1]

---

① Bertin J. 2010. Semiology of Graphics：Diagrams，Networks，Maps. Redlands：ESRI Press.

一书中曾给出视觉编码中 3 种常用的图形元素（点、线和面）及对应的 7 种视觉通道（位置、尺寸、灰阶值、纹理、色彩、方向和形状）描述不同标记的形式。7 种视觉编码映射到点、线、面，共衍生出 21 种编码可用的视觉通道。

编码元素和级别：在进行可视化编码时，一种数据的同一属性可以由多种视觉通道来展现。例如，在展示某地区气压值时，可以选择颜色、线距等。其视觉通道选择以可视化信息表达力强度为标准。目前，普遍认同的可视化编码元素的优先级，是 Cleveland 和 McGill[1]提出的优先级排序模型，如图 16.11 所示。该模型对数值型数据的视觉通道的选择具有较好的指导性，但不适用于非数值型数据。

按照数据的表现形式，除了能够把数据分为数值型数据和非数值型数据之外，还可对非数值型数据做进一步细分，包括有序型数据和类别型数据。图 16.12 分别对这三种类型的数据的视觉通道选择给出参考性优先级排序。

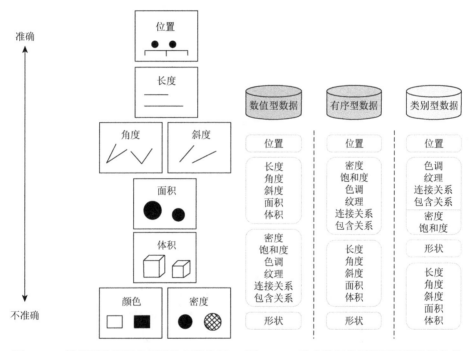

图 16.11　数值型数据视觉通道选择优先级　图 16.12　基本数据类型视觉通道选择参考

另外，初步生成的可视化结果并不能完全满足用户的需求，为了提高图形美观性和用户友好性，还需要进一步加工处理。衡量可视化结果优劣的标准有很多，这里总结出关键的几条，分别是：表达力强、主题明确、内容直接、人性化交互设计、具有艺术美感。

16.2.3　可视化流程模型

可视化流程模型指实现数据可视化的程序性安排，具有复杂问题数据可视化处理借鉴意义。

① Cleveland W S，McGill R. 1984. Graphical perception：theory，experimentation and application to the development of graphical methods. Journal of the American Statistical Association，79（387）：531-554.

（1）线性模型。1990 年科学可视化初期，Haber 和 McNabb[①]提出线性模型。如图 16.13 所示，其将可视化工作描述为按顺序执行的四步，分别是数据分析（data analysis）、过滤（filtering）、映射（mapping）和绘制（rendering）。每项处理活动都有各自的输入、输出。数据的状态经历了五个阶段：原始数据（raw data）、就绪数据（prepared data）、焦点数据（focus data）、几何数据（geometric data）和图像数据（image data）。

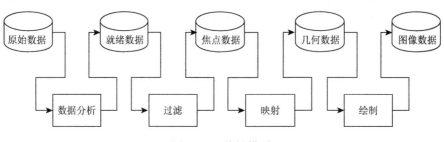

图 16.13　线性模型

（2）循环模型。该模型于 2002 年由 Stolte 等[②]提出。如图 16.14 所示，可视化工作始于任务（task），经过数据搜寻（forage for data）和视觉结构搜索（search for visual structure），

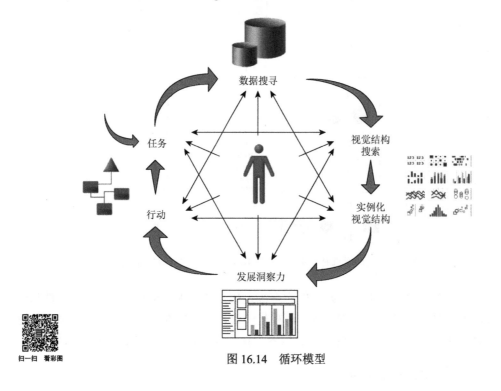

扫一扫 看彩图

图 16.14　循环模型

① Haber R B，McNabb D A. 1990. Visualization idioms：a conceptual model for scientific visualization systems. Visualization in Scientific Computing，74：93.

② Stolte C，Tang D，Hanrahan P. 2002. Polaris：a system for query，analysis，and visualization of multidimensional relational databases. IEEE Transactions on Visualization and Computer Graphics，8（1）：52-65.

产生可视化图像结果。用户通过对结果的分析,得到能够帮助解决问题的知识。根据从可视化结果中获取到的知识做出决策并付诸行动。行动所产生的结果对可视化工作做出反馈,指导可视化工作的下一步任务。

(3)通用模型。该模型是在线性模型的基础上进行简化,突出数据可视化的关键步骤,展示可视化流程核心环节:分析、处理和生成。

其一,分析确定可视化的任务目标,包括需要展示什么信息及采用什么形式,想要得到什么样的结论,验证什么假设。需要明确,分析是以数据为基础的。不同领域的可视化需要展示自身问题数据的特征。数据分析包括对数据类型、数据结构、数据维度等数据特征的分析。鉴于不同数据的可视化采用不同的技术,在充分了解领域问题的基础上进行数据分析是至关重要的一步。

其二,数据处理,包括数据清洗、数据规范和视觉编码设计。其中,视觉编码设计是指如何使用位置、尺寸、灰度值、纹理、色彩、方向、形状等视觉通道,以映射我们要展示的每个数据维度。

其三,生成可视化结果,即将视觉编码设计运用到实践中。其运用过程还需要对视觉编码的设计进行修改完善,甚至重返第一步分析阶段,整个过程就是各部分的迭代与完善操作。最终得到完整的、符合要求的可视化结果。

(4)可视化参考流程模型。目前应用广泛的可视化流程模型是 Card 等[1]于 1999 年提出来的信息可视化参考流程模型,如图 16.15 所示。该模型将可视化分为三个阶段,分别是:数据阶段、可视化处理阶段和视图阶段。

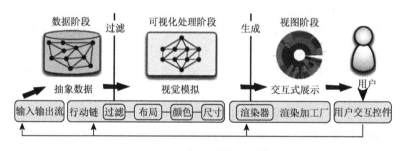

图 16.15 信息可视化流程模型

数据阶段的工作包括获取数据、对数据进行清洗、数据转换等。可视化通常是围绕主题进行的,因此需要数据具有高度的主题相关性。换言之,并非所有的数据都需要在可视化结果中展示出来,只有与可视化任务相关的数据才是可视化处理的对象。因此,需要对数据进行过滤,筛选出用于可视化的数据。

可视化处理阶段的工作实质上是视觉编码设计。对视觉通道进行选择时首先要考虑数据的特征和结构,其次要考虑可视化任务的要求,如美学要求等。下一步是应用视觉编码的设计结果对数据进行可视化的展示。

① Card S K, Mackinlay J D, Shneiderman B. 1999. Readings in Information Visualization: Using Vision to Think. San Francisco: Morgan Kaufmann Publishers.

三个阶段之间的关系是层层递进、互相影响的。其层层递进是基础,保留了原始线性模型的特征;其互相影响体现在反馈机制上,融入了循环模型的特征。

16.3　数据可视化工具

数据可视化工具是用来进行各种大数据分析并将这些数据以图像的形式呈现的利器。当原始数据最终转化成图像的形式显示出来时,制定决策或发现数据中的潜在规律就会变得更加容易。目前存在着许多开源且专有的大数据可视化工具,其中一些工具表现比较突出,因为它们提供了上述所有或者大部分功能。本节整理了部分可视化工具,列出软件名称并对其进行简单介绍,感兴趣的读者可以参考更多相关文献。

可视化软件可以根据不同标准划分为不同类别。本节按照应用领域将可视化软件大致分为科学可视化、信息可视化及可视化分析三类。

1)科学可视化软件

科学可视化软件主要包括 VolView、3D Slicer、OsiriX、AVS/Express、Amira、IDL、NASA WorldWind、ArcGIS、Gephi、CiteSpace 等。VolView 是一个可以实现交互功能的可视化软件,能够专业地探讨和分析复杂的三维医学或科学数据,也可以方便地通过其生成丰富的图像和导航数据等。

OpenDX 是 Open Data Explorer 的简写,是 IBM 的科学数据可视化软件。

2)信息可视化软件

信息可视化软件有如下很多种。

(1)面向图的可视化软件,主要包括 Microsoft Excel、Google Charts、iCharts、Highcharts、Graphviz、WEKA 等。Google Charts 是以 HTML5 和 SVG(scalable vector graphics,可缩放矢量图形)为基础,专用于浏览器与移动设备的交互式图表开发包,其功能强大,易于使用,并且免费向用户开放。iCharts 是一种建立在 HTML5 基础上的 JavaScript 图表库,其工作原理是使用 HTML5 中的 Canvas 标签来绘制各式各样的可视化图表,同时支持用户在 Web 或 App 中的图表展示。

(2)面向高维多变量数据的可视化软件,主要包括 XmdvTool、GGobi、InfoScope 等。

(3)面向文本的可视化软件,主要包括 Contexter、NLPwin、TextArc 等。NLPwin 是微软研究的一个软件项目,旨在为 Windows 提供自然语言处理工具。该系统主要通过对研究文本的文本概述,来实现文本中关键数据的可视化。TextArc 是一种可以将单个页面上的整个文本进行可视化呈现的文本分析工具,能够通过单词的关系和频率在文本中发现模式和概念,将文本内容进行一定程度上的转化,生成交替可视化的作品。

(4)面向商业智能的可视化软件,主要包括 Tableau、Spotfire、Loggly 等。Tableau 是一款极易上手的数据整理、统计、分析及可视化工具,旨在帮助用户查看并理解数据。

(5)面向公众传播的数据可视化平台,主要包括 ManyEyes、Visual.ly 等。

(6)面向 Web 的可视化软件,主要包括 D3、Shiny、Raphael.js 等。

3)可视化分析软件

可视化分析软件主要包括 Gapminder、Google Public Data Explorer、Palantir 等。

　　可视化编程工具主要包括 R、JavaScript、Processing、Python 等。Processing 是一种面向对象的强类型编程语言，具有相关的集成开发环境，编程语言专注于图形、模拟和动画，该语言是 Java 编程语言的高度简化版本，允许对交互和可视元素进行编程，主要面向设计师、艺术家和新手程序员。

主要参考文献

陈为，沈则潜，陶煜波，等. 2019. 数据可视化. 北京：电子工业出版社.

尚翔，杨尊琦. 2021. 数据可视化原理与应用. 北京：科学出版社.

Telea A C. 2017. 数据可视化原理与实践（第二版）. 栾悉道，谢毓湘，魏迎梅，等，译. 北京：电子工业出版社.

第四篇　示　　例

第17章

系 统 示 例

本章给出一个数据技术应用全流程系统示例。该示例仅作为教学演示，不具备实际意义。示例主题为，从天津旅游景点受欢迎程度及人们对景点喜好的数据中，获取反映天津景点特色的信息，以服务旅游攻略制定。数据从携程网站的天津 10 个热门景点评论与评分中爬取[①]。采用预处理、文本向量化、建立模型及数据可视化，得出结果，供读者学习参考。

■ 17.1 数据生成

17.1.1 数据选择

携程网上订票和评论较多，具有较强代表性。本章选取的天津市的 10 个热门景点分别是五大道、古文化街、瓷房子、盘山、天津泰达航母主题公园、天津方特欢乐世界、天津海昌极地海洋公园、天津欢乐谷、意大利风情区、天津之眼摩天轮。每个景点都有 3000 条以上的评论数据。本章示例采用网络爬虫技术，爬取了携程网站上这些景点数据。爬取的数据直接保存到了 SQL Server 数据库中，经过处理后，选择了其中的 1571 条数据。

17.1.2 数据获取

第一步，安装 requests、json、tqdm 库。输入代码 pip install 库名，即可安装，如 pip install requests。其中，requests 库负责根据待抓取链接地址进行服务器请求，获取服务器返回的网页源代码；json 库是处理 JSON 格式的 Python 标准库，负责 json 对象与 Python 对象的相互转换；tqdm 库是 Python 的进度条库，负责显示循环的进度。

第二步，设置 postUrl、headers、data_1。首先，打开携程网天津市五大道景点评论网页：https://you.ctrip.com/sight/tianjin154/56365.html，右击网页，点击检查（或按键盘上的 F12），进入谷歌浏览器的审查页面。其次，点击审查页面上的 Network 选项并刷新页面，同时点击

---

① 评论与评分是采用网络爬虫技术从网站爬取，不代表作者观点。

评论中下一页按钮。最后，在 Name 框中找到 getComment 开头的链接并点击，就可以看到如图 17.1、图 17.2、图 17.3 所示的页面信息。根据这些页面信息就可以进行如下设置。

图 17.1　Request URL

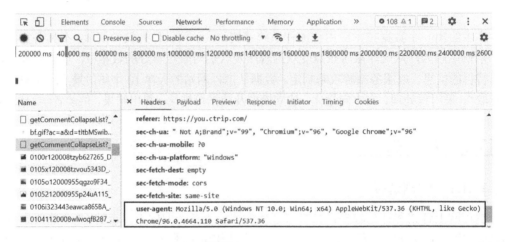

图 17.2　user-agent

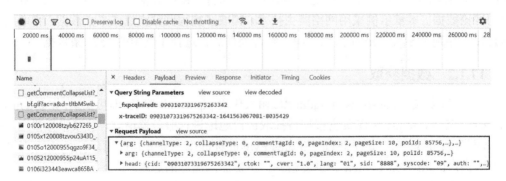

图 17.3　参数信息

（1）设置请求的网页地址 postUrl，即图 17.1 所示。Request URL：https://m.ctrip.com/restapi/soa2/13444/json/getCommentCollapseList?_fxpcqlniredt=09031073319675263342&x-traceID=09031073319675263342-1641563067081-8035429。

（2）设置请求头（headers），向网页发出请求。为了向访问网站表明访问者身份，这里需要附带一个 headers 信息，即图 17.2 所示的 user-agent：Mozilla/5.0（Windows NT 10.0；Win64；x64）AppleWebKit/537.36（KHTML，like Gecko）Chrome/96.0.4664.110 Safari/537.36。

（3）设置 data_1，爬取指定网页数据所需的参数信息，即如图 17.3 所示的 arg 和 head 参数信息。

需要注意的是，若读者想爬取其他景点的评论信息，可按照上述步骤变动 postUrl、headers 及参数中的信息。

第三步，获取网页信息。采用 requests.post（）的方法向网站发出请求，并通过 json.load（）将已编码的 JSON 格式字符串解码为 Python 对象；通过 for page in tqdm（range（））方法实现爬取指定页数的评论数据，其中 tqdm 可以看到爬取的进度。利用 Python 中的 time 库，通过 time.sleep（秒数），实现暂停给定秒数后执行程序，以避免因请求过于频繁而爬取失败。

第四步，解析网页信息。采用 Python 中的 re 库，该标准库用于字符串匹配。通过 re 库解析网页信息，将其转化为本章示例需要的数据。

至此，数据获取工作完成。爬取的部分数据如表 17.1 所示。

表 17.1　爬取的部分数据

评分	评论
5.0	还是小朋友 4 岁时去的天津英迪格酒店，感觉非常怀旧，除了房间，酒店的早餐吧都是用老式的搪瓷杯盛牛奶，地下一层布置得像一个怀旧电影城。不知道现在有没有改变
5.0	五大道是个非常美丽的地方，不错
5.0	特色风情，慢慢走。很惬意的
5.0	景色太美了，值得一去，强烈推荐
3.0	道路看着很干净，走走逛逛的感觉还是不错的
4.0	天津五大道，是过去租借的地方，各国不同建筑集中在这里。目前，已成为天津的旅游景区
5.0	五大道夜景真的很漂亮，感觉不错
4.0	以欧式风格的建筑为主要标志的建筑群，很好体现了民国时期的特色
5.0	五大道在天津市中心城区，是由南向北并列着的马场道、睦南道、大理道、常德道、重庆道这五条道路为主的一个街区的统称。这里有很多的建筑非常有名，也有很多有特色的小店，值得尝试
4.0	可以免费欣赏以前民国的老建筑，不错

17.2　数据组织管理

17.2.1　数据存储

本章示例将爬取的每一个景点数据均储存到了 SQL Server 数据库中。在数据库中选取 1571 条数据储存到了名为 Table_1571 的关系表中。将评分为 4.0、5.0 的评论设置为高分，评分为 0、1.0、2.0、3.0 的评论设置为低分。数据存储步骤如下。

第一步，安装 pymssql 库。pymssql 库是 Python 用来连接 Microsoft SQL Server 的一个工具库。

　　第二步，设置 SQL Server 连接。使用 pymssql.connect 方法，传入服务器名、账户、密码和数据库名就可以连接到数据库对象。

```
db=pymssql.connect(host='服务器名',user='账户',password='密码',
database='数据库名',charset='utf8')
cursor=db.cursor()#创建游标对象
```

　　第三步，创建关系表。利用 sql 语句创建一个包括 score、content、location 三列的表格。score、content 分别为评分和评论，location 为景点名。

```
sql='''
CREATE TABLE 五大道(
score float NOT NULL,
content text NOT NULL,
location nvarchar(50)NOT NULL)
'''
cursor.execute(sql)
db.commit()#提交请求
```

　　第四步，插入数据。利用 sql 语句将爬取的数据按照设置格式插入表中。

```
sql="INSERT  INTO  五大道(score,content,location)VALUES('{}',
'{}','五大道',)".format(score,content)
cursor.execute(sql)
db.commit()
```

　　第五步，断开数据库。

```
db.close()
```

　　存储的部分数据如表 17.2 所示。

表 17.2　存储的部分数据

评分	评论	景点名
高分	适合带孩子玩耍	天津欢乐谷
低分	夜游意大利风情街，人流不少，店铺各有特色	意大利风情区
高分	文化街通庆里，是一条胡同，胡同两边是民国时期的老建筑，这条胡同挂着五号院、民国体验馆的旗子和招牌。不过，很多内容感觉并不遥远	古文化街
低分	可能赶上节假日，人实得太多了，又很晒，排了很久的队才进去	瓷房子
高分	摩天轮，位置真是不错，成地标性建筑了，还是旅游打卡的地方	天津之眼摩天轮
高分	海昌公园可玩性还可以，能看到不少有趣的海洋生物	天津海昌极地海洋公园
低分	去北京出差，在天津转机，去五大道走了走，如果天气好可以去走走	五大道
高分	风景不错，登山难度不大	盘山
低分	有待改进，节假日吃饭的地方太少，人太多，都是排队	天津泰达航母主题公园

17.2.2　数据预处理

首先，读取数据库中 Table_1571 表的数据；其次，使用 preprocess 函数对数据进行预处理；最后，调用 sklearn 中的 preprocessing 库对评分列进行编码。具体步骤如下。

第一步，安装 pandas、preprocessing 库。pandas 库用于文件读取，preprocessing 库用于给数据编码。

第二步，读取 Table_1571 表中的数据。通过 pymssql.connect 方法连接数据库，并读取 Table_1571 表中的评分和评论两列。

```
db=pymssql.connect(host='服务器名',user='账户',password='密码',
database='数据库名',charset='cp936')
data=pandas.read_sql("select score,content from Table_1571",
con=db)
db.close()
```

第三步，数据预处理。首先，定义 preprocess 函数；其次，使用 preprocess 函数对读取数据中的评论列进行数据预处理（包括去标点符号、去停用词和空格），并去掉重复行。

```
def preprocess(text):#定义 preprocess 函数
str_no_punctuation=re.sub(token,' ',text)#去标点符号
    text_list=list(jieba.cut(str_no_punctuation))#分词
    text_list=[item for item in text_list if item! =' ' and item
not in stopwords and len(item)>1]#去掉停用词和空格
    return(' '.join(text_list))
def  sentiment_to_dataframe():data=pandas.read_csv('D:\\123\\
pinglun.csv',encoding='unicode_escape',sep=',',names=['score','c
ontent'])[1:]
    data['content']=data.content.apply(preprocess)#运用了预处理
这个函数
    data.drop_duplicates()#去掉重复行
    return data
```

第四步，数据编码。调用 sklearn 中的 preprocessing 库，给评分列编码。

```
lbl_enc=preprocessing.LabelEncoder()
```

17.2.3　文本分词

本章示例采用结巴分词，即调用 jieba 库对文本进行分词。先安装 jieba 库，使用 jieba.cut 方法对读取数据中的评论列进行分词。

```
        text_list=list(jieba.cut(str_no_punctuation))
```

jieba.cut 函数接受三个输入参数，一是需要分词的字符串，二是 cut_all 参数，用来控制是否采用全模式，三是 HMM 参数，用来控制是否使用 HMM 模型。本章示例默认采用精确模式和启用 HMM 模型。精确模式适合进行文本分析。

17.2.4 文本向量化表示

本节及 17.2.5 节中主要使用 sklearn 库，即 scikit-learn，其是开源机器学习库，提供了用于数据挖掘和数据分析的简单且有效的工具，还提供了用于模型拟合、数据预处理、模型选择和评估以及许多其他实用程序的各种工具。请读者访问 scikit-learn 官网（https://scikit-learn.org）了解更多信息。

17.2.5 划分数据集

sklearn 库中的 train_test_split（）函数可按照用户设定的比例，随机将数据集划分为训练集和测试集，返回划分好的训练集数据和测试集数据。本章示例采用 train_test_split（）函数划分训练集和测试集，原数据集共有 1571 条数据，其中训练集占比 70%，共 1099 条数据；测试集占比 30%，共 472 条数据。xtrain、xtest、ytrain 和 ytest 分别表示文本训练集、文本测试集、标签训练集和标签测试集。stratify=y 表示测试集或训练集中类标签比例同输入数组中类标签比例相同。random_state=42 表示每次生成的数据都相同，便于示例操作的复现。test_size=0.3 表示测试集占比为 30%。shuffle=True 表示拆分前对数据进行混洗。程序代码如下。

```
from sklearn.model_selection import train_test_split
#划分训练集和测试集
xtrain,xtest,ytrain,ytest=train_test_split(data.content.values,y,stratify=y,random_state=42,test_size=0.3,shuffle=True)
```

17.2.6 TF-IDF 特征权重计算

采用 TF-IDF 计算权重。sklearn 库中 TF-IDF 权重计算方法主要有两类，分别是 CountVectorizer 和 TfidfTransformer。本节使用 TfidfVectorizer（），将原始文档集转换为 TF-IDF 特征矩阵。该类相当于集成 CountVectorizer 与 TfidfTransformer 的功能，应用便利。在本章示例中，min_df=3 表示如果某个词在整个数据集中出现的文本少于 3 个，列为临时停用词。max_df=0.8 表示如果某个词在整个数据集中出现的文本比例超过 80%，列为临时停用词。max_features=900 表示提取 900 个词。ngram_range=（1，3）表示允许词表使用 1 个词语、2 个词语或者 3 个词语的组合。use_idf=True 表示启用 IDF 重新加权。smooth_idf=True 表示在文档频率上加 1 以平滑 IDF 权重，防止除零。stop_words=stwlist 表示 stwlist 列表为停用词表，所有停用词都从结果中删除。代码如下。

```
from sklearn.feature_extraction.text import TfidfVectorizer
#用 tf-idf 进行文本向量化表示
            tfv=TfidfVectorizer(min_df=3,
    max_df=0.8,max_features=900,ngram_range=(1,3),
    use_idf=True,smooth_idf=True,stop_words=stwlist)
tfv.fit(list(xtrain)+list(xtest))
xtrain_tfv=tfv.transform(xtrain)
```

```
xtest_tfv=tfv.transform(xtest)
```

可用 print（xtrain_tfv）和 print（xtest_tfv）查看文本向量化表示结果，如图 17.4 和图 17.5 所示，由于篇幅限制，只展示其中的一部分。

(0, 881)	0.39131630637508125		
(0, 845)	0.33574153960692227		
(0, 716)	0.293074655607684		
(0, 577)	0.3171918947606754	(0, 804)	0.6345578426508159
(0, 554)	0.23965118242542688	(0, 803)	0.5277764041367221
(0, 375)	0.380723271154484	(0, 464)	0.4039822691672057
(0, 342)	0.15247024729685552	(0, 134)	0.39444484755839976
(0, 310)	0.3659255698169194	(1, 787)	0.24820955727370395
(0, 120)	0.380738271154486	(1, 767)	0.4135448956033907
(0, 59)	0.20775925609767415	(1, 765)	0.17815436863736195
(1, 803)	0.17545467930184053	(1, 656)	0.3271159101360487
(1, 749)	0.199979423624878	(1, 578)	0.19951228719046032
(1, 644)	0.12730097842645632	(1, 537)	0.15577637300214445
(1, 622)	0.16671177851824488	(1, 496)	0.2704695112082702
(1, 615)	0.18190553085307637	(1, 452)	0.22456745994051272
(1, 588)	0.20242051056973553	(1, 427)	0.22260212808016744
(1, 518)	0.19161558041025625	(1, 362)	0.2334946386720124
(1, 517)	0.39963492133970424	(1, 357)	0.2029866014698841
(1, 436)	0.19352857207364216	(1, 347)	0.19053220047918012
(1, 348)	0.177895766246698	(1, 342)	0.26743992885649776
(1, 345)	0.20242051056973553	(1, 223)	0.29841519954457896
(1, 344)	0.26362040147046534	(1, 160)	0.22662869880307535
(1, 342)	0.2986399948595928	(1, 65)	0.1816478469072859
(1, 291)	0.15531913192939742	(1, 7)	0.1202635348027879
(1, 262)	0.199979423624878	(2, 872)	0.10750783384875705
		(2, 868)	0.3642047538606416
		(2, 866)	0.07201867281790084
		(2, 821)	0.09333697792492111

图 17.4　文本训练集的稀疏矩阵转换　　　图 17.5　文本测试集的稀疏矩阵转换

17.3　数据信息汲取

本章示例使用了 sklearn 库中的多种模型，并使用 sklearn 库中的 classification_report（）给出分类报告。针对向量化表示的数据，采用多种模型分析演示，本节采用 Logistic 回归、决策树、随机森林、神经网络、支持向量机和 K-平均聚类六种模型，并采用精确率（precision）、召回率（recall）、F1 值和准确率（accuracy）作为模型优良性的评价指标。

17.3.1　混淆矩阵

为了评价分类算法有效性，采用混淆矩阵展示分类结果，如表 17.3 所示。混淆矩阵也称为误差矩阵，是数据挖掘分类精确率的评价标准之一。矩阵每一行表示研究对象分类的真实数目；每一列表示采用相应算法得到的研究对象分类预测结果。在本节示例中，字母 P（positive）为正例，表示对景点评分为高分；字母 N（negative）为负例，表示对景点评分为低分。混淆矩阵四个单元格的数据含义分别是：TP 表示实际为正例且被预测为正例的实体数量；TN 表示实际为负例且被预测为负例的实例数量；FP 表示实际为正例且被预测为负例的实例数量；FN 表示实际为负例且被预测为正例的实例数量。因此，TP 与 FN 之和表示被预测为正例的实例数量，FP 与 TN 表示被预测为负例的实例数量，TP 与 TN 之和表示正确预测的实例数量，FP 与 FN 之和表示错误预测的实例数量。

表 17.3　混淆矩阵

		预测值	
		P	N
真实值	P′	TP	FP
	N′	FN	TN

基于混淆矩阵，评价分类算法有效性的 4 个常用指标如下。

（1）精确率：指预测为正例且实际为正例的实例数量占实际为正例的实例总数比例。精确率代表分类算法对正例和负例的区分能力。

$$precision = \frac{TP}{TP + FP} \tag{17.1}$$

（2）召回率：指预测为正例且实际为正例的实例数量占预测为正例的实例总数比例。召回率代表分类算法对正例的识别能力。召回率越高，分类算法对正例的识别能力越强。

$$recall = \frac{TP}{TP + FN} \tag{17.2}$$

（3）F1 值：指精确率和召回率的加权平均值。F1 值是精确率和召回率的综合。F1 值越高，分类算法越稳健。

$$F1 = \frac{2 \times precision \times recall}{precision + recall} \tag{17.3}$$

（4）准确率：指分类算法正确预测的实例数量占实例总数的比例。

$$accuracy = \frac{TP + TN}{TP + TN + FP + FN} \tag{17.4}$$

下面分别采用不同分类算法预测示例景点评价分类（低分对应 0 分、1.0 分、2.0 分、3.0 分，高分对应 4.0 分和 5.0 分），依据混淆矩阵与上述指标评价预测结果。需要注意，分类算法通过调整参数会得到不同预测结果。

17.3.2　Logistic 模型

Logistic 模型预测结果如表 17.4 所示。表 17.4 显示，Logistic 模型预测效果较好，模型准确率为 0.709，预测低分和高分的精确率均高于 0.7，召回率均高于 0.6，F1 值均高于 0.6。

表 17.4 Logistic 模型预测结果

分类	精确率	召回率	F1 值	准确率
低分	0.749	0.607	0.670	0.709
高分	0.734	0.842	0.785	

为了更好地展示分类算法预测效果，将数据压缩到 10 维，Logistic 模型估计结果为：截距项系数估计为 0.273，10 个变量系数估计分别为 2.640、0.215、1.321、–0.909、0.863、–1.249、1.083、0.021、0.995、–0.501。降维后，Logistic 模型预测准确率为 0.517，均方根误差为 0.695，平均绝对误差为 0.483，说明 Logistic 模型预测效果较好。

为了演示采用 Logistic 模型的景点推荐，选取一条新评论数据，依据预测结果进行景点推荐，其中，高分为推荐，低分为不推荐。新评论数据为："景色不错，那天去的时候，前一天刚下完雨，天空特别蓝，照片出来都很好看！有趣好玩，我孩子还比较小，能玩的项目不是很多，过山车这种，我实在没有胆子坐，体验很好，一进去就有电瓶车，500 元一天随便用，还送了一爆米花桶，随便加，吃饭的地方有饮料，可以免费续杯三次，买两个套餐，基本一天的水都够了，带够孩子的水就行了！值得推荐，等我小宝儿再大点了，一定再来一次！"

Logistic 模型预测结果为高分。其中，"景色不错""有趣好玩""值得推荐"等正向情感词汇能够反映游客在该景点的游玩体验非常好。

17.3.3 决策树分类规则

决策树分类规则预测结果如表 17.5 所示。决策树分类规则对测试集实例的分类结果较好，但略差于 Logistic 模型预测结果。模型准确率为 0.697，预测低分和高分的精确率均高于 0.6，召回率均高于 0.6，F1 值均高于 0.6。

表 17.5 决策树分类规则预测结果

分类	精确率	召回率	F1 值	准确率
低分	0.670	0.602	0.634	0.697
高分	0.714	0.771	0.741	

为了直观演示决策树分类规则预测结果，本节采用主成分降维法，将实例数据降到 7 维，便于预测结果可视化。本节示例选取决策树可视化图形中的一个分支进行演示，如图 17.6 所示。

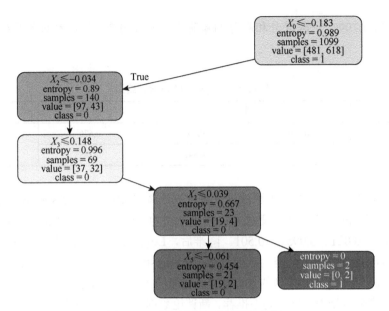

图 17.6　决策树分支的可视化结果

在图 17.6 中，"$X_0, X_1, X_2, \cdots$"表示属性特征，即输入变量。entropy 为信息熵，代表实例数据的不确定性。信息熵的计算公式为

$$H(x) = -\sum_{i=1}^{n} p(x_i) \log_2 p(x_i) \tag{17.5}$$

其中，n 表示类别数量；$p(x_i)$表示第 i 个类别所占的比例。entropy 的数值越大，随机性越大，不确定性越强，数据纯度越低。当 entropy=0 时，数据集只有一个确定值。value 表示在当前节点中两个类别的实例数量。本节示例的两个类别分别为"低分"和"高分"。class 表示在当前节点中实例所属的标签，其中标签 0 和 1 分别对应"低分"和"高分"。节点颜色代表每个节点的纯度，颜色越深，代表纯度越高。

在图 17.6 中，决策树分支的深度为 5。第一个节点为根节点。在根节点中，共有 1099 个实例数据，划分为 2 个类别，实例数量分别为 481 个和 618 个，标签分别为 0 和 1。其中，标签 1 的实例较多。entropy 的数值为 0.989，即

$$H(x) = -\frac{481}{1099} \times \log_2 \left(\frac{481}{1099} \right) - \frac{618}{1099} \times \log_2 \left(\frac{618}{1099} \right) = 0.989$$

由于 entropy 数值很大，因此，分类结果不确定性高，纯度低。

对于第一次节点分割，实例总数为 1099。根据特征 X_0 是否小于等于 -0.183 分为两个分支，特征 $X_0 \leqslant -0.183$ 的实例数为 140。其中，标签 0 和标签 1 的实例数量分别为 97 和 43，标签 0 的实例数量较多。entropy 的数值为 0.89，比根节点低，不确定性降低。

对于第二次节点分割，实例总数为 140。其中，特征 $X_2 > -0.034$ 的实例数为 69，标签 0 和标签 1 的实例数量分别为 37 和 32，标签 0 的实例数量略高，entropy 的数值为 0.996，不确定性程度高。

对于第三次节点分割，实例总数为 69。其中，特征 $X_3 > 0.148$ 的实例数为 23，标签 0

和标签 1 的实例数量分别为 19 和 4，标签 0 的实例数量多，entropy 的数值为 0.667，不确定性降低。

对于第四次节点分割，实例总数为 23。其中，特征 $X_2 > 0.039$ 的实例分出叶子节点，实例数量为 2，标签为 1，entropy 的数值为 0，分类结果都为"高分"。决策树的其他分支含义类似，不再赘述。

为了演示采用决策树分类规则的景点推荐，本节示例选取一条新评论数据，采用决策树分类规则预测，高分为推荐景点，低分为不推荐景点。新评论数据为"前天去的人特别多，不过离天津站比较近，交通挺方便，后来还去了鼓楼，古玩意儿特别多还有挺多小吃！"

决策树分类规则预测结果为高分。从"人特别多""交通挺方便"等词可以看出，游客对该景点较为满意。

17.3.4　随机森林

随机森林模型预测结果如表 17.6 所示，随机森林模型分类效果优于 Logistic 模型。其中，模型准确率为 0.739，预测低分和高分的精确率均高于 0.7，召回率均高于 0.6，F1 值均高于 0.6。

表 17.6　随机森林模型预测结果

分类	精确率	召回率	F1 值	准确率
低分	0.706	0.689	0.698	0.739
高分	0.764	0.778	0.771	

为了便于演示，采用主成分降维法将数据降至 8 维。随机森林模型从原始训练集中有放回地重复随机抽取 697 个实例，生成新训练实例集，训练决策树，建立 m 棵决策树组成随机森林。依据全部决策树"投票"结果，判定实例的分类结果。本节示例设置单棵决策树的最大深度 max_depth 为 10，$m = 10$。图 17.7 给出随机森林中 1 棵决策树分支的可视化结果。

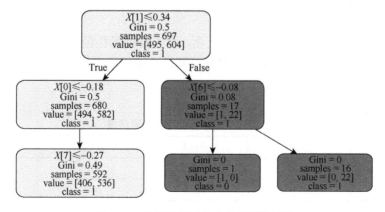

图 17.7　单棵决策树分支的可视化结果

在图 17.7 中，本节示例设置特征名称（feature_names）为默认值 None，特征名分别用 $X[0]$, $X[1]$, $X[2]$, … 表示。Gini 代表基尼系数，衡量在节点中实例的纯度。Gini = 0 代表节点中的实例是"纯的"，实例属于同一类别。Gini 数值越大，代表在节点中每个类型节点出现的频率越相近。Gini 的计算公式为

$$G(k) = \sum_{i=1}^{n} p(i) \times (1 - p(i)) \tag{17.6}$$

其中，n 表示类别数目；$p(i)$ 表示类别 i 的实例数占比。其他符号与决策树一致，不再赘述。

在图 17.7 中，单棵决策树的深度为 3。随机抽取 697 个实例中，标签 1 的实例较多，基尼系数为 0.5，即

$$G(k) = \frac{495}{1099} \times \left(1 - \frac{495}{1099}\right) + \frac{604}{1099} \times \left(1 - \frac{604}{1099}\right)$$

对于第一次节点分割，训练集中实例总数为 697，划分为 2 个类别。其中，特征 $X[1] \leq 0.34$ 的实例预测结果为 True，实例数为 680。特征 $X[1] > 0.34$ 的实例预测结果为 False，实例数为 17，标签 1 的实例数量较多，Gini 为 0.08，数值很小，说明在该节点中实例纯度很高，预测结果较确定为"高分"。

对于特征 $X[1] > 0.34$ 的实例集的第二次节点分割，训练集中实例数为 17，划分出两个叶子节点，Gini 都为 0。其中，特征 $X[6] \leq -0.08$ 的实例预测结果为"低分"。特征 $X[6] > -0.08$ 的实例预测结果为"高分"。

为了演示采用随机森林模型的景点推荐，本节示例选取一条新评论数据，采用随机森林模型预测，高分为推荐景点，低分为不推荐景点。新评论数据为"虽然是个网红打卡的地方，给我的感觉还好吧只能说。私人收藏博物馆，里面的内容很多也很乱。进去之后有一种想逃离之感，视觉上不太舒服。天津很多小景点都要票，这里也是要买票入内的"。

随机森林模型预测结果为低分。从"内容很多也很乱""视觉上不太舒服"等词可以看出，该游客对该景点不太满意，视觉感受不好。

17.3.5　支持向量机

支持向量机模型的预测结果如表 17.7 所示，支持向量机模型分类效果优于随机森林模型。其中，模型准确率为 0.744，预测低分和高分的精确率均高于 0.7，召回率均高于 0.6，F1 值均高于 0.6。

表 17.7　支持向量机模型预测结果

分类	精确率	召回率	F1 值	准确率
低分	0.758	0.607	0.674	0.744
高分	0.736	0.850	0.789	

　　语句 print（clf.support_vectors_）查看模型的支持向量，语句 print（clf.n_support_）查看模型每个类别的支持向量数，预测低分的支持向量数为 450，预测高分的支持向量数为 535。采用主成分降维法将数据降至 2 维，以使其能够在二维平面中呈现超平面的分类结果。对于 2 维数据，支持向量机模型预测结果如图 17.8 所示。利用 2 维数据与原数据真实标签作图，如图 17.9 和图 17.10 所示。

(0, 0)	0.3224430025567159
(0, 161)	0.29117354612290264
(0, 178)	0.2604590004231707
(0, 188)	0.5543852425800716
(0, 430)	0.2721174351147362
(0, 475)	0.3793944344669041
(0, 573)	0.28276777653618207
(0, 648)	0.247558453512861
(0, 806)	0.2771926212900358
(1, 0)	0.15805844318671672
(1, 111)	0.2811877404450958
(1, 149)	0.2978507107161384
(1, 201)	0.19790449786984166
(1, 234)	0.2427015221275982
(1, 333)	0.11868382389539396
(1, 402)	0.3068743916554803
(1, 464)	0.20631079311288975
(1, 465)	0.3068743916554803
(1, 513)	0.2195072445139238
(1, 575)	0.2951416916756881
(1, 590)	0.31765468618599185
(1, 729)	0.47746768690053665
(2, 519)	0.4475331620204075

图 17.8　支持向量机模型预测结果

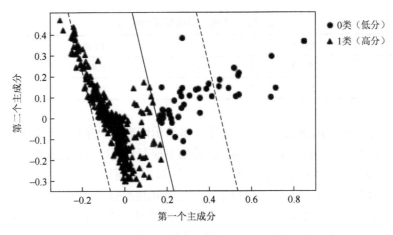

图 17.9　预测标签图

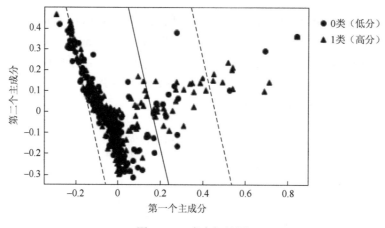

图 17.10　真实标签图

为了演示采用支持向量机模型的景点推荐，本节示例选取一条新评论数据，采用支持向量机预测，预测高分为推荐景点，预测低分为不推荐景点。新评论数据为"整体感觉不错，动物都是真真切切的，但是，不要付费进行额外项目，全是坑"。

支持向量机模型预测结果为高分。从"整体感觉不错""真真切切"等词可以看出，该游客对该景点很满意，虽然有额外收费项目，但总体而言是满意的。

17.3.6　神经网络

神经网络模型预测结果如表 17.8 所示。神经网络模型分类效果不及决策树模型。其中，准确率为 0.640，预测低分和高分的精确率均高于 0.5，召回率均高于 0.6，F1 值均高于 0.6。函数参数 hidden_layer_sizes 的结果显示，神经网络有两个隐藏层，第一隐藏层有 50 个神经元，第二隐藏层有 50 个神经元，并且选用 relu（修正线性单元）作为神经网络的激活函数。

表 17.8　神经网络模型预测结果

分类	精确率	召回率	F1 值	准确率
低分	0.579	0.641	0.608	0.640
高分	0.697	0.639	0.667	

为了演示采用神经网络模型的景点推荐，本节示例选取一条新评论数据，采用神经网络模型预测，预测高分为推荐景点，预测低分为不推荐景点。新评论数据为"票价 70 元，运行大概 25～30 分钟。轿厢里面的空调很冷，不过据说可以手动关；确实可以眺望天津市景，但因为我是白天来的，没看到夜景，可能趣味性得打个折扣"。

神经网络模型预测结果为低分。从"空调很冷""趣味性得打个折扣"等词可以看出，游客对该景点不太满意，不推荐白天到该景点游玩，看不到夜景。

17.3.7　K-平均聚类

为了便于演示，将全部评论数据剔除评分标签，采用主成分降维法降至 2 维，再进行 K-平均聚类。划分的类别数不是自动给出的，本节示例尝试设置类别数为 2 类、3 类、4 类、5 类和 6 类。相比较，类别数为 2 的预测效果最佳，如图 17.11 所示。

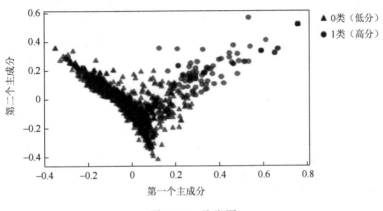

图 17.11　聚类图

为了评估 K-平均聚类的分类效果，计算轮廓系数（silhouette coefficient）、CH 分数（Calinski-Harabasz score）和戴维森堡丁指数（Davies-Bouldin index，DBI）。轮廓系数取值在[−1, 1]，数值越大，同类别实例相距越近，不同类别实例相距越远，聚类效果越好。CH 分数的数值越大，聚类效果越好。戴维森堡丁指数的数值最小是 0，数值越小，聚类效果越好。K-平均聚类结果的轮廓系数值为 0.647，CH 分数值为 967.782，戴维森堡丁指数值为 0.641，说明模型分类效果较好。

为了演示采用 K-平均聚类的景点推荐，本节示例选取一条新评论数据，采用 K-平均聚类模型预测，预测高分为推荐景点，预测低分为不推荐景点。新评论数据为"首先门票不便宜，进门坐电动每人往返 80 元，然后就是各种继续花钱的游乐项目，奔着各种特技表演去的，还没开放。有个航母表演三点开演，两点半就没有什么地方了。总的来说性价比一般……真的只是买了个门票，哪儿几乎都另花钱，就连看个几分钟的 4D 影院每人还 20 元，然后到处是卖玩具的"。

K-平均聚类模型结果为低分。从"不便宜""还没开放""性价比一般"等词可以看出，该游客对该景点不太满意。

17.3.8　数据可视化

本节绘制评论数据的词云图，考察评论的热点词，分析游客对热门景点的情感偏好程度，如图 17.12～图 17.22 所示。

图 17.12　瓷房子景点词云图

图 17.13　古文化街景点词云图

图 17.14　盘山景点词云图

图 17.15　天津泰达航母主题公园景点词云图

图 17.16　天津方特欢乐世界景点词云图

图 17.17　天津海昌极地海洋公园景点词云图

图 17.18　天津欢乐谷景点词云图

图 17.19　天津之眼摩天轮景点词云图

图 17.20　五大道景点词云图

图 17.21　意大利风情区景点词云图

图 17.22　全部景点词云图

依据词云图图 17.12～图 17.22，分析游客对天津景点的情感偏好如下。

（1）以瓷房子、古文化街、五大道、意大利风情区为代表的旅游景点，凭借其独特的建筑风格和丰厚的历史底蕴成为游客向往的旅游目的地。游客对这些景点的评论热词有"漂亮""值得""好看"等。

（2）天津泰达航母主题公园、天津方特欢乐世界、天津海昌极地海洋公园、天津欢乐谷等景点成为年轻游客以及亲子游的热门选择。特点是游玩时间充实。

（3）旅游景点呈现节假日效应。大量游客选择的游玩时间是周末、"五一"、"十一"等假期，也有大量游客在意游乐设施的排队时间。

（4）评论数据的热词和景点高评分说明天津市具有较强的城市吸引力，具有发展假日经济的巨大潜力。